国家"985工程"三期清华大学人才培养建设项目资助

园林植物景观艺术

（第二版）

朱钧珍　著

中国建筑工业出版社

园林植物景观艺术

王世襄题

园林植物景观艺术

朱家溍题

图书在版编目（CIP）数据

园林植物景观艺术 / 朱钧珍著.—2版 — 北京：中国建筑工业出版社，2014.8
ISBN 978-7-112-17066-1

Ⅰ．①园… Ⅱ．①朱… Ⅲ．①园林植物–景观设计
Ⅳ．①TU986.2

中国版本图书馆CIP数据核字（2014）第150379号

责任编辑：焦 扬 张 建
书籍设计：肖晋兴
责任校对：张 颖 关 健

本书以朱钧珍先生早年所做的课题"杭州园林植物配置"的研究成果为基础，作者经过多年的设计与教学实践，对该研究成果不断地完善、修改和补充，最终得以形成此书。因此，本书可谓是作者多年从事园林规划设计、教学与研究的结晶。作者深入挖掘和探讨了独具传统文化特色的中国园林植物景观艺术，书中主要阐述了以下几个方面的内容：园林植物风格的形成、中国传统园林植物景观、中国寺观园林植物景观、园林植物空间景观、园林植物水体景观、园林植物道路景观、园林建筑小品的植物景观、绿色造景艺术、大自然的植物景观。

本书与以往出版的同类书籍有所不同，具有以下特色：（1）根据中国园林创作的思想体系，提出了独特的理论观点；（2）强调中国园林的诗情画意，从诗歌中探求园林植物景观艺术；（3）从"景"和人所处的植物空间的角度，而非单纯从植物的角度论述植物景观艺术；（4）对于书中论述的每一个观点，作者皆列举了相应的实例予以印证。

本书不仅是风景园林和规划理论研究人员手中一本不可多得的理论著作，对于设计人员进行规划设计和园林植物配置也具有较大的参考指引作用。同时，本书还可以作为配合教材使用的教学参考书。

园林植物景观艺术
（第二版）

朱钧珍 著
（清华大学建筑学院）

*

中国建筑工业出版社出版、发行（北京西郊百万庄）
各地新华书店、建筑书店经销
北京晋兴抒和文化传播有限公司制版
北京方嘉彩色印刷有限责任公司印刷

*

开本：889×1194毫米 1/16 印张：18 字数：584千字
2015年5月第二版 2015年5月第二次印刷
定价：148.00元
ISBN 978-7-112-17066-1
（25233）

释 名

    在以往的专业书籍中，大多采用"植物配置"一词，主要是指园林中各种植物如乔木、灌木、攀缘植物、水生植物、花卉植物及地被植物等之间的搭配关系，或是指这些植物与园林中的山、水、石、建筑、道路的搭配位置等。以后，由于园林中"以植物造景为主"的思想发展，似乎"配"字有次要之嫌（其中还包括园林建设程序上的诸多问题），于是，改为"植物造景"。但"造景"一词却不能涵盖园林中一些并不是造景，而是以防护为主的边界林、荫蔽林和隔离林等等，而"配置"一词的含义较广，按大百科全书的定义是：按植物生态习性和园林布局要求，合理配置园林中各种植物，以发挥它们的园林功能和观赏特性。这种含义，适应的范围较广，也比较切题。

    又有提出改为"配植"者，因植物是有生命物的栽植，可表达植物的特性。但其栽植离不开园林的总体规划设计，植物还要与园林的其他要素配置成景，而"置"有设计、安排之意，据《辞海》中转引自《风俗通》的释义："……置者，度其远近之间置之也"。而"植"，仅指栽植位置，故仍以"配置"合适。

    但为什么本书又采用"景观"一词？因此词原是一个地理学名词，泛指地表的自然景色。本书的内容论及大自然的植物景色，而且人工造的园林植物配置也以渗入大自然的因素为多；且"造景"有动词之意，而"景观"一词则泛指一切自然的、人工的景色。含义更为广阔，与本书所述内容较贴切，故采用《园林植物景观艺术》一名，就正于读者。

自 序

　　园林植物景观艺术是以植物为载体，与科学、美学、哲学相结合的艺术。由于植物是有生命的自然因素，故充分利用地形、地貌、土壤、水体等自然环境，保证植物栽培的成活成长，是首要的、基本的要求。只有在这个基础上，才能创作出以植物为主体，改善生活环境，以及具有四季变化的美景，陶冶情操、提高文化素养的园林植物景观艺术。

　　中国人的民族性格一向是崇尚自然的，一方面好游名山胜水者向往着到大自然中去游览；一方面又将自然引向园林中来，园林就是人造的自然。尽管自秦汉以来的建筑宫苑及至目前遗留下来的皇家园林、私家园林的造园艺术，大多是伴随着建筑群的建设，但其造园艺术的基本体系却是来自于大自然，具体体现于：或借自然之物，或仿自然之形，或引自然之象，并能依据自然之理，因而能创造出能传表自然之神韵的园林艺术。

　　中国传统的造园艺术，尤其是自魏晋时期形成了自然山水园以后，发展到唐宋的写意山水园，所谓"以诗情画意写入园林"就成为中国造园艺术的特色。这从古代留下来的种种文献如游记、园记、一些类书，特别是那浩如烟海的山水、植物（咏花）诗词、绘画以及留存的园林文化、文物中得到印证。故中国传统园林植物景观的特色也是诗情画意的，是拟人化的，是意蕴深刻的，它能带给人们艺术的享受乃至哲理的精神熏陶，这是中国传统园林的精粹之处，也是中华民族文化中的一朵奇葩。

　　中国拥有的植物种类约在3万种左右，居世界第二；而文献中仅以咏花（含植物）诗词来看，据云亦不下三万首，这是研究园林植物景观艺术极其丰厚的物质资源和文化资源，是一份极为宝贵的财富。

　　然而，造园艺术的创作，更应立足于我们今天生活的需要与情趣。现在城市人民的生活水平提高了，休假的时间也多了，对园林艺术水平的要求也更高了，政府也把城镇开发的宝贵土地不惜代价地用于公共园林绿地，用以改善城市生态环境，提高园林绿化、美化的品位，这就为园林艺术，尤其是园林植物景观艺术的创造拓展了更为广阔的空间与十分有利的前景。

　　人类在进步，社会在发展，文化艺术在提高，人与自然环境的和谐协调发展，也已成为广大群众的迫切愿望，并引起了国际社会的关注。各国都在倡导保护自然生态，绿化、美化家园。在这个空前的大好形势下，以植物为主景的造园艺术，必将以急速的步伐，依顺着中国园林在国际上"独树一帜"的盛誉和地位，创造出城乡更加生机勃勃、绚丽多姿的绿色景观，推动着人类的文明与进步！

再版说明

　　植物景观学是在植物生态学基础上派生出来的一种生态艺术学问，如果没有生态学的基础，就不可能产生植物景观学，而植物的生态与景观（形态）都是来自于大自然的赐予，将植物自然的形态研究提升到理论的高度，并赋以人类文化表现的一门学问，谓之植物景观学。

　　植物景观学的应用范围十分广泛，尤其是在园林，风景中无处无之，甚至可以说，"没有植物景观就不成其为园林"。而从植物景观学的研究内容来看，大体上可以有三大类别：

　　第一类是有关植物景观的基本概念、原理、准则；第二类是建造植物景观的方法，特别是其艺术手法；第三类则是由植物——一种有生命的自然属性生物，提升或联系到人类文化属性的表达与作用，则称为植物文化景观。

　　植物文化是人们利用植物作为精神文明的一种寄托或表征的文化。植物是一种自然物，它具有许多生态的特性，不仅可以为人们的物质生活做到可食、可药、可用，还能为人们的精神生活产生一种可赏、可亲与可思的意境。凡是对植物有所寄托或可充分展现、能给人们带来某种优美、善良、高尚或可沉思的艺术，都属于植物文化的范围。

　　本书初版所述，虽已涉及植物文化的有关方面，但大多为论述植物景观的形成和艺术处理手法，限于时间和篇幅，现稍作补充，并归纳为以下几点：

　　一曰宗教性的崇神文化。如神树或植物图腾等，是以植物作为一种偶像的崇拜，并被利用成为神灵的象征，成为崇高的、也是虚拟的崇拜对象，这在风景园林中是常见的，如佛教的菩提树、台湾的红桧神木园、香港的许愿树等。

　　二曰象征性的拟人文化。所谓拟人化就是根据人们的思想认识与需要，附加于不同形态习性的植物本身来体现人们谋求的某种意念的象征。在中国传统的植物文化中，常常会出现一些经典的拟人化说法，如岁寒三友、四君子，这是抓住植物生态或形态的特性，作出人性或人格的比喻。既是人格化，就难免有时代、民话，乃至性格、爱好与习惯的区分，不同的人对同一种植物也会有不同的理解和认识，因而就会有不同的标准和比喻。

　　三曰人工性的绿雕文化。绿雕是一种以有生命的植物进行人工的修剪、绑扎而构成一定主题的雕像艺术，而在以大自然为体系的中国传统园林中，则极少见到，但亦有对植物整枝、修枝或整形的，如成都市也有将紫薇做成瓶形、门形等的风气，当然这也涉及植物艺术形象的创作，而那种以修剪植物作造型的绿雕，则是由西方传入的。

四曰文学性的植物文化。这是一种以植物题材为主的文学作品，阐述着植物的外在风姿与内在习性表达的文学意境，这在文学作品，尤其是诗歌、散文中则比比皆是，一个"咏柳"的题材就有多少文人墨客从不同角度去歌咏它，赞美它，于是就可能出现了形形色色的"树文化"、"花文化"的文学作品，这倒是中国传统文化中最常见，也最丰富的一种植物文化。

五曰普识性的展示文化。这是一种从专业角度，将各类植物分别展现于社会，普及植物知识的一种文化活动。在我国以花卉展览的历史最悠久、涉及植物的种类也很广，既有专类的花展，如菊展、牡丹花展等，又有综合性的花展，甚至还包括园林设计比赛等，应有尽有，那都是异彩纷呈、色彩斑斓地展示出大自然植物的美丽与活力，已成为人们最常见、最普及也最受欢迎的一种植物文化。

六曰诗画性的盆景文化。盆景一向被认为是"无声的诗，立体的画"。植物盆景早已是我国流传已久、派别纷呈的一种植物景观，也是植物文化中的重要一环，坊间关于盆景的论述极为丰厚，兹不赘述。

本书原希望从以上三个方面对十年前出版的《中国园林植物景观艺术》一书进行修改和补充。但由于近十年来园林建设的发展异常迅速，园林中的植物景观艺术，出现了异彩纷呈、百花齐放的空前发展局面，在短时间内，尚难全面而深入地归纳出若干规律性的理论。同时，也为了编辑上的便捷，未能就本书做结构上的改动，仅是提供读者一些基本理论和补充有关的专业知识而已，故仍名曰《园林植物景观艺术》，敬希各位方家批评指正。

作者谨识

2013年11月

前 言

　　半个世纪以来，我一直游弋于我国园林规划设计、教学与研究的海洋，深深体会我国城镇园林发展中，园林艺术，尤其是其中的植物景观艺术将占据越来越重要的艺术领域。

　　自从20世纪60年代初，由原建筑工程部建筑科学研究院组织《杭州园林植物配置》研究课题开始，我和其他参与这一课题的同事们，曾投入了几个寒暑的、艰苦的调查研究工作；但课题由于"文革"而中断，机构也随之变动。后来，我再一次组织一部分原来的同事，在杭州市园林局的支持下继续努力才把它完成，并汇编了一本《杭州园林植物配置》杂志性的小册子；在这之后，我一直没有放弃对这一课题的关注和研究，于20世纪90年代初出版了一本《Chinese Landscape Gardening》，在国内外发行。

　　随着时代的发展，人民生活水平的提高，城镇的园林建设也急速地发展起来，形形色色的各种园林艺术思潮不断地引进。但是，什么才是我们中华民族园林的特色？近些年来，在有些城市园林中确实也创造了很有特色的植物景观，值得总结。我在学习和研究之余，在过去写作的基础上，又提笔写了《中国园林植物景观艺术》这本书。目的是探索中国自己的园林植物景观艺术，虽然时间不算短，但并未专职这一课题，故本书仍然不够理想，不够完善，只是抛砖引玉，就正于行内外的专家和广大的读者。

　　本书的特点和重点在于：

　　（1）探求园林植物景观艺术创作之源，依据中国园林创作思想的体系——大自然，提出是"借自然之物，仿自然之形，引自然之象，顺自然之理，传自然之神"的理论观点，并特写"大自然的植物景观"一章。

　　（2）强调中国园林的诗情画意特色，从山水、植物（咏花）诗词来探求园林植物景观艺术，加强其文化特色与"拟人化"的哲理意蕴，提高其民族文化精神。

　　（3）景，是园林的核心，植物景观艺术是从"景"、从人所处的植物空间角度，而不是从一种植物的角度来论述植物景观艺术，这是和以往古代的有关书籍不同之处。

　　（4）论述以实例为主，且为实践证明是符合植物生态习性的可行的例子，故以大量的现场照片作为形象的印证。当然，生态习性的要求是实现植物景观艺术的前提，这是毋庸讳言的，但不在本书论述的范围之内。

　　（5）本书试图以表格方式作为论述的纲要，简明扼要，使读者对本书各章的内容概要一目了然。

　　水平有限，疏漏难免，敬请指正，不胜感激。

作者谨识

2002年6月18日

于北京清华园

目　录

绪 论
中国园林植物景观风格的形成

　　凡是一种文化艺术的创作，都有一个风格的问题。园林植物的景观艺术，无论它是自然生长或人工的创造（经过设计的栽植），都表现出一定的风格。而植物本身是活的有机体，故其风格的表现形式与形成的因素就更为复杂一些。

　　一团花丛，一株孤树，一片树林，一组群落，都可从其干、叶、花、果的形态，反映于其姿态、疏密、色彩、质感等方面而表现出一定的风格，如果再加上人们赋予的文化内涵——如诗情画意、社会历史传说等因素，就更需要在进行植物栽植时，加以细致而又深入的规划设计，才能获得理想的艺术效果，从而表现出植物景观的艺术风格来。那么，这种风格的形成，究竟受哪些因素的影响或制约呢？

1.以植物的生态习性为基础，创造地方风格为前提

　　植物既有乔木、灌木、草本、藤本等大类的形态特征，更有耐水湿与耐干旱、喜阴喜阳、耐碱与怕碱以及其他抗性（如抗风、抗有害气体……）和酸碱度的差异等生态特性，如果不符合植物的这些生态特性就不能生长或生长不好，也就更谈不到什么风格了。

　　如垂柳好水湿，适应性强，以其下垂而柔软的枝条、嫩绿的叶色、修长的叶形、栽植于水边，就可形成"杨柳依依，柔条拂水，弄绿搓黄，小鸟依人"般的风韵（图0-1）。油松为常绿大乔木，树皮黑褐色，鳞片剥落，斑然入画，叶呈针状，深绿色；生于平原者，修直挺立；生于高山者，虬曲多姿。孤立的油松则更见分枝成层，树冠平展，形成一种气势磅礴、不畏风寒、古拙而坚挺的风格（图0-2）。

　　如果再加"拟人化"，将松、竹、梅称为"岁寒三友"，

体现其不畏风寒、高超、坚挺的风格；或者以"兰令人幽、菊令人野、莲令人淡、牡丹令人艳、竹令人雅、桐令人清……"来体现不同植物的形态与生态特征，就能产生"拟人化"的植物景观风格，从而也能获得具有民族精华的园林植物景观的艺术效果。

　　由于植物固有的生态习性不同，其景观风格的形成也

图0-1　杭州西湖的柳浪（贝蝶　摄）

图0-2　山顶油松的风姿

不同，除了这个基础条件之外，就一个地区或一个城市的整体来说，还有一个前提，就是要考虑不同城市植物景观的地方风格。有时不同地区惯用的植物有差异，也就自然形成不同的植物景观风格（图0-3、图0-4）。

植物生长有明显的自然地理上的差异，南方树种与北方树种由于气候的不同，其生长的形态如干、叶、花、果也不同。即使是同一树种，如扶桑在南方的海南岛、湛江、广州一带，可以长成大树，而在北方则只能以"温室栽培"的形式出现。即使是在同一地区的同一树种，由于海拔高度的不同，植物生长的形态与景观也有明显的差异。如杭州市（海拔市区最低仅6m，山区平均为100m）生长的杜鹃较为矮小（图0-5），而天目山（海拔最高1700余米）及黄山（海拔最高为1860m）的杜鹃则高大如小乔木，尽管杭州、天目山与黄山的纬度相差不多，同在北纬30°的范围附近，但由于海拔高度不同，充分表现其自然形态的差异，产生低密成丛与高大疏朗的不同风格。

虽然，经过人工的驯化与改造，高山的树种可以移植于平地，南方的树种也可以栽植到北方。如雪松、悬铃木都属江南的树种，现在已可在北方生长。此外，如竹子北移，苹果南下，也都有其先例。苏联农业科学家米邱林（и.в. мичурин）在改变植物的生态习性，引种驯化，将南方的果树移植到北方等方面，做了许多很有成效的工作，就是明证。然而，就整体的植物气候分区来说，是难以改变的，有的也不必去改变，这样才能保持丰富多彩、各具特色的植物景观风格。

比如我国北方的针叶树较多，常绿阔叶树较少，如在东北地区，自然地形成漫山遍野的各种郁郁葱葱、雄伟挺拔的针叶林景观，这种景观在南方则少见，而南方那幽篁蔽日、万玉森森的高大毛竹林，或疏林萧萧、露凝清影的小竹林在北方也难以见到。

除了自然因素以外，地区群众的习俗与喜闻乐见也是在创造地方风格时，不可忽略的。如江南农村（尤其是浙北一带）家家户户的宅旁都有一丛丛的竹林，形成一种自然朴实而优雅宁静的地方风格。在北方黄河流域以南的河南洛阳、兰考等市县则可看到成片、成群的高大泡桐，或环绕于村落，或列植于道旁，或独立于园林的空间，每当紫白色花盛开的四月，显示出一种硕大、朴实而稍带粗犷的乡野情趣（图0-6）。

北方沈阳的小南街在20世纪50~60年代，几乎家家户户都种有葡萄。每当初秋，架上的串串葡萄，清香欲滴，形

图0-3 红绿草——广州的四季景观

图0-4 萱草——北京的夏季景观

图0-5 杭州孤山的杜鹃花

成这一带居民特有的庭院风格，与西北地区新疆伊宁的家居葡萄庭院遥相呼应，这都是受群众喜闻乐见而形成的庭院植物景观风格。

所以说，植物景观的地方风格，是受地区自然气候、土壤及其环绕生态条件的制约，也受地区群众喜闻乐见的习俗影响，离开了它们就谈不到地方风格，因此，这些就应成为创造不同地区植物景观风格的前提了。

图0-6 洛阳的泡桐

2.以诗情画意为特色

园林是一门综合性学科，但从其表现形式发挥园林立意的传统风格及特色来看，又是一门艺术学科。它涉及建筑艺术、诗词小说、绘画音乐、雕塑工艺……诸多的文化艺术，尤其是中国的传统园林发展至唐宋以来形成的文人园林中，这些文学艺术的气息与思想（其中还包括一定的哲理）就更为直接或间接地被引用或渗透到园林中来，

甚至成为园林的一种主导思想，从而使园林变成为文人们的一种诗画实体。这种理解虽说与今日的园林含义有所差异，但如果仅从一些古典的文人园林的文化游乐内涵来看是可以的。而在诸多的艺术门类中，文学艺术的"诗情画意"对于园林植物景观的欣赏与创造和风格的形成，则尤为明显。

植物形态上的外在姿色、生态上的科学生理性质，以及其神态上所表现的内在意蕴，都能以诗情画意作出最充分、最优美的描绘与诠释，从而使游园的人获得更高、更深的园林享受；反过来，植物景观的创造如能以诗情画意为蓝本，就能使植物本身在其形态、生态及神态的特征上得到更充分的发挥，也才能使游园者感受到更高、更深的精神的美。

所以说，"以诗情画意写入园林"是中国园林的一个特色，也是中国园林的一种优秀传统，它既是中国现代园林继承和发扬的一个重要方面，也是中国园林中植物景观风格形成的一个主要因素。

一种植物的形态，表现其干叶花果的风姿与色彩，以及在何时何地开花、长叶、结果的物候时态而有春夏秋冬四季的季相，触景而生情，使观赏者产生无限的遐思与激情。或作出人格化的比拟，或沉湎于思乡忆友的柔情，或面对花容叶色发出优美的赞叹，或激起对社会事物的感慨，甚至引发出对人生哲理的联想与凝思，从而咏之于诗词歌画，都反映出园林植物景观诗情画意的风格。

这种具有文人气息与意蕴的植物景观，通过文人们的诗情画意及植物的形态、生态和神态的具体表现，就产生了中国园林植物景观独有的文人风格。

比如中国兰花的特征是花小而香，叶窄而长，色清而淡，生于偏僻而幽静的溪谷之中，其貌远不如牡丹的绚丽多彩，却显示出一种高雅而矜持的风格。

清代乾隆帝咏之曰：

> 婀娜花姿碧叶长，
> 风来难隐谷中香。
> 不因纫取堪为佩，
> 纵使无人亦自芳。

而岭南的木棉树，树姿挺直高大，树叶水平排空开展，树冠庞大整齐，花色红艳如火，叶片肥厚而大，先花后叶，春季盛花叶，如华灯万盏，映影于蔚蓝色的天空中，显

图0-7 香港的木棉风姿

示出一种气宇轩昂的文官武将的英雄风格（图0-7）。有一首词，《浪淘沙》就是描写木棉树的：

> 木棉树英雄，南国风情。
> 年年花发照天红，
> 两翼排空横枝展，
> 未云何虹？
>
> 世纪新来急，燕舞莺歌。
> 众木群芳竞相争，
> 傲寒先发雄姿现，
> 独放豪情。

这些诗词都含有一定的意蕴，表现了植物景观的风格，是可以从中有所领悟的。

从植物景观来看，魏晋以前的《诗经》、《楚辞》、《汉赋》中涉及植物者，多为只言片语，言简意赅，涉及植物本身及其栽植位置，较少联系到人文精神的情与景，即以汉代司马相如所著《上林赋》与《子虚赋》而言，尽管写了一大堆的植物名称及其栽植地点，但也较少涉及诗情与画意。自从魏晋形成了自然山水园以及隋唐时由秦汉建筑宫

苑发展到山水宫苑之后，诗情画意也才开始逐步写入园林（参见中国园林发展简表）。

在此之前有关植物的描写尽管较少，但诗经、楚辞、汉赋也是将大自然植物引入文学诗词的一个源流，是开启了诗画文学艺术中描绘植物题材的一扇门窗。尤其是楚辞中如屈原的《橘颂》，是以写橘的风格以自喻，更是少有以植物比喻人格的精彩篇章。

在这里还应谈谈有关程式的问题，因为在中国传统园林的植物景观中，常常已经由于植物的形态特征与生态习性，或观赏者对它的主观认识，而形成一些既定的或俗成的程式，如栽梅绕屋、院广梧桐、槐荫当庭、堤弯宜柳等等，这些程式常常会影响到风格的形成。

如"移竹当窗"这种程式所表达的既是竹的形态，竹叶的狭长，秀丽，平行脉纹，聚簇斜落，显示一种碧绿青青的潇洒脱俗的雅趣，而且竹子终年不凋，耐寒经霜，种类丰富，适应性也较强，以之提升到拟人化的高度而表现于竹的神态，认为竹子具有"刚、柔、忠、义、谦、常、贤、德"八德而比喻君子，这是它的内在美；而其景观之美，或源于唐代大诗人白居易的竹窗之作：

> 开窗不糊纸，种竹不依行。
> 意取北窗下，窗与竹相当。
> 绕屋声淅淅，逼人色苍苍。
> 烟通香霭气，月透玲珑光。

这里说明在窗前种竹，应采取自然式，不是一行行，而要一丛丛，或是二三枝，耐阴的可种于朝北的窗前，微风吹拂竹叶发出淅淅之声，飘来清香之气，夜晚月亮照射着，而有玲珑苍翠之情影，这意境是何等的优雅。

其实，在窗外能种的植物，尤其是高低相当的花灌木是很多的，窗前种芭蕉也已成为一种不言而喻的程式，（详见第一章），但是以种竹最为雅致，于是"移竹当窗"似乎也就成为文人园林窗前最适合的一种程式了。

程式的产生固然有它的客观基础，如"堤弯宜柳"就是因为柳树耐水湿，可栽于岸边；而柳之柔条又与水之柔性相协调，这是植物的生态与形态所使然。或者是由一种实用功能或地方民俗、民风的需要，故产生了"院广梧桐"的程式。但今天运用这些程式时，倒不一定拘泥于此。如宜于水边生长的植物很多，树荫广阔的树木也很丰富，故在选择树种或栽植位置时，只要着重其内在的实质要求，或其

艺术构图的规律,而不是局限于某几种既定的植物种类。如大叶柳并没有飘柔的柳条,但耐水湿,在水边栽植有一种明显的向水性,也显示出与水的亲和力。其他如乌桕、槭树类,虽无柳之"柔情",但也可生长于水边。秋天叶红,染红了水面,未始不是一个宜于堤弯的树种吧(图0-8)!

图0-8 水旁多层次的植物景观

图0-9 杭州的雪松群草坪

3.以设计者的学识、修养出品味,创造具有特色的多种风格

园林的植物风格,还取决于设计者的学识与文化艺术的修养。即使是在同样的生态条件与要求中,由于设计者对园林性质理解的角度和深度有差别,所表现的风格也会不同。而同一设计者也会因园林的性质、位置、面积、环境等状况不同而产生不同的风格。如在杭州园林中有许许多多的大草坪,但花港观鱼的雪松大草坪与孤山西泠桥东边的大草坪,由于植物种类选择及配置方式不同,地形也有差别,二者所反映的植物风格迥异。如前者以圆锥形雪松成群呈半环抱形,面向西里湖构成两大片屏障式的树群,草坪中间突出一株冠大如伞的珊瑚朴树,整个植物风格是简洁、有气势而略带欧风的;但孤山西泠桥草坪向西的一面以一片杏花自由地散植于小坡之上,向南的一面则在小山坡上种植着各种高大的乔木如香樟、青桐、女贞等,林中隐约可见白色的建筑物,草坪的一隅又有一泓有半亭遮挡的六一泉,其韵味则呈现出中国的田园与山林野趣的风格(图0-9、图0-10)。

近年来,杭州太子湾公园的一些草坪上,栽植着大片大片自然式的草花,则更为明显地反映出西方的植物景观风格。

在同一个园林中,一般应有统一的植物风格,或朴实自然,或规则整齐,或富丽妖娆,或淡雅高超,避免杂乱

图0-10 杭州的西泠印社的山林草坪

无章，而且风格统一更易于表现主题的思想。

而在大型园林中，除突出主题的植物风格外，也可以在不同的景区，栽植不同特色的植物，采用特有的配置手法，体现不同的风格。如观赏性的植物公园，通常就是如此。由于种类不同，个性各异，集中栽植，必然形成各具特色的风格。

大型公园中，常常有不同的园中园，根据其性质、功能、地形、环境等栽植不同的植物，体现不同的风格。尤其是在现代公园中，植物所占的面积大，提倡"以植物造景"为主，就更应多考虑不同的园中园有不同的植物景观风格。

植物风格的形成除了植物本身这一主要题材之外，在许多情况下，还需要与其他因素作为配景或装饰，才能更完善地体现出来。如高大雄浑的乔木树群宜以质朴、厚重的黄石相配，可起到锦上添花的作用；玲珑剔透的湖石则可配在常绿小乔木或灌木之旁，以加强细腻、轻巧的植物景观风格。

从整体来看，如在创造一些纪念性的园林植物风格时，就要求体现所纪念的人物、事件的事实与精神，对主角人物的爱好、品味、人格及主题的性质，发生过程等等作深入的探讨，配置与之风貌相当的植物。如果只注意一般植物在生态和形态的外在美，而忽略其神韵的一面，就会显得平平淡淡，没有特色。

当然，也并不是要求每一小块的植物配置都有那么多深刻的内涵与丰富的文化色彩，但既谈到风格，就应有一个整体的效果，尽量避免一些小处的不伦不类，没有章法，甚至成为整体的"败笔"。

故植物配置并不只是要"好看"就行了，而是要求设计者除了懂得植物本身的形态、生态之外，还应该对植物所表现出的神态及文化艺术、哲理意蕴等有相应的学识与修养。这样才能更完美地创造出理想的园林植物景观的风格。

园林植物景观的风格是依附于总体园林风格的。一方面要继承优秀的中国传统风格，一方面也要借鉴外国的、适用于中国的园林风格，但今日中国园林风格的重点是符合优美、健康的环境，适应现代人的生活情趣。

现代的城市建设，尤其是居住区建设中，常常出现一些"欧陆式"、"美洲式"、"日本式"的建筑风格，这使中国园林的风格也多样化了。但从植物景观的风格来看，如果在全国不分地区大搞草皮，广栽修剪植物，就不符合中国南北气候差别，城市生态不同，地域民俗各异的特点了。

在私人园林中，选择什么样的树种，体现什么样的风格，多由园林主人的爱好而定。如陶渊明爱菊，周敦颐爱莲，林和靖爱梅，郑板桥喜竹，则其园林或院落的植物风格，必然表现出菊的傲霜挺立，莲的洁白清香，梅的不畏风寒，以及竹的清韵萧萧、刚柔相济的风格。

从植物的群体来看，大唐时代的长安城，栽植牡丹之风极盛，家家户户普遍栽植，似乎要以牡丹的花大而艳，极具荣华富贵之态来体现大唐盛世的园林风格一样。

清代有一位权位不高的文人高士奇，他退休以后，在家乡浙江平湖造了一个园林，以其自然野趣，命名为"江村草堂"，面积达20公顷，园内连山复岭，种了三千多株梅花。由于面积大，其中有山、有水、有溪谷等自然地形，故在植物配置上也就充分利用这些条件，选择和配置了"草堂"野趣的植物风格。

其中有幽兰被堑、芳杜匝地的兰渚；有绿叶蔽天、香气清馥的金粟径；有修篁蒙密、高下成林的修篁坞；有竹木丛荫、地多水芹（菜）的香芹涧；有自携手锄、栽植瓜菜的蔬香园；有枫树碧叶与晚春芍药相配的红药畦；有蓼花杂植、芙蓉临水的芙蓉湾；以及傲倪霜露、秀发东篱的菊圃和柔丝紫带、翠滑可羔的莼（菜）溪；还有蜿蜒的竹径，杂花野卉夹路的问花埠等等。如此众多的植物景点，都体现出不同自然野趣的植物风格。

现代大画家张大千特别爱好梅花，早年在四川的住宅就称为"梅邨"。晚年在其台湾台北市的宅园"摩耶精舍"后花园内，栽植了甚多的梅花，并立有"梅丘"巨石及石碑以叙其事（图0-11）。梅花具孤傲耐寒、坚忍不拔的个性，所以专从美国运来一块峰石，在石上亲书"梅丘"二

图0-11 台北的摩耶精社的"梅丘"

字,置于园中,为尊重一代宗师孔子,避讳孔"丘"之名,特将"梅丘"之丘字,少写一竖,变成了"梅匠",足见其尊师重道之人品与风格,如梅花一样的高超。

除了园主的个人爱好之外,私园的植物风格还与园主的人生活动有关。如卜居异国他乡的园主,往往有一种"思乡"的情怀,因此,他可能从老远的家乡带来一点自己熟悉和喜爱的树种花种栽植在自己的园子里,增加一点亲切的怀乡之情。而长期活动于异地的人,也常会给自己的老家园子里带回一些异国他乡的特别的植物种类。如孙中山先生于1885年从檀香山(夏威夷)带回的酸子树,至今仍生长在中山故居里。

以上诸例,或从整体上,或从个别景点上以不同的植物种类和配置方式都能表现私人园林丰富多彩的园林植物风格。

4.以师法自然为原则,弘扬中国园林自然观的理念

中国园林的基本体系是大自然,园林的建造是以师法自然为原则,其中的植物景观风格,也就当然如此。尽管不少传统园林中的人工建筑比重较大,但其设计手法自由灵活,组合方式自然随意,而山石、水体及植物乃至地形处理都是顺其自然,避免较多的人工痕迹。中国人爱好自然,欣赏自然,并善于把大自然引入到我们的园林和生活环境中来。

从中国传统园林来看,之所以说是具有"大自然"体系者,主要有以下几点:

一曰:借自然之物。

园林景物直接取之于大自然,如园林五要素中的山、石、水体、植物本身都是自然物,用以造园,从古代的帝王宫苑直至文人园林莫不如此,如果"取"不来,则要"借"来,纳园外山川于园内,作为远望之园景,称为"借景"。如北京颐和园既引玉泉之水,亦纳玉泉山景——塔于园内借赏。而植物景观风格的创造除了植物本身的搭配关系而外,往往还要借助其他的园林自然物,如水体、山石……

二曰:仿自然之形。

在市区一般难以借到自然的山水,而造园者挖池堆山也要仿自然之形,因而产生了那种以"一拳代山"、"一勺代水"、"小中见大"的山水园。叠石堆山仿山峰、山坳、山脊之形;挖池理水也有湖形、水湾、水源、潭瀑、叠落等自然水态。

植物配置首先是要仿自然之形,如"三五成林"就是以少胜多,取自然中"林"的形,或浓缩或高度概括为园林中之林,三株五株自由栽植,取其自然而又均衡,相似而又对比的法则,以求得自然的风格。

在中国的传统园林中,极少将自然的树木修剪成人工的几何图形,即使是整枝、整形,也是以自然式为主,一般不作几何图形的修剪。

三曰:引自然之象。

中国园林的核心是景,景的创造常常借助大自然的日月星辰、云雾风雪等天象,如杭州花港观鱼的"梅影坡"乃引"日"之影,而成"地之景";承德避暑山庄的"日月同辉"是引"日"之象,造"月"之景;而无锡寄畅园的"八音涧"是借"泉石"之自然物,而妙造"声"之景。这些手法都是引自然之景象而构成造园中的一种绝招。而植物景观中,如宋代林逋所描写的"疏影横斜水清浅,暗香浮动月黄昏"这样一种配置梅花的高雅风格,就是以水边栽植梅花,借水影、月影、微风来体现时空的美感,创造出一种极为自然生动、静中有动、虚无缥缈的赏梅风格。

四曰:受自然之理。

自然物的存在与形象,都有一定的规律。山有高低起伏,主峰、次峰,水有流速流向、流量流势;植物有耐阴喜光、耐盐恶湿、快长慢长、寿命长短以及花开花落、季相色彩的不同,这一切都要符合植物的生态习性规律,循其自然之理,充分利用有关的种种自然因素,才能创造丰富多姿的园林景观。

五曰:传自然之神。

这是较为深奥的一种要求,它触及设计者与游赏者的文化素质,如能超越以上四种造景的效果,则可产生"传神"之作,能做到源于自然而高于自然者,多是传达了自然的神韵,而不在于绝对模仿自然。故文人造园,多以景写情,寄托于诗情画意,造景是来于自然,而写情与作画,则是超越自然,这些才是中国传统园林是最丰厚的底蕴与特色。

园林风格的创造固然要继承本国园林的优秀传统,也要吸收借鉴国外园林的经验。而今天园林风格创作的重点,则是以优美的环境来适应现代中国人的生活情趣,提升其文化素养。

故园林风格所要给予人们的可归纳为"景、意、情、理"四个字。景是客观存在的一种物象,是看得见、听得

到、嗅得着（香味），也摸得着的实体。这种景象能对人的感官起作用，而产生一种意境，有这种意境，就可产生诗情画意，境中有意，意中有情，以此表现出中国园林的特色与风格。

一个小小庭院中的芭蕉树，加上天空中的落雨、时间的夜色，就产生了"夜雨芭蕉"的意境，使欣赏者油然而生各自的意与情；而那种"崇山峻岭、茂林修竹以及清流激湍、映带左右"的大自然环境，加上"天朗气清，惠风和畅"，既能使人"仰观宇宙之大，俯察品类之盛"而有"游目骋怀，极视听之娱"的情与意，难道还不能因此悟出各自的种种人生哲理来！

而所谓理者，一指自然之理（科学规律）；二指社会之理，令人感慨多多；然后还可升华到第三种人生之理——哲理。植物的正常生长寓意着自然之理；而植物的拟人化是社会常理的反映，而王羲之那种俯仰一世，虽取舍万殊，静躁不同而能欣于所遇，暂得于己，快然自足不知老之将至而感慨系之者，不是因大自然的意境更能表现出中国文人那种寓意深厚的人生哲理吗？这是大自然的启示，是中国传统园林创作的源流。

植物则是创造由景物→意境→情感→哲理过程中的主要组成部分。植物春夏秋冬四季季相本身就是大自然的变化，通过植物生长中干、叶、花、果的变化，以及花开花落、叶展叶落和幼年、壮年、老龄的种种变化而有高低不同，色彩不同，形态花朵的不同，展现出春华（以花胜）、夏荫（以叶胜）、秋叶（以色胜）、冬实（以果胜）的季相，它是不同植物种类的交换，也是植物空间感开阔或封闭的

交换，是空间的调剂者，可从中获得事物荣枯的启示，也是一种无穷变化的大自然美的体现。

园林植物景观的风格，是利用自然、仿效自然、又创造自然，对自然观察入微，由"物化"而提升到"入神"。又由于植物这一园林基本要素的自然本性，在表现"大自然体系"上比其他园林要素更深、更广，也更具有魅力！总之中国园林植物景观的风格是自然的形象，诗情画意的底蕴和富有哲理的人文精神！

自然的美不变（或极其缓慢），但时代的变化则是比较快的，人们常常会用时代的审美观念来认识、发现和表达对自然美的欣赏并创造园林中的自然美。而这种美不能仅仅是贴上时代的标签，或以时代的种种符号剪贴于园林画面设造于园林中。还需要我们以时代精神（代表多数人）来更细致地观察自然的本质美，深刻领悟自然美的内在含义——体现于"神"的本质，犹如诗人观察植物那样地细微、入神，才能真正创造"源于自然"、"高于自然"的"传神"之作。

而这个"神"又在哪里呢？它体现于自然物的形、质所表现于人文精神而产生的理念。孔子对水的"八德"的认识，对"仁者乐山，智者乐水"的论断，以及人们对植物的拟人化的种种表述，乃至宗教树种的传说和特殊功能的运用等等，都是由表及里的认识而赋以人文精神的理解、欣赏与运用（创造）的。而所有这些都表现于园林创作的"门槛"——立意，然后以各种手段、方法来建造体现立意的物境，这样才能产生出传神的、时代的园林意境。

第一章

中国传统园林的
植物景观

莫干山上翠竹林海，红楼避暑、清凉世界

引　言

一、传统园林植物景观历史概述

- (一)殷周时期
- (二)秦汉时期
- (三)魏晋时期
  - 1.都城的绿化
  - 2.皇家园林的植物景观
  - 3.私家园林的植物景观
- (四)隋唐时期
- (五)宋元时期
- (六)明清时期

二、传统园林植物景观特色论述

- (一)传统园林中植物景观的形、神、法
  - 1."形"——形式、类型
  - 2."神"
    - 讲求立意、追求神韵
    - 拟人化
      - 植物本身的形、神
      - 联想的意境
    - 托物言志、植物传情
    - 诗情画意、写入园林
  - 3."法"——"课花十八法"阐述
- (二)诗词中的植物景观

引言

植物景观作为园林的重要内容，是随园林的总体设计而定的。故在论述传统园林的植物景观时，不能不概括地谈谈传统园林的几个基本特点。

中国传统园林设计的体系，是属于（大）自然体系的。从它的设计思想到具体手法，都是源于自然而高于自然。无论是利用自然的山水、植物构筑的大型风景园林，如历代的皇家园林和城郊风景区或寺观园林，还是在城市平地上，完全由人工构筑的小型私家园林，都是以"自然"为设计的根本原则的。故园林中的植物景观绝不作雕琢、扭曲之态，而是接受自然之理，以自然之态充分表现植物本身的形态与个性。

中国传统园林的基本形式为山水园。一般着重于山水。尤其是小型的私家园林中，植物所占的面积不大，却是不可缺少的因素。少则画龙点睛，以一两株植物突出其观赏特性。即使是"墙角数枝梅"、"阶前草径深"，也可给主人以十分鲜明、强烈的鉴赏性，而成为园林中时序变化的主角，赋予园林以特殊的生命活力。而在大的风景园林中的植物，则更是郁郁葱葱、山花烂漫，自然地成为占尽春光的台柱。

至于作为园林核心的"景"，更是少有不论及植物的。只有植物那万紫千红、婀娜多姿的四季时令所引发出的形态变化，能产生园林中一些妙不可言的时空变换，以及随之而来的诗情画意，这就成为中国传统园林中，尤其是文人园林中独具一格的景观特色，有史以来，描绘、吟咏园林植物的诗篇、画幅、游记等数以万计，这些都成为园林植物景观设计的无尽源泉与家藏宝库。

在漫长的传统园林发展过程中，由于诗人、画家、叠石家、园艺家、建筑家，乃至文学家的参与设计，在植物的配置上，也已形成了一套法则与程式，其中有很多都可作为今日园林设计与民族特色园林创作的良好借鉴。

一、传统园林植物景观历史概述

（一）殷周时期

纵观中国园林自萌芽的周秦到清末民国的三千年发展史可以看出，随着园林本身的发展变化，植物栽植及其景观也是随之而变的。

如果说，公元前11世纪周代的囿与在其中建造的台、沼为园林之始的话，则囿就是利用自然山林而开发的园林。《孟子》载："文王之囿，方七十里，刍荛者往焉，雉兔者往焉，与民同之"。既然砍柴的人，养兔的人都入内，其中当然会有树林、灌丛、花草等植物，虽不是从观赏出发的植物景观，但选择有天然植被的山林作为牧百兽、供狩猎的游乐性的自然植物景观应是存在的。此外，据《大戴礼·夏小正》记载，"囿，有韭囿也"。"囿有见杏"之句，也说明在囿中还有人工经营的果蔬。故作为园林雏形的囿，应是一块极为自然的生态园地。

到了春秋战国时代，各国随着其宫室建设也已开始营造园林了。如吴国王夫差在今苏州的甪直就造了梧桐园。这个梧桐园分前园和后园，前园横生梧桐，故称"梧桐园"；后园则尚未见到直接描述其植物景观的记载，但从《吴越春秋》中载有吴太子友"适游后园闻秋蝉之声，往而观之……"来看，也是大树浓荫之境，否则就难听到秋蝉之声了。

在号称"吴中第一峰"的灵岩山，这时也利用它开辟了一座早期的离宫别苑——馆娃宫，宫中有花园一座，并有

图1-1 阿房宫图（清 袁江）

浣花池，池中种有四色莲花，清香四溢。另有吴王艺花处，采香径等景点，由此推测也有许多植物花草供观赏的。

这时的越国也在今浙江嘉兴造了会景园，并开始有了专门的园林植物记载："穿池凿地构亭营桥，可植花木，类多荼与海棠。"

此外，从先秦周代的《诗经》里，还可看到一些植物与生活关系的诗句。如在一首描述男女到市井会舞的《东门之枌》的诗中，"东门之枌，宛丘之栩，子仲之子，婆娑其下……"就是说的在东门口的白榆树下，在宛丘上的柞树下，有子仲家的女儿，在树下翩翩起舞的情景。而在《将仲子》诗里，有"将仲子兮，无逾我里，无折我树杞……，将仲子兮，无逾我墙，……无折我树桑，……将仲子兮，无逾我园，无折我树檀……"的诗句中，亦能推测到生活环境中的植物景观。

至于城墙沟廓种树，也是古已有之。据《周礼·掌固》记载："掌修城郭沟池树渠之固，凡国都之境，有沟树之固，郊亦如之"。亦如今日的环城林带与护城河绿化的植物景观。

到了秦代，开始有大规模的宫苑建设。如最著名的阿房宫是秦始皇在咸阳（今西安之西15公里处）的阿房村一带，于秦始皇三十五年（公元前212年）发动数十万人修建的。秦始皇在位时，只建了一座前殿，而这座前殿的规模已是"东西五百步，南北五十丈，上可以坐万人，下可以建五丈旗，周驰为阁道，自殿下直抵南山……"，整体规模覆压三百余里。

唐代诗人杜牧曾作《阿房宫赋》，对阿房宫的帝王气魄、豪华奢侈的方方面面，作了极为详尽而深刻的描述。其中虽未直接描述植物景观，但以其覆地之广，以及所述："……歌台暖响，春光融融，舞殿冷袖，风雨凄凄，一日

之内，一宫之间，而气候不齐"来看，应该是有树木花草的，否则仅仅是建筑之美，山水之秀，又何能体现"春光融融"？又从清代画家袁江所绘阿房宫前殿的图来看（图1-1），宫殿也是依山就势建于南山之巅，有山林、水面与建筑相互穿插，极尽自然之美。当时有一民谣："凤凰、凤凰上阿房"。又有记载云："以凤凰非梧桐不栖，非竹不食，乃植桐树千株于阿城，以待凤凰至"。由此推测，阿房宫中种有梧桐、竹林。而从袁江的画中还可看到在山石之旁有松树，水旁则为柳树，池中有莲荷。而建筑院落中既有常绿的松柏，也有落叶的阔叶树，其配置方式则是门旁对植，庭院屋角丛植，山林群植，这都是中国传统园林常见的植物配置方式。

（二）秦汉时期

秦代的宫苑多达六七百所，其中许多都是建在有山有水的地方。如秦二世宫就是建在树茂林密、风景优美的浐河；温泉宫建在"万松叠翠，美愈组秀，林木花卉，灿烂如锦"的骊山；上林苑也由渭河北岸的咸阳，扩大到渭河南岸，并建了信宫和北宫。而陔州（即唐代的曲江）当时已成为风景区，陔州之南建有宜春苑，苑中的池塘种植荷花，是为一处水景园。

特别值得一提的是秦代的城市街道植物景观相当壮丽。据《汉书》记载："秦为驰道于天下，东穷燕齐，南极吴楚，江湖之上，滨海之观毕至。道广五十步，三丈而树，原筑其外，隐以金椎，树以青松"。如此大规模地栽植行道树，既是空前罕见，也是十分难能可贵的。

汉代的园林主要为皇家的宫苑，且大多数是在秦代众多的宫苑基础上发展的，规模宏大，以汉武帝时扩建秦代上林苑最具代表性。上林苑的范围早已超出宫城，沿着

渭河南岸，地跨一城四县（即长安城、咸宁县、周至县、户县、蓝田县），苑墙长达150公里左右，号称"周袤三百余里"，为我国历史上最大的一座皇家园林。

据记载，上林苑中又有苑36个、宫12处、观21处以及高台、作坊等多处。如此大的面积，当然是包括了大自然的锦绣河山，真是"荡荡乎八川分流，相背而异态，……于是乎崇山矗矗，茏葱崔嵬，深林巨木，崭岩参嵯"，极尽自然山林之野趣。

而其植物景观，在司马相如所作《上林赋》及葛洪所撰《西京杂记》中均有较详细的记载。现归纳如下：

（1）植物种类丰富。苑内树种约百种，其中有的一种多达十五个品种，如加上各地移来的奇花异草将近三千种，大部分是各方进贡来的（估计尚未对全苑自然生长的原有植物品种作全面的调查），这些植物多栽植于宫、苑附近。

其中的山林之木及观赏树木就有槐、柘、榆、枞、栝、楠、槭、檫、枫，以及白银树、黄银树、扶老木、金明树、摇风树、鸣风树、琉璃树、池离树、离晏树、楠木、杜陶、桂蜀、漆树等，还有山上的千年长生树，万年长生树等等，既有落叶的，也有常绿的；既有阔叶的，也有针叶的，姿态形状各异，尤其是秋色的枫树，更使上林苑的山林野趣，增添了长安城园林季相变换的植物景观。

（2）果木丰茂，栽培技术已达相当高的水平。苑中果木有：杏，两个品种；奈、查、椑、油桐各三个品种；栗、海棠各四个品种；梅、枣各七个品种；桃有十个品种；李则有十五个品种。还有其他的枇杷、橙、安石榴、葡萄等等。

至于果木所形成的景观，则司马相如以他文人的笔艺形容得惟妙惟肖，着实给后人以迷人的意象感受："于是乎庐橘夏熟，黄甘橙榛，枇杷橪柿，亭奈厚朴，梬枣杨梅，樱桃蒲陶，隐夫薁棣，答沓离支，遝乎后宫，列乎北园，驰丘陵，下平原，扬翠叶，杌紫茎，发红华，垂朱荣，煌煌扈扈，照耀巨野。……垂条扶疏，落英幡骊，……披山缘谷，循板下隰……"真是一望无际的果林气概。

不仅如此，上林苑中还有一个如温室般的扶荔宫。这是专为培植由南方移来的植物而设的。据《三辅黄图》记载："汉武帝元鼎六年（公元前111年）破南越，起扶荔宫，以植所得奇草异木：菖蒲百本，山姜十本，甘蕉十二本，留求子十本，桂百本，密香、指甲花百本，龙眼、荔枝、槟榔、橄榄、千岁子、柑橘百余本。土水南北异宜，岁时多枯瘁，荔枝自交趾移植百株于庭，无一生者，连年尤移植不息。"

可见，荔枝虽未"扶"成，而其余草木亦能利用温室栽培技术，其技艺之高超，可见一斑。而温室之设或已为我国最早的记录了。

（3）专类园的意念开始萌芽。上林苑中的廿一观是各有专门功能的。如平乐观是供捔跤表演或作乐舞杂技表演的；走马观是供马术表演的；观象观是为观察天象用的。还有专门栽植葡萄的葡萄宫，有栽植白梨树的梨园（在"云阳宫"中）；有专门养蚕、观蚕的蚕观，观赏鱼鸟的鱼鸟观，其中的樗木观、椒唐观、柘观，包括汉代甘泉宫的竹宫、梁冀的柘林苑等，则都是以植物命名，推测它们或是以该植物木材用于建筑材料，或在该宫、观的院落和附近专门栽植着该种树木，也不论是为生产或为观赏，都说明它已具有专类园的概念了。

（4）水面的植物景观亦颇有特色。水生植物以荷花为主，并有雕胡、绿节、紫择、蒯草等种类。在建章宫的太液池中有一孤树池，池中有一洲，洲上种椹树一株，径有六十余围，望之重重如"车盖"。还有一个淋池，是引太液池水造成，阔有千步，池中种植分枝荷，一茎有四叶，状如骈盖。

在昆明池的周围沿岸种的柳树，池中养鱼植荷，还可行舟，南北相去约二十里。池中还有一个积草池，种了一株珊瑚树，高一丈二尺，一木三柯，上有四百六十二条，是南越王赵佗所献，号曰烽火树，至夜景常焕然。

除了西汉的上林苑之外，到了东汉洛阳城内御苑——濯龙苑的水景，也很注意植物景观，所谓"濯龙芳林，九谷八溪，芙蓉覆水，秋兰被涯"。在西园的水渠中还栽植了由南方进贡来的莲花，其叶子白天卷缩，夜晚张开，名之曰"夜舒莲"，足见在整个汉代宫苑中，在进行园林理水的同时，已很注意水旁的植物景观了。

（5）设置或保存了草地原野的植物景观。

上林苑广长三百里，苑中养百兽，天子在春秋时节射猎于苑中，可容千乘百骑，驯养着数以万计的马匹，既要射猎，又要表演赛马、马术，当然就有相应的牧场草地。据《西京杂记》载，苑内"自生玫瑰树，树下多苜蓿，……茂陵人谓之连枝草"。从这也证实了"古谓之囿，汉谓之苑"。汉代的苑是继承了古代囿中养百兽，供狩猎的游乐传统，从而也就保留了那种天然、朴实的原野景观。

除了宫苑的植物景观以外，在汉代的长安城通往外地的驰道两旁多栽种松树。而城内的街道则多种榆树及槐树，也有松柏类的常绿树种，树木生长茂盛，蔽日成荫。城的东、西两边水沟旁还种有柳树，城外又有濠水环绕，可见当时长安城的市容还是相当漂亮的。而在宫庭内则多种树荫大的梧桐、柞树，也有竹丛、果树如梨、葡萄等，水池中则多种荷花，池边则以柳树为主，这种配置方法几乎一直沿用至今。

如果说，司马相如的《上林赋》是汉代上林苑的纪实，则他所作的《子虚赋》则是一种虚有的园林构想。在这篇赋中，主要描写了一个有方九百里的所谓"云梦泽"的园林景观：其中除了山脉盘旋层叠、峰峦峻峭突兀，相互错杂，高插云霄，遮蔽了太阳和月光的照射……还有广阔的平原、沼泽，起伏的山丘岩石和清澈的泉池水面之外，比较详细地叙述了许多植物的种类和景观。

说东面是一个香草繁茂的园圃，其中有杜衡、兰蕙、白芷、杜鹃花、川芎、菖蒲、茳蓠、蘪芜等，芳香扑鼻，还有甘蔗、香蕉，香甜可口。南面是广阔的平原、沼泽、丘陵，在高处干旱地生长着马兰、燕麦、苞茅、荔草、蒿草、青薠，低洼湿地则长满了狗尾草、芦苇、蓬草、菰米、茭白、莲藕和葫芦等，其中有的可食用，有的可编草席，甚至可用作建筑材料。

西面的水池中除种莲、菱角外，还有龟、鳖、蜥等小动物；北面则是一片茂密的森林，其中有楠木、樟树，也有桂椒、木兰、山梨、山楂、黑枣，还有橘、柚等，林中又栖息着鸟类与猛兽……

从以上所述，可以看到司马相如构想的园林是：
①因地制宜，适地适树；
②品种繁多，以生产性的为主；
③种植方式以成林成片为多，才能适应生产的需要；
④动植物结合，具有良好的生态环境。

当然以方九百里的面积，是属于大的风景区山林之地，它和秦汉以来的宫苑是一脉相承，甚至仍留有春秋时代园圃的基本风格，生产和游猎的成分为主，当然还看不到魏晋以后园林的文人气息。而且，由于是虚构，从植物种类来说，云梦泽应在南方（长江以南），或即以湖北的云梦泽为构想之园地，亦未可知。

《子虚赋》是论述风景园林及植物为主的专文，应具有汉代园林植物景观的代表性，而在以往的园林书籍中，未见有论及者，故一并附录于后，供有兴趣的朋友参考。

（三）魏晋时期

魏晋南北朝的三百余年间，是一个大动乱的混战、分裂局面，皇家园林的规模，较之秦汉大大缩小，地点也由城外的大自然，移到了城郊或城内，各朝各国都建有自己的宫苑和园林。但这一时期的社会思想却十分活跃，又出现了一个各家各派百家争鸣的局面，影响到艺术领域的开拓，也影响到园林艺术的发展。园林建设由较为粗放，转向细致，而且更倾向于仿效自然，尤其是在理水、造山及雕塑等方面更有所发展，但在植物景观方面则论述不多。

皇家园林中较有规模的当推北朝北魏在洛阳扩建的芳林园，在园中造了一个用各色文石堆筑的土石山——景阳山，山上种松树、竹丛及花草，在景阳山之南，则开辟了一个百果园，是根据不同种类，呈规则式布置的生产性果园。园中种有枣树62株，王母枣14株，桃730株，白桃3株，侯桃3株等。在当时的皇家园林中，还有一种栽植名贵或奇异植物品种的风尚，故常到民间去征购，栽植于园内。

但是，一些官僚富商或文人雅士们，由于厌倦政治，转向寄情山水，他们或者争相建园斗富，或者隐逸于山林，借以逃避现实，于是，私家园林的兴建，盛极一时。

著名的如大官僚张伦在洛阳建的宅园中，也造了一个景阳山，其植物景观为："高林巨树，足使日月蔽亏，悬葛垂萝，能令风烟出入"。其中"烟华露草，或倾或倒，霜干风枝，半耸半垂，玉叶金茎，散满阶墀，燃目之绮，裂鼻之馨，既共阳春等茂，复与白雪齐清……"不仅给人以视觉上的美色，也给人以嗅觉上的芳香。而那花茂繁盛，林荫风枝，落叶满阶与白雪齐清的景色，更展示出四季季相的植物风韵。

大官僚石崇在洛阳修建的金谷园，首先是选择了一条"有清泉、茂林、众果、竹柏、药草之属，莫不毕备"的金谷涧，然后又加设人工的建筑物、鱼池，并栽植了数以万计的柏树作为基调树种，做到了终年常绿。其他的植物则是与环境、景物相配的：如"绿池泛淡淡，青柳河依依"，"前庭树沙棠，后园植乌椑"，"灵囿繁石榴，茂林列芳梨"。这种园林从文字记载来看，似乎其生产性不及观赏性强，主要是为了辞官、退隐归故里，以享受晚年的山林之乐而建。

而潘岳在洛阳的庄园，其田园风光的味道似乎更浓一些，尤其是果树品种更多。如《闲居赋》记载着："……长杨映沼，芳枳树篱，游鳞澥溜，菡萏敷披，竹木蓊蔼，灵果参差。张公大谷之梨，梁侯乌椑之柿，周文弱枝之枣，房陵朱仲之李，靡不毕植。三桃表樱胡之别，二柰曜丹白之色，石榴蒲陶之珍，磊落蔓衍乎其侧，梅杏郁棣之属，荣丽藻之饰，华实照烂，言所不能及也。"可见其果木品种之繁，多来自于四面八方的亲朋好友，而其配置的细致，景观效果之优美也是难以言喻的。

山水诗人谢灵运在会稽（今绍兴）的庄园，其植物景观则更为丰富。其基本特色是以竹为主，水又与竹结合，水中有草，园中栽药，极具山水田园之趣。据《山居赋》描写其状，以竹径最为突出："绿崖下者密竹蒙径，从北直南悉是竹园。东西百丈，南北五十丈"。"行于竹径半路阔以竹渠涧"，同时竹与水潭、水溪结合："水石别谷，巨细各汇，既修竦而便涓，亦萧森而蓊蔚，露夕沾而凄阴，风朝振而清气，稍玄云以拂纱，临碧潭而挺翠"。也产生一种"风尘于兰渚，日倒影于椒涂"的景观，从这个庄园中不仅看到竹林本身的幽美意境，也道出了竹子与天象气候的配置关系。

此外，还有一些小型私家园林，或者是附属于郊野的庄园，或者属城市中的园林，从一些诗文中可以看出他们对植物的季相景观是十分重视的。

如在江总的《春夜山庭》诗中有"春夜芳时晚，幽庭野气深。山疑刻削意，树接纵横阴"。之句以示春意；而其《夏日还山庭》诗中有"独于幽栖地，山庭暗女萝，润清长低筿，池开半卷荷"之句以示夏景；而肖悫的《奉和初秋西园应教》诗中以"蕖开千叶影，榴艳百枝燃"之句以示夏末初秋之景；而《洛阳伽蓝记》中描述城市王之坊的小园中，"花林曲池，园园而有。莫不桃李夏绿，竹柏冬青"等等都显示出春夏秋冬四季景观的优美。

至于在《小园赋》中所描述的那些"若夫一枝之上，巢父得安巢之所，一壶之中，壶公有容身之地"的极其写意的小园中，也能看到"榆柳三两行，梨桃百余树"、"草树混淆，枝格相交"的植物景观，以致形成园林必须"拨蒙密兮见窗，行欹斜兮得路"的浓郁葱翠的生态环境，而"三竿两竿之竹，云气荫于丛著，金精养于秋菊，枣酸梨酢，桃梿李萙，落叶半床，狂花满屋，名为野人之家，……"这种充满着浪漫色彩的构思，创造出一种多么潇洒而写意的植物景观，也说明在这一时期园林植物景观与文学的结合，将园林艺术领域大大地深化和拓展了新的一页。

（四）隋唐时期

隋文帝统一中国，结束了长达三百余年的魏晋南北朝的混乱局面。建朝伊始，经济发展，社会繁荣，园林建设随之兴旺，并为唐代的宫苑奠定了基础。但在隋炀帝的虐政统治下，仅仅三十七年就被灭亡。新兴的唐代，前后统治了中国近三百年，国力强盛，文化艺术也很活跃，因而，城市

和园林建设也进入了一个全盛时期。唐代的都城和宫苑多在隋代的基础上发展起来，故隋唐园林尤其是城市和宫苑可以统一述之。

现就这一时代的园林植物景观分述如下：

1. 都城的绿化

隋唐两代均仍定都于原汉代长安城之南，隋代称大兴城，是离开汉长安的一个新城，并未完全建成，而由唐代继续完成并恢复汉代长安城的名称。那时城市人口已达百万，是当时世界上规模最大的一座繁华城市。其城市绿化较之秦代"壮观的驰道"又进了一步。

据记载，主要的街道树为槐树，间植榆柳，所谓"迢迢青槐街，相去八九坊"。而在皇城、宫城内则广种梧桐、桃树、李树和柳树，这从一些诗文中也可看出。如白居易的《长恨歌》中有："春风桃李花开日，秋雨梧桐叶落时。西宫南内多秋草，落叶满阶红不扫"之句。而岑参亦有："青槐夹驰道，宫观何玲珑。秋色从西来，苍然满关中"。"千条弱柳垂青锁"之景，随处可见。

2. 皇家园林的植物景观

隋代西苑规模相当大，周围二百里，是仅次于汉代上林苑的一座大型的人工山水宫苑。其中心的北海，周围长达十余里，为人工开凿，海中有三神山，海北有水渠曲折环绕，沿渠建有十六院，每院内庭都栽种名花，到了秋冬季节，则进行修整，生长不良的则改换新种。院外水渠上，则是"杨柳修竹，四面郁茂，名花美草，隐映轩陛"。每一院还设有一个供食用的果蔬、禽鱼之类的生产性果园、菜园与鱼池。至隋炀帝时，西苑已是具有"草木鸟兽繁茂，桃李翠阴复合"的优美植物景观了。而由大内通向西苑的御道，则更是古松高柳夹道，气魄非凡。

禁苑是隋代的大兴苑。苑内有专类果园如葡萄园、樱桃园等，面积很大，周围长一百二十里，而苑内树林茂密，建筑物却很少，仅设有供应宫廷果蔬禽鱼的生产场地，以及供皇帝狩猎、放鹰的猎场等。

禁苑东南的龙首源上建有大明宫，宫中有太液池，面积达1.6公顷，池中的蓬莱山上则建亭，并遍种花木，尤以桃花为多，所谓"草承香辇王孙长，桃艳仙颜阿母栽"、"桥转彩虹当绮殿，舰浮花鹢见蓬莱"是其植物景观的写照。

而作为花卉欣赏最为壮观的是长安城兴庆宫的牡丹。由于唐玄宗的荒淫享乐，以宠妃杨玉环独爱牡丹，故在兴庆宫之西广植牡丹，并以檀香木建沉香亭供欣赏用。这里的牡丹不但数量多，品种也多，名贵品种尤多，色彩丰富。

据说还有一种早晨呈纯赤色,中午呈浓绿色,落日时又呈黄色,到了夜晚呈白色的珍贵变色品种,当然这种名贵花卉是极其昂贵的。连白居易也发出了"一丛深浅色,十户中人赋"的慨叹。不仅如此,在他们赏花时,还有诗、歌、舞、酒相伴,李白作诗,李龟年歌咏,梨园弟子伴舞,杨贵妃斟酒,唐玄宗吹笛,极尽欢乐之能事。这种赏花的情景,堪称古代之冠。

诗人李白更是吟出了流传千古的绝唱《清平调》三首:

> 其一:云想衣裳花想容,春风拂槛露华浓。
> 　　　若非群玉山头见,会向瑶台月下逢。
> 其二:一枝红艳露凝香,云雨巫山枉断肠。
> 　　　借问汉宫谁得似,可怜飞燕倚新妆。
> 其三:名花倾国两相欢,常得君王带笑看。
> 　　　解释春风无限恨,沉香亭北倚栏杆。

李白的这三首诗,虽然是在迫不得已,假装醉酒的情况下写的,其中第二首更有讽刺杨贵妃的隐喻在内,但诗人毕竟将牡丹的雍容华丽,艳露凝香的姿色以及唐玄宗与爱妃赏牡丹的意境与环境写出来了。

由于当朝皇帝的偏爱,以及朝野官僚富商的跟随,致使整个唐代长安城上下兴起了一股较为广泛的牡丹花热,所谓"京城贵游尚牡丹三十余年矣,每暮春,车马若狂,以不耽玩为耻"云云。

诗人白居易的另外三首写牡丹花的长诗,《和钱学士白牡丹》、《买花》及《秋题牡丹丛》就更为具体、细致地描写了当时长安城买卖牡丹花及欣赏牡丹花的盛况:"帝城春欲暮,喧喧车马度,共道牡丹时,相随买花去"。"家家习为俗,人人迷不悟"。而"上张幄幕庇,旁织笆篱护"的情景则一如今日的花市。无怪诗人刘禹锡诗曰:"唯有牡丹真国色,花开时节动京城",似乎是自此就以牡丹为国花给定位了。同时,在唐代咏花诗词中,以咏牡丹花的最多,由此可见终唐一代牡丹花的盛况,可作为唐代植物景观的一个特色。

在长安城以东约廿余里的骊山建有一处离宫——华清宫,该处自然景观优美,植被非常好,有望之郁然的松柏满山遍谷,也有花木繁茂、如锦似绣般的山丘北坡,还有殷实累累、瓜果满园的山麓花圃、果园,如芙蓉园、粉梅坛、看花台、石榴园、西瓜园、东瓜园、椒园等等。在华清宫内则种有梧桐、道路旁为槐树,院落里栽有白杨,植物

多达数十种,也是一处优美的宫苑。

3.私家园林的植物景观

唐代私家园林也比较发达,一种是位于城市内,面积较小,多名之为园、庄或山池院、山亭院。另一种是位于城郊或自然山林之中,面积较大,多称为别墅、别业或草堂,它们多属官僚、富商或归隐文人的园林。

宰相牛僧儒在长安城内有归仁园,方圆约一里(大约相当于12公顷),占了城市的一个坊。园内大量栽植树木花草,其植物景观特色是一种植物成片成丛地栽植,北有牡丹、芍药千株,中有竹子百亩,南为桃李弥望。即是说仅竹子就有六七公顷,占全园面积的一半以上,可见其植物景观是相当有气势的。

宰相裴度在集贤里的宅园,也是筑山穿池,竹木丛翠,在万株花木之中造台设馆,以"绿野"命名,足见对自然植物环境的重视。

而宰相李德裕在洛阳城东三十里所建的平泉山庄面积更大,周围达十里,构台榭百余所,成为极少有的私人园林。此人嗜好珍木、奇石,就其所写《平泉山居草木记》看,园中奇花异卉很多,而且多来自四面八方。因他是宰相,赠送者多,"或致自同人,或得于樵客",他自己也到处寻访,因此他的园林也就成了一个植物园了。

珍木中有来自浙江省的天台上金松、琪树、海石楠,绍兴的海棠、榧树、桧柏、四时杜鹃、相思、紫菀、贞桐、山茗、重瓣蔷薇、黄槿、百叶木芙蓉、百叶蔷薇,还有东阳的牡桂、杜石、山楠,温州永嘉的朱杉、簇蝶,嵊州的丹桂、厚朴,天目山的青神、凤集等等。来自江苏省的有南京紫金山的月桂、青飔、杨梅,丹阳的山桂、温树,南京的珍珠柏、复羽叶栾树、杜鹃,句容茅山的山桃、侧柏、南天竹。

还有来自岭南的香桂、木兰,番禺的山茶,广西临桂的俱那卫——一种叶形如竹、茎端如桐、小花,近似槲树的树。也有来自江西宜春的柏木、红豆、山樱桃,以及笔树、楠木、椎子、金荆、红芒、密蒙、勾栗、木堆等,南昌的同心木芙蓉,安徽宣城的黄辛夷(黄兰)、紫丁香。也有来自北方如陕西蓝田的板栗、梨树和龙柏等等。

此外,水生植物有来自浙江湖州的重瓣莲,无锡芙蓉湖的白莲,江苏句容的芳荪(如高良姜)。药用植物则有九华山的天蓼、青栎、黄心栲子、朱杉、龙骨,以及草药得山姜、碧百合等,记述十分详尽。

李德裕为了永久保存他这个园林,还专门写了一篇《平泉山居诫子孙记》,特别提到要保留山庄的一树一石,

要像周代人思念召伯一样，不将召伯所游憩其下的棠树砍掉，在他死后，绝不能为权势所夺云云，可见其对树木的珍惜如此。

唐代在城郊自然山水中建园林最著名的要属王维的辋川别业、白居易的庐山草堂，司徒空的王官谷庄和一些寺观园林，从其植物景观来看，大多得自于原有的自然植被，但造园者也在这个基础上造了一些颇有特色的植物景点，使园林更具自然田园的风味。

王维晚年退隐陕西蓝田，于西南处获得诗人宋之问的旧建别业。因该处地形山岭环抱，壑谷辐辏如车轮，故取名曰"辋川别业"。基本上是利用自然山水地形及植被整治而成。规划有一条主要的游览线，设有20个景点，其中11个是以植物命名的。将大自然引入人工造园之中，充分发挥园林的植物美。即使是人工的建筑物，或以植物命名，如文杏馆；或在建筑物周围造成一种浓浓的植物景观，如竹里馆，将馆建在一片竹林之中，并以诗情来展现那种"独坐幽篁里，弹琴复长啸。深林人不知，明月来相照"的竹林月夜之景，展示出一种宁静而优雅的画面，堪称诗中有画，画中有诗的诗、画、园三位一体的中国传统园林的典型特色。

又如斤竹岭、木兰柴、辛夷坞等景点表现出浓厚的山林植物景观；而如茱萸沜、柳浪等景点则是池沼旁的植物展示。"倒影入清漪"的水景；宫槐陌是由门前通往"空阔湖水广，青荧天色同"的欹湖的林荫道，取名"陌"而不称"道"，更显出其田园的意蕴。这些景点可以形成春夏秋冬的植物季相景观。

此外，还有"漆园"、"椒园"，既是生产性，又具一种"愿君垂采摘"、"还同庄叟乐"的野游之趣。

诗人白居易的庐山草堂则是选在美景如画的庐山香炉、遗爱二个山峰之间建造的。主体建筑草堂只是一个三间二柱、二室四牖的住处，草堂前后有平台、池塘，环池多山竹野卉，池中种白莲、养白鱼，将自然的深涧引入园中，溪旁有十人围、高数百尺的古松和老杉树，它们的树冠就像幢幡一样地向下垂落，而枝干却又如龙飞蛇走那样地覆盖着古树下的灌木丛，还有叶蔓交织的茑萝，使园子里在盛夏的八九月间，也是"承翳日月，光不到地"，凉爽宜人。到了秋天，也是"绿荫蒙蒙，朱实离离"的丰收景象。为了与这种自然的植物环境相协调，草堂建筑本身，也是十分的朴素、清雅。其前庭仅有十来株大松树，千把竿竹子，以青萝作墙篱，池边有绿柳环绕，池中植荷，完全反映白居易

晚年那种只求"淡泊体宁，心恬内和"的心境。

诗圣杜甫的草堂，不在名山，而选在成都城郊的浣花溪畔，时移世易，现在我们也只能从杜甫的诗作中来分析草堂的植物景观特色。

草堂建在一株古楠木旁边，园内的树木还有松、桤木、杨柳、楸树、桑树；果木有桃、李、梅、枇杷、枸杞、椒等，花木有丁香、栀子、菊，此外还有百草药圃。从不完全的杜诗来看，诗人很重视有荫、成材、有花又有果以及药用植物，而对于一般纯观赏的花卉则着墨不多。在《中国历代咏花诗词辞典》所选的千余首诗词中，杜甫的咏花诗仅仅只有四首。可见杜甫草堂的植物景观是着重于实用效果的。

其次，诗人毕竟是诗人，草堂的一切种植活动，几乎全部以诗歌形式表达出来，他在草堂只住了不到四年，就写了二百余首诗，写有关植物栽培的有《觅桃栽》、《觅松树子栽》、《觅桤木栽》、《觅棉竹》等；养护、管理、保护植物等方面，也多入诗，如《除草》、《恶树》、《病柏》、《病橘》、《病棕》、《病楠》等。可贵的是，这些诗篇不仅为草堂的植物栽植留下了系统的记录，也开拓了"诗歌绿化"的文学先声。

再次，杜甫的这些诗歌也和其他的诗歌一样，语言精练，朴实无华，具有高度的表达能力。如《四松》诗中有"四松初移时，大抵三尺强"，"所插小藩篱，本亦有提防"。又如他描写《枯棕》诗："蜀门多棕榈，高者十八九。其皮割剥甚，虽众亦易朽。"

还有他那从果蔬收获后，与友邻分享的情景，如"高秋总馈贫人实"（见《题桃林》），"药许邻人劚"、"梅熟许同朱老吃"等等，都是十分明白、通俗，形象生动的。他与南朝山水诗人谢灵运的诗风，迥异其趣。杜甫草堂就和杜甫的诗那样朴实，那样清新，又那样地实用。

此外，在唐代还有一种带官署性质的园林，即今山西省新绛县的绛守居园池，由唐代绛州刺史樊宗师在隋代一个旧园的基础上重建而成为名园，今日仍可见到当时的一些痕迹。现有面积仅18亩，从文献及现状看，唐代时此园是以水池为主体，随之而设有堤（如贯穿水池南北的子午梁）、渠、瀑等，建筑物不多，只有一舍、一门、五亭，但颇重视植物景观。

水池边不乏桃李兰蕙，还有垂蔓的莎草、蔷薇与藤萝，绿草与红花相映池岸。建筑物旁多以大树遮阴，以柏树环绕构成柏亭，柏树中杂种槐树，浓荫蔽日，在水池旁

的一片"白滨"上，栽种了百余株梨树，花开时节，好似穿着白色盛装的女孩子们在翩翩起舞。

此园在宋代也有所增建，并增加了筱竹、枣树、桑树、柳树，并建有蔬菜园圃，水渠旁植芙蓉，亭子旁加了点花卉。可惜此园在宋末元初时已基本被毁，元代郭元履以诗描写了当时的情景：池沼盛隋余瓦砾，绮罗全晋变蒿莱。兴亡欲问无人语，满目秋风野鸟哀。可见，连树木也一起被毁掉。元代修复了沧浪亭，及至明清，才按旧制修复，并逐步增添了一些建筑物，植物种类也丰富了很多，从建筑物的楹联上可以反映出来，如子午梁上的沧浪亭联曰：

快从曲径穿来，一带雨添杨柳色。
好把疏帘卷起，半池风送藕花香。

在明代增建的嘉禾楼的半亭之旁，种了一些迎春花和竹子，其联曰：

值春光九十日，最好是几杆竹，几朵花。
与良友二三人，消尽在一局棋，一樽酒。

除了亭联之外，在园内多处还建有匾额碑记，如明代的"动与天游"石碑，是描写沧浪亭在夏季荷花盛开，微风轻拂水面，四根亭柱如游龙摇曳，似与天同游的情景。在几处照壁上也刻有"紫色无疆"、"人间若雀"的字额，增加园林的文化内涵。这些都是自宋代以来，逐步由简朴的自然山水园转向文人写意山水园的一个标志。

到了五代，南方的苏州还有些私人园林，保持了一些唐代的风韵。如苏州刺史钱元璙的南园，是"颇以园池花木为意"的。"竹好还成径，桃夭亦有蹊"，有些空旷，多野趣。宋时被毁，明时有诗形容它是"春已去，人不来，一树两树桃花开，射堂陶园皆青苔"，有些荒凉景象。清初也有人咏此园是"二月桃花开，三月菜花盛"。直到清末仍然是："绿化环亭竹万株，流杯遗迹未全无"。"风阁云亭渺旧迹，只余乔木荫清池"。"风回紫陌菜花香，寥落西池放野棠"。自始至终都是花木不盛，野味颇浓，保持了一种朴素的自然山水田园的风韵。

（五）宋元时期

到了宋代，由于社会的发展，特别是文化艺术的发展到了一个十分繁荣又丰富、细腻又高雅的时期，反映在园林建设上是比较明显的。

皇家园林以东京（开封）的艮岳为代表。艮岳基本上是一个人工造成的宫苑，由精于书画艺术的才子皇帝宋徽宗亲自督造设计，可以做到想什么就有什么，故这座宫苑就成为最能反映宋代风格的文人自然山水宫苑。虽说此园的特色在筑山叠石，但在园林植物的选择与配置上也是相当精粹而有特色的。

随着"花石纲"由南方运石的方便，在植物品种方面也随之移植了来自江南乃至岭南的奇花异木，如来自浙江、广东一带的果树有枇杷、橙、柑、橘、柚、荔枝之类；花草品种则更多，知其名者就有金娥、玉羞、虎耳、凤尾、素馨、渠那、茉莉、含笑之草等70余种；药用植物有参、术、杞、菊、黄精、芍药之类；甚至还有种植禾、麻、菽、麦、黍、豆、秔、秫等农作物品种。再结合本地的树种，大概涵盖着乔木、灌木、藤本、果、竹、药、农等诸多门类的珍贵植物。

植物配置方式多是为与园内其他的自然景点结合，用一两个品种，集中成片、成丛或成林栽植，因地制宜，并以植物命名形成各有特色的植物景观。

如在寿山上，有遍山栽植青松，形成了"青松蔽密于前后"的万松岭；有山岭种梅，低岗栽杏的梅岭、杏岫；有增土叠石，间隙留穴，以栽黄杨的黄杨巘；有在修筑岗石成障之处栽植丁香花的丁障；有在山崖上杂植花椒、兰草的椒崖；还有栽植枝干柔密、糅之不断、叶叶为幢盖、仿若鸾鹤蛟龙之状，种以万株龙柏的龙柏坡；也有移竹成林，复开小径至数百步，但杂有天下珍贵竹种的斑竹麓；更有"万竹苍翠蓊郁，仰不见日月"，散置着园林建筑如胜筠庵、萧闲馆、飞岭亭等小品于一大片四面皆竹的纯竹林，此外还有以植物命名的桃花闸、芙蓉城、雪浪（梅花）亭等。而药寮、西庄则是在大面积的观赏植物景观中，点缀着的田园植物景观，更是互相辉映，反衬出这座庞大的人工宫苑园林自然山林的植物情趣。

正如《艮岳记》所云："岩峡洞穴，亭阁楼观，乔木茂草，或高或下，或远或近，一出一入，一荣一凋，四面周匝，徘徊而仰顾，若在重山大壑，深谷幽岩之底，不知京邑空旷坦荡而平夷也"。在这里，充分体现出大自然的山林意境，植物荣枯的盎然生机以及天象的明暗，季节的变化，和因植物命名而表现出的文化气息。

除艮岳外，金明池也是当时东京最具盛景的一座园林，是宋太宗兴国元年至三年（公元976—979年）引金水河而成。周围九里三十步，是作为"习水战"、"水嬉"及"赐从官饮"的一处水景园。据有关记载及张择端所绘《金明池争标图》看，是以水池为中心，池的四周有一座围墙，池岸柳树成荫，而画面上，仅有11株垂柳，枝少而叶瘦，低垂摇曳，估计这只是为了突出"争标"，而将绿化忽略了的缘故。另外，也有15株小桃树，桃花闪烁枝头，桃柳间栽，分布均匀，这或是后来南宋杭州西湖堤上"一株杨柳一株桃"的先例模式。

与艮岳、金明池相应的，在东京还有"四园苑"，即琼林苑、玉津园、宜春苑和瑞圣园。

琼林苑也就是金明池所在之苑，是东京城内最大的一处园林，其中："大门牙道，皆古松怪柏，两旁有石榴园，樱桃园之类，各有亭榭"。植物景观是"柳锁虹桥，花萦凤舸"，球场内有牙道柳径，树种有素馨、茉莉、山丹（杜鹃）、瑞香、含笑、射香、梅花、牡丹等，多为由福建、广东、浙江引进的品种。

玉津园有东西两园，比较大，其植物景观带有生产性质，"半以种麦，岁时节物，进贡入内"。每年夏天，皇帝还要到这里来看割麦。其他园林景色也不少："景象仙岛，园名玉津，珍果献奇，奇花进香，百亭千榭，林涧水滨"。还有一个以饲养大象为主的动物园，名曰养象所，其中还饲养了麒麟、灵犀、孔雀、白鸽等珍禽异兽。为提供饲料，还设有一块面积达15公顷的荻草地。足见这里是一处有着浓厚田园风光的皇家园林。尽管每年春天向游人开放踏春游赏，苏轼也有《游玉津园》诗，对此园的景观作了较全面的描述：

承平苑囿杂耕桑，六圣临民计虑长。
碧水东流还旧派，紫坛南峙表连冈。
不逢迟日莺花乱，空想疏林雪月光。
千亩何时穷帝籍，斜阳寂历锁云庄。

但还是未见皇帝来与民同乐：

君王来到玉津游，万树红芳相依愁。
金锁不开春寂寂，落花飞入粉墙头。
看来，此园真的是被冷落了。

宜春苑亦称"御苑"，以花木出名，"每岁内苑赏花，则诸苑进牡丹及缠枝杂花，七夕中元，进奉巧楼花殿。杂果实莲菊花木及四时进时花入内"。宋祁有诗云：

宜春苑里报春回，宝胜缯花百种催。
瑞羽关关迁木早，神鱼泼泼上水来。

可见花木品种繁多，可产生"春来早"的感觉。

瑞圣园则以茂密的竹林取胜，有诗形容该园"……方塘淹淹春光绿，密竹娟娟午更寒"。以上这些御苑都很注意植物的养护管理，每一个园苑都有"印历"，即是树木的档案。如遇树木枯朽、折断，随时加以补种，可见管理之严。

而整个东京的城市绿化，由于当时土地盐碱化已相当严重，故以栽植耐碱性较强的柳、榆树为主，其次为槐、椿、杏树。而在宽阔的中心街道（若二百步宽）两旁的御沟内则"尽植莲荷，近岸植桃、杏、梨（果树），杂花相映，望之如绣"。

护城河沿岸皆植杨柳，粉墙朱户，相当漂亮，从张择端的《清明上河图》也看出主要是柳树，其次是椿树、榆树，分布在汴河两岸及街道两旁。而在各种记载宋代的诗文中也见有"斜阳御柳"、"垂柳蘸水"、"门侵御柳"、"细柳亭轩"以及"榴花院落"、"窗对樱桃"等句，从中也可以了解到当时东京树种及其配置的点滴。

宋王朝偏安杭州后，国力衰落，在杭州凤凰行宫的钱王旧宫的大内园林，其气势远不如北宋的艮岳。据记载：入宫门，即垂杨夹道，间以芙蓉，正殿部分的建筑物或环以竹，或前有芙蓉，后有木樨。或以绕亭，或在"万卉中出秋千"，而在后苑，从其建筑物的命名，就可知其植物景观还是比较丰富的。

如种有梅花千树而命名的亭子就有《梅岗》、《冰花》、《春信》、《香玉》、《冷香》、《雪径》等，表现了梅花的形、神、性等多方面的特色。其他有牡丹者名曰《伊洛傅芳》，有芍药者曰《冠芳》，种山茶者曰《鹤丹》，种桂花者名《天阙》，种橘者名《洞庭佳味》，有木香者称《架雪》，有竹子者命名《赏静》，有松树的则称《天陵偃蓄》，而茅草亭则曰《昭俭》等等，从这些名称里还可以看出该树种是来自何处。

再以范围较大的德寿宫为例，在宫苑四周也有一些游乐的庭馆，是以植物命匾的：如梅堂匾曰《香远》，茶蘼亭匾曰《新妍》，木香堂匾曰《清新》，金林檎亭匾曰《灿锦》，郁李花亭匾曰《半绽红》，牡丹馆匾曰《文杏》，椤木亭匾曰《绛叶》等等。

杭州城内外行宫约37处，其中御花园有十余处，其植物景观大多具有此文化特色。如位于清波门的聚景园中有亭植红梅，有桥曰柳浪。其中以植物之意命名的建筑物就有会芳殿、瀛春堂、芳华堂、花光亭以及翠光、桂景、琼芳、寒碧等等，而在园中则是"夹径老松益婆娑，每盛夏，芙蓉弥望，游人舣舫绕堤外，守者培桑莳果，有力本之意焉"。从以上这些可见南宋杭州园林对植物景观还是相当重视的。

其实，在赵构定都临安（绍兴八年，公元1138年）之前，尤其是此前白居易、苏轼来杭州任刺史时，治理了西湖，而且杭州的自然景观形胜，作为京都的西湖，仍然出现了相当繁荣的景象，这从宋代林升的诗《题临安邸》已可见一斑：

> 山外青山楼外楼，西湖歌舞几时休。
> 暖风吹得游人醉，直把杭州作汴州。

那时游西湖的热闹程度，在节日时已出现了"堤上无插足之地，湖上无行舟之道"的游人如鲫的拥挤情况，这样优美的山水美景是不可能没有植物陪衬的。

西湖十景的第一景，"苏堤春晓"中，就点出了杭州的春景：

> 梨花风起正清明，游子寻春半出城。
> 日暮笙歌收拾去，万株杨柳属流莺。

西湖的夏景以"曲院风荷"最具代表性。明代莫璠的一首《蝶恋花》描写得惟妙惟肖：

> 五月凉风来曲院，绿水芙蕖，红白都开遍。风递荷香情不断，采莲舟过歌声缓。
> 醉折碧筒供笑玩，翠盖红绡，高下翻零乱。向晚新凉生酒面，衣袜衣薄停纨扇。

这首词既叙述了荷花的栽植位置、色彩，风送荷香、采莲行舟、折筒笑玩的生动游赏场面，又点出了曲院的历史（性质），是一幅展示西湖夏季植物景观的通俗佳画！

而在"平湖秋月"一景的诗篇中也有"桂子远从云外落，藕花多在露中开"之句，而诗人朱淑贞则从秋芙蓉的

明亮与荷花的枯枝败叶写尽了西湖的植物秋景："照水芙蓉入眼明，败荷枯苇闹秋声"。

西湖的"九里云松"又被明代诗人李攀龙作为冬景的最好写照：

> 山林佳气日萧萧，夹道长松入望遥。
> 黛色总疑天目雨，寒声不辨浙江潮。

西湖的美不仅美在西湖的自然山水，也美在这个处于亚热带北缘，具有四季分明特色而带来的植物季相景观，以及历代文人们赋予它诗情与画意的优美意境。

宋代的私家园林，当以文人李格非所著《洛阳名园记》为代表，其中记载了洛阳的19处名园，而突出植物具观赏花园性质的只有天王院花园子、归仁园和李氏仁丰园三处：

在天王院花园子里，基本上缺乏池亭，却有牡丹数十万株，故称"花园子"。而当时的洛阳继承了唐代的传统，城围数十里，家家都种牡丹，对其他花卉则不屑一顾。在人们的心目中，"天下真花独牡丹"，城内每有名种奇花开放，都人仕女必倾城出动前往观赏。更有"帐幕幕幄，列于市肆，管弦其中"，犹如今日的花市庙会。估计天王院花园子也是其中的一个市肆。

归仁园是宋代一个中书侍郎的私园，由于他极爱好花卉，园中以花木取胜，在园的北部栽植了千株牡丹、芍药，中部栽竹上百亩，南部则"桃李弥望"，可见是成片栽植，讲究浓郁明媚的自然式植物景观。

还有一个李氏仁丰园，应属于观赏植物园性质，园中收集了桃、李、杏、梅、莲、菊等数十个种类，牡丹、芍药则有百余个品种，还有来自江南的名花如紫兰、茉莉、琼花、山茶等，共约千种以上。据记载，其中"良工巧匠，批红判白，接以它木，与造化争妙，故岁岁益奇且广"，可见当时栽培花木之胜，在园艺技术上已能做到用嫁接法来培养新品种了。

在司马光的独乐园里，水池之北为一片竹林，竹林中有一个六开间的茅草屋，名"种竹斋"。水池东部为药圃，圃呈畦状栽植，表现为一种田园风味。圃之北又是一片整齐如棋盘状栽植的竹林，与规则式药圃之间的过渡处理。而从药圃到种竹斋的园路，则"夹道如步廊，皆以蔓药覆之，四周种木药为藩援"。这就是以蔓生的药种（如金银花之类）配置于游步廊形成绿色走廊。又在药圃之南设有

牡丹、芍药及其他花卉的六个花栏——以栏杆环绕栽植花木之地。花栏之北，安一小亭，名曰浇花亭。以上所述，独乐园的中心部分是具有相当浓郁的田园气氛的植物景观，而且能利用绿色游廊分隔和联系园林空间，这和仅以建筑物来分隔园林空间的手法是有所不同的。

宰相富弼的富郑公园则是在山上大片地栽植梅花、竹林，将建筑物融合其中，如以五个名为丛玉、披风、漪岚、夹竹、兼山的亭子，错落地建在林中，构成极为浓郁的植物景观。

其他的洛阳名园从植物景观上看，亦有特色，可归纳如下：

（1）植物配置多成片成丛自由栽植，如董氏西园的"亭台花木，不为行列"，并与水池、鸣禽等互相辉映，体现城市山林之趣。这种造园思想在当时已极为普遍。唯独丛春园不同："乔木森然，桐梓桧柏，皆就行列"。这是洛阳名园中的特例，说明既是私园就有园主喜好的不同，或者是由于园子旧址为药圃所致，亦未可知。

（2）一座园林基本上只突出某一种植物，形成该种植物的独特景观。如松岛，在园中种有数百株松树，古松参天，苍劲拙朴，或如龙飞凤舞，或如蛟龙盘踞，或百尺森疏，凌云直上，与其他亭榭竹木相衬，益显其古拙、高雅的风格，这种园林也可说是专类园了。

（3）在成片的树林中辟出"林中空地"，树林周围环以水，空地就好像一个个"岛屿"，在岛上按不同种类分别栽植各种花木，并搭有帐幄，待花木盛开时置花台供观赏，如环溪（园），这种植物景观也是颇有特色的。

（4）建筑与植物的园林布局紧密结合，产生十分丰富的园景。如湖园的主体是一个大湖，湖中有大洲——百花洲，有迎晖亭傍水而建；梅台隐于林中；环翠亭高出于竹林之上；翠樾亭附近集中栽植各色花卉。不同的亭榭处于不同的位置，观赏不同的水景和植物景。或平视波光粼粼之中的百花洲，春天则环视隐匿于一片梅林之中的亭榭，俯视萧翳森森的翠竹林，秋天则平步于香艳扑鼻的桂堂之区，尽情享受良辰美景与赏心乐事，领悟那宏大而幽邃、苍古又开阔的造园匠心，故该园在宋时颇有名气。但此园原为唐代宰相裴度的宅园，其造园布局是由唐代原作，还是宋时改建，尚未找到有关的考证。

（5）以植物命名制匾，虽古已有之，但在宋代园林中，此风特盛，几乎大小园林莫不如此。植物的名匾额可以增强该种植物的表现力，点题式地突出其景观风格，故此风

一直延续至今，成为中国园林文化的一个传统特色。

此外，值得一提的是宋代人（尤其是文人）最爱梅花，从《中国历代咏花诗词鉴赏词典》收集的161首咏梅诗词中，宋代人约占64%，其中又以苏轼、陆游、杨万里的咏梅诗特多。在这些诗词中，将梅花本身的姿态，按不同时期、不同地点栽植的梅花都写尽了，如早梅、雪梅、寒梅、落梅、枯梅、折梅、新栽梅、江梅、岭梅、小园梅、竹里梅、山驿梅、水边梅、邻墙梅……，观察极为细腻，描绘十分传神，并能以梅抒情，去寻梅、采梅、咏梅、赏梅。据我国梅花研究权威陈俊愉教授总结的中国文人赏梅已形成了一定的规律。即：贵稀不贵繁，贵老不贵嫩，贵瘦不贵肥，贵含不贵开。十足表现出梅花那高雅、清韵的风度。

从园林赏梅的角度来看，以宋代隐士林逋的《山园小梅》最能形象地表达梅花的景观了：

> 众芳摇落独喧妍，占情风情向小园。
> 疏影横斜水清浅，暗香浮动月黄昏。
> 霜禽欲下先偷眼，粉蝶如知合断魂。
> 幸有微吟可相狎，不须檀板共金樽。

诗人以横斜来表达水边梅的向水性和姿态；以疏影来表达赏梅的贵疏不贵繁密的高贵与淡雅；以浮动来表达水中梅影的流动感；以暗香来显示梅花那种清香的生物习性；以月影来表达黄昏时刻梅花的朦胧意境，又以梅对霜禽、粉蝶的引诱等等，惟妙惟肖地写尽了梅花那种高洁又柔媚、美丽又凝重的神韵，这真是只有以梅为妻的林隐士才能写出如此流传千古的梅的绝唱来；无怪人们常以唐人爱牡丹，宋人爱梅花，并以此两种花作为中国国花而载入史册。

元代，世祖四年（公元1267年）首建大都，同时也建立了大内御苑，以太液池为中心，其布局是承袭了历代"一池三山"的传统模式，沿岸也没有设置殿堂，只在池中最大的琼华岛万岁山上栽树、叠石，形成了"峰峦隐映，松桧笼郁，秀若天成"的自然植物景观。

据1275年来中国的意大利人马可波罗记述，他看到距皇宫北边仅一箭之地，有一个人造的土山，高若百步，周长约1英里，山顶是平的，种了许多常绿树，据闻这些都是皇帝只要知道哪里有美树，就派人把它移植过来。如果树太大了，就用大象驮运回来，于是这里就集中了全中国最美丽的树木而成为"绿山"。相信这就是今日的景山，可见当时

统治者对元大都中心绿化的重视，从而奠定了今日北京市中心的绿化基础。

（六）明清时期

明代将西苑扩建，但太液池的植物景观仍继承了元代的风格，琼华岛上古木葱茏，松柏苍劲，团城上的白皮松也都是金元时所植。

因太液池水面较大，水中除栽植荷花外，在水旁还植有萍荇、蒲藻及芦苇等，产生那种烟雨菲菲、水色苍茫、蒲芦荻草繁茂、水禽飞鸣嬉戏的大自然水景。岸边仍植柳、榆、槐树，东北岸还设有椒园，正殿崇智殿后边又设有药栏花圃，植数百株牡丹于其中，殿前的古松则仍为金元时所留。

南海的南台一带还设有"御田"，以示"劝农"。乐成殿侧还有石磨、石碓供春冶稻谷之用，秋季还有"打稻"的歌舞表演，极具乡野情趣。这种御田一直延续到清代，康熙每年都要在这里行"籍田之礼"，并亲自培育优良稻种。

清代对西苑又进行了多次改建，面积有所缩小，但总体的植物景观仍是松柏荫蔽，密林山道，富山林野趣。而在东岸的濠濮涧、古柯庭等处则布置更为精致，古柯庭内还保留了一株唐代的古槐。画舫斋北的先蚕坛内有桑树园、养蚕场、浴蚕池等等，增添了一些农桑之风。西北的什刹海则是"新荷当户，高柳当窗"，面对着玻璃十顷，卷浪溶溶的茶楼酒肆，夏日也是"柳荫水曲，菡萏一枝，飘香冉冉"的植物景观了。

明清时代修建而完善的御花园，位于故宫北面的中心位置，是一块方方正正，面积1.2公顷的园林。布局严格规整，树种以常绿、长寿的松柏类为主，其中尤以柏树为多，它们与皇室建筑的红墙、黄瓦互相辉映，有诗云：

> 禁林崇阁枕红墙，暇日登临喜栽阳。
> 北户景山秀堪揖，南榉古柏俨成行。

清代乾隆帝也曾作《御花园古柏行》描写：

> 摘藻堂边一株柏，根盘厚地枝擎天。
> 八千春秋仅传统，厥寿少当四百年。

由此看来，这些柏树是四百年前就有的，那应当是元代所植了（图1-2）。

整齐成行成排栽植的柏树与严整规则的建筑布局相协调，但是，随着年代的延伸与自然的、人为因素的变化或破坏，古老的柏树本身，更显出虬枝苍劲，姿态奇特。如中轴线上天一门

图1-2 北京故宫御花园的古柏风姿

图1-3 北京故宫御花园的"人字柏"

前的古柏已形成人字柏（图1-3）。万寿亭与千秋亭旁的连理柏，树形活泼、怪诞；万寿亭旁的一株早已枯死，在树干上爬以紫藤，则显出紫花串串的生机，犹如枯木逢春。因此，这些原来整齐栽植的松柏，却以其万千姿态，给严整布局的建筑院落中增添了大自然的情趣。

除松柏类外，也种了一些阔叶落叶树如楸树、槐树。1949年新中国成立以后，又在左侧养性斋前栽植了梧桐、龙爪枣和白玉兰，这是根据《清吟堂集》中神武门内御园诗而立意的：

> 小苑傍城荫，蒙耳花木深。
> 枣垂红簇簇，竹动碧森森。

清顺治年间在今绛雪轩前有五株海棠树，盛花后，花瓣飘落如绛雪般，故在海棠树旁特建一轩以赏花落，此轩就命名为"绛雪"。大约百年以后，到乾隆来此赏"雪"，就作了一首诗："绛雪百年轩，五株峙禁园……"，由此可见在御花园里不论是先有诗、后栽树，还是先有树、后建亭，再赋诗，都说明清皇室对植物景观的欣赏与重视程度。只可惜到了慈禧时，却从开封移来了瑞圣花（即太平花）种在轩前的琉璃花坛内代替了这五株香消玉殒的海棠，从此"绛"雪轩是否就该改为"白"雪轩了？

目前在其他的花台内或建筑旁常常以牡丹、芍药、碧桃、迎春、君子兰、月季、大丽花、桂花、菊花以及天冬草、铁树、葵、棕竹等盆栽或植株更换，使御花园的植物景观，在常绿、严肃的基调下，增添了一些轻盈活泼、艳丽多姿的季相衬景，似乎在古老的庭园里，焕发出一股青春的活力。

清代的大内御苑内，还有两处较大的花园。

一处是乾隆帝为自己退休养老而建的宁寿宫花园，面积6400平方米，为一个长形地段上以建筑物分隔成五个系列庭院的园林，从图中看出植物在园中的比例不大，因建筑环绕的庭院空间也不大，尤其是萃赏楼前后的二个庭院，几乎全部为山石所占，形成园中的"山景园"，再加上建筑物本身也不低，视线所及，不是建筑，就是叠石，树木被挤到石缝或基角中，显得十分局促。整个花园虽有数十株乔木，仍以松柏为主，花木不多。古华轩之旁有一株古楸树，春夏之交开白色带紫斑的花，秋季叶黄，冬季落雪时，"满树银花"，乾隆认为这是"积雪为之华"，"以素为华"，"以不华为华"，因而将建筑物命名为古华轩。三友轩之旁自然是栽植了松、竹、梅；竹香馆之旁，自然以竹为

主，植物种类不多，数量也不大，在建筑密度如此高的园林里，总算也考虑了植物景观，但其效果则总觉局促、闭塞，难以展示植物的美。

另一处是慈宁宫花园，是太后、大嫔妃们度余年的游乐场所，院落较为宽敞，中心有临溪亭分隔成两个空间，有树百株，除位于建筑物旁的树木呈对称式栽植外，其余均自由栽植。树种也较多，有银杏、青桐、侧柏、五角枫、明开夜合、槐、玉兰、丁香、海棠、榆叶梅等，临溪亭旁还有南北二个栽植牡丹、芍药的花台，使植物的四季景观有所变化。但这些花木的景观多数已成过去，现在一到秋季，只见银杏叶落满地，给空旷的院落铺上一层厚厚松软的黄色"地毯"，更显出深宫六院中萧瑟、孤零的寂寥之感。

在大内御苑内，还有一处名为"十八槐"的绿地，位于武英殿之东，断虹桥之北的一条通道两旁，那里种了槐树十八株，据《旧都文物略》载"桥北地广数亩，有古槐十八，排列成荫，颇饶幽致"。相传始栽于明代，此道为宫中要道，清时为帝后们由颐和园回宫的必经之道，现古槐均已呈老态或枯死，其中也有枯朽中空但仍然树叶茂密的，最大一株的树冠竟能覆盖半亩地，最高的可达21米，目前也已完全枯死，因历来都有补植，故仍保留了"十八槐"之原名，也算是在皇家园林中少有的一块朴素而具自然之趣的生态环境。

明清两代定都北京，北京西北郊地势低平，海拔仅40~50米但西山、香山和玉泉山，山并不高而泉水流淌，是北方较为难得的一片水源充沛的土地，故必然会出现山水园形式的园林，逐渐形成为北京的"三山五园"胜地。

自然的三山都是林木葱郁，清泉甘洌，山上的寺观较多，如西山的八大处，每处都有一寺庙；香山有香山寺、碧云寺、卧佛寺，玉泉山也有昭化寺等，其植物景观自是自

图1-4 红叶染遍西山

然山林之趣，以长寿、常绿的松柏为主。但在西山、香山，由于地形气候的条件，生长着满山遍野的黄栌树，一到秋天，染红了大片的西山、香山，十分壮观，成为北京自然植物景观的一大特色（图1-4）。其他多为北京的乡土树种。

五园中植物景观蔚然成大观的大概要数海淀以北的清华园（今畅春园址）为最。此园原是明代的皇亲国戚李伟的私园，面积约有80公顷，水面大，建筑物较疏朗。据记载，其中的乔木以千计，竹子以万计，花木如牡丹也以千计，芍药以万计，其他芳草等不计其数，品种十分丰富。开花时，蔚然花海一片，亭隐其中，岛上有花聚亭，环岛则盛开荷花。

至清代康熙帝首次南巡（1864年）后，利用李伟的这座清华园改建称畅春园，面积只及原清华园的三分之二，但造园之盛超过李园，主体仍保持水景特色，植物景观则更为丰富细致，不仅保留了明代的古树，还增加了许多来自塞北和江南的名贵品种，如蜡梅、苦竹，以及新疆哈密的各色葡萄等。

水中有花色浓郁的丁香堤、绛桃堤等，从三月到八月花开不断，三月初开绛色桃花，四月开白色丁香花，接着有黄刺玫、含笑……延绵数月的不同花色犹如一条蜿蜒如带的花龙，浮游水上。水中的荷花更是灿然耀目，香溢于盛夏的八月，突出了一派水光潋滟、映带左右的植物水景。

建筑物旁则有高洁傲霜的梅花，冰霄玉宇的白玉兰，国色天香的牡丹，以及猗猗青翠的篆竹。还有冬季橙黄疏朗的蜡梅花枝映入窗台，清香飘然入室。山岭上则种山枫、婆罗树，面对着红霞如云的一片桃花林，漫步于红叶丹丹的枫林中，品尝着总面积达数亩所生产的各色葡萄，此外还有数十亩菜园和数顷的稻田，足见此园已显示出全方位的植物生态景观，只可惜此情此景已飘然而逝，只留下文字的记录供后人赏析。

圆明园位于北京西郊海淀以北，今清华大学的西北，是三山五园中面积最大（约50公顷）、建造年代最长（历经康熙、雍正、乾隆三朝长达150年）的一座万园之园。由圆明、绮春、长春三园组成，命景四十，而实际的小景点则数以百计。如此庞大、豪华的皇家园林，可以想象其植物景观也是非常考究的，只可惜原有植物也已荡然无存，而专门论述植物景观的文献更付阙如，故只能以有关文献的点滴记载述之如下：

（1）植物景观异常丰富。四十景中以植物命名的有杏花春馆、武陵春色、映水兰香、碧桐书院、曲院风荷、汇芳书院等，有的虽不用植物命名，但其植物景观也很突出，如镂月开云的牡丹，天然画图的竹子，簾溪乐处的菡萏、洞天深处的兰花、竹、松等。其他景点中，以植物为主体或命名的约有150处，占全部圆明园景点的六分之一。这些植物景观有的是突出植物本身形态、生态的观赏特性；有的取其所形成的浪漫的桃源意境；有的是宜近赏、细赏其高品位的风姿；有的则体现农桑的田园风光……，使这个巨型的人工园林因有生命的植物与其他山水相结合而得以丰富多彩，浸润于画图天成的自然美中，而四时不凋的植物盆景更带来了高品位的美的享受。

（2）为了创造如此丰富的植物景观，必然有丰富多彩的植物种类，除了乡土树种外，当然也从外地移来一些奇珍异木。从文献看，乔木有松柏类的油松、白皮松、桧柏、金钱松、云杉、翠柏、垂柳、槐树、银杏、楸树、元宝枫、杏桃等；灌木有紫薇、夹竹桃、石榴、木槿、牡丹等；藤木有紫藤、蔷薇、凌霄，还有苏铁、棕榈、竹类，水生植物则以荷花为主。

（3）植物配置上既有创造自然山林田野之趣的，也有体现于建筑物的前庭后院的。由于建筑物太多（达16万平方米），故后者比例更大。

如正大光明殿的植物景观是"前庭虚敞，四望墙外，林木荫湛，花时菲红叠紫，层映无际"。长春仙馆则是"嘉树丛卉，生香蓊蓻，缭以曲垣，缀以周廊，漱芳润，撷菁华"。鸿慈永祜也是"周垣乔松偃盖，郁翠于霄"。碧桐书院有"庭左右修梧数本，绿荫张盖，如置身清凉国土，每遇雨声疏滴；尤足动我（乾隆的）诗情"。而杏花春馆更是"矮屋疏离，东西参错，环植文杏，春深花发，灿然如霞。前辟小圃，杂莳蔬疏，识野田村落景象"。天然画图则是"庭前修篁万竿，与双桐相映，风枝露梢，绿满襟袖"；澹泊宁静则是"槐花荫蔓，延青缀紫，风水论涟，蒹葭苍瑟"。汇芳书院则是"阶除间敞，草卉丛秀"。平湖秋月则"倚山面湖，竹树蒙密"；武陵春色则更是"循溪流而北，复谷环抱，山桃万株，参错林麓间，落英缤纷，浮出水面，或朝曦夕阳，光炫绮树，酣雪烘霞，莫可名状"。如此等等，其植物配置大体上能反映景观的立意，但细究起来，尚有值得完善和深究之处，如平湖秋月应从"秋"字着想，以秋色树种为主，不一定要"竹树蒙密"；而澹泊宁静也应以清雅的竹子、淡静的菊花野卉为多，故植物造景时，也只能取其意境的表达而已。

（4）植物景观的特色是随园林的布局，建筑的形式风

图1-5　今日圆明园"三潭印月"景点的垂柳

格而不同的。如长春园的建筑群是古典的欧式规则布局，其植物配置也采用规则成行的乔木，修剪成型的灌木以及地毯式的纹样花坛形式。

茜园是长春园南端的一个小园，其植物配置或有以水生花草为主的立意，故突出了水品盆栽，如以盆莲、菖蒲、水葱、凤眼兰、子午莲、金丝荷叶等栽在较大的水盆中，或植于水际，对称陈列，有时一列十行，蔚为壮观。

和清代的西苑一样，圆明园内也有农田的点缀，如多稼如云，体现了"稼穑艰难尚克知，黍高稻下入畴诺"的田园风光。

（5）对植物的管理有一定的制度。嘉庆年间制定的《圆明园内工则例》中有一章专门论及"树木花木价值则例"的。而早在乾隆时的《蒔花碑》也记载着"二十四番风信咸宜，三百六十日花开似锦"，以及"露蕊晨开，香苞舞绽，嫣红姹紫，如锦似霞"的情景。

总之，圆明园的植物景观完全是独创的人造植景的意境。从它始建的1709年到被毁的1860年的150年间，它的建造为中国乃至世界的造园史留下最光辉灿烂的一页。而今只有遗迹供人凭吊，也给我们留下了永远的愤慨与无比的痛恨，更对这份宝贵遗产的未来再现充满着无限的希望与憧憬（图1-5）。

静宜园是倚立于香山的天然山景园，早在明代已有若干寺庙（如洪光寺等）建于其中，已是一处可供拜佛游览的自然山林，但作为一处园林，则是到清乾隆时的1746年才完成，面积约150公顷，其中大小景点约有50余处。植物景观则与圆明园迥异。除了一些规模较大的寺观如香山寺、玉华寺、昭庙等自成一系，在其围墙内栽植树木花草外，其余多是利用天然植物、山色、泉石而设景的。

如在香山南侧制高点上，设有一个"青未了亭"，在这里可以欣赏到苍翠绿荫、重重叠叠的西山群峰和田畴阡陌的村落，甚至玉泉山的点黛烟柳，乃至城内的建筑远树也隐约可见，极目所视，一望无际，相当开阔，似有不必登泰山岱顶，却可以领略到杜甫的"岱宗夫如何，齐鲁青未了"的诗意，因而建亭名曰"青未了"。

山上的树木有松、柏、槐、榆，更多的是枫树和银杏，一到深秋，红叶丹丹，与常绿的松柏类树木相映，尤其是在朝阳初射或夕阳映照时，其色彩的绮丽，形态的自然，好像比人造丝绸的彩花还要漂亮，所以在此设景曰"绚秋林"。

但在乾隆时，于香山的南山坡栽植了一片秋色树种黄栌（Cotinus coggygria Scop），这是一种落叶的灌木状的小乔木，秋季叶色红艳，经过北京常长年月的西北风吹袭，二百年来竟染遍了东南坡，至今香山已有10万亩的黄栌红叶林带（图1-6）。而原来的枫叶与银杏历经风霜，与新生的黄栌相比（除寺庙等处外），也已呈式微难敌的状态了。

静明园位于山形秀丽柔美、林木葱茏馥郁、泉水清甘如冰的玉泉山，自元、明时代就是有名的京郊游览胜地，作为一处园林，则是于清乾隆十八年（1753年）建成。总面积65公顷。

园林虽以玉泉山景为主，由于有充沛而质优的泉水，构成了一处不小的玉泉湖，湖中仍沿袭着一池三山的传统格局，使之成为一处优雅的天然山水园林。园内由乾隆命名的景点有16处。从乾隆的诗序中可以看到此园的植物景观特色是突出了竹子的美，因为水多而质优，再加上山林的生态环境，使原生于南方的竹子在此处也生长得很好。而且将竹子近水栽植，更能显示出竹子那清韵、潇洒的姿态。夏秋之日，凉风吹拂，产生那种"风篁清听"、"翠云嘉荫"的浴德思贤的诗情画意。这在北方的园林中，真是不可多得的佳景。

山坡的盘行小径旁，则种满了郁郁斐斐的香花植物，形成了鸟语花香的"采芝云径"。

此外还有湖旁的芙蓉，以及象征性的可耕作的田园阡陌，也增添了这一处小小皇家园林的植物生态景观。

清代建筑的最后一座大型皇家园林清漪园（今颐和园），占地294公顷，原址早在金元时代已有金山（又名瓮山）和瓮山泊，并在瓮山泊西北岸建有大承天护圣寺。明代改瓮山泊为西湖，明弘治七年（1494年）在瓮山上建园静寺，并筑好山园。到清乾隆十五年（1750年）为庆祝母后六十寿辰，乃在园静寺旧址修建大报恩延寿寺，并修建园

图1-6（a）黄栌的红叶细部

图1-6（b）北京香山的秋色树——黄栌风姿

（1）大山、大水与大树的协调，基本上体现了皇家园林的气魄。颐和园背山面水的格局，确定了"山实"、"水虚"的对比，在一片平静的水面背后，是一座稳重敦厚山形的万寿山。山上密植松柏成林，表现出深色常绿的松柏树林与鲜明艳黄的琉璃瓦顶相映衬托的色彩构图，显示出松柏常青、延年益寿，万古流芳的寓意。在以柏树（桧柏与侧柏）、白皮松为主的常绿树中，也夹种着其他落叶的乔木如枫、栾、槲、槐、杏、桃……以及许多的花灌木，使整座山远看林木葱翠，终年不枯，近涉则变化丰富，季相突出。在整座山顶、山腰、山脚都形成许多大大小小的林中空地，游人在林下活动，极具自然山林之趣。前山面对大水面，湖中荷花片片，水旁植柳成行，都比较疏朗，但"虚中有实"，与万寿山完整的一片绿色相对应，形成十分协调的整体绿色艺术效果。

（2）柳堤、花道、竹径的线状对比：西堤六桥是仿杭州西湖的苏堤而建，以柳树为多，尽显"六桥烟柳"之春景；花道的重点在后湖、后山一带，尤其是春天开花的桃花、黄刺玫沿山道不等距、也不等宽地栽植，长达四五十米，短者亦有二三十米，开花时，形成十分诱人的"花中取道"景观，令游人感受花气袭人的乐趣；在谐趣园寻诗径旁，澹碧斋与就云楼之间游廊的一旁，密植丛形成一条竹径通幽的走廊。廊的另一侧为玉琴峡，叠石嶙峋，水声淙淙，别有一番幽静、寻诗的意境。这种从开阔疏朗的柳堤，到山花烂漫的花道以及幽深曲折的竹径，这种不同植物、不同长短、不同宽度的道路空间的线状对比，处处都能使游人感受到路径植物景观的艺术效果。

（3）庭院建筑、台架的植物点缀：颐和园的建筑物比重从陆地而言是比较高的，尤其是万寿山中轴线的佛香阁与智慧海二组错开的建筑群，其体形之大，位置之高已成为整座园林的中心主体。幸有高大、常绿而长寿的松柏树相衬，丰富了建筑物的几何形体与色彩之美，而其余成组的院落或单体的亭台楼阁也是以植物作为美化、点缀或改善小气候环境。比较典型的有乐寿堂庭院栽植了玉兰、海棠、牡丹、桂花，寓意为"玉堂富贵"。有的则是以建筑物的功能、性质与植物命名相结合，如仁寿殿作为接见宾客之用，故对称地栽植形态严肃、持重而长青的松柏树；供生活居住的建筑则命名玉澜堂，栽植比较活泼、多姿的玉兰花木；谐趣园则以色彩丰富、婀娜多姿的花灌木表现主题，并以高大的垂柳作对比、映衬。

总之，颐和园的植物景观历来都经过精心设计，如万

林，历时十四年于1764年全部建成，成为一处较大的天然山水园林，改称清漪园，可惜在咸丰十年（1860年）遭英法联军焚毁，至光绪十年（1884年），慈禧挪用建设海军的军费加以重建，改名为颐和园。由于最后建设的年代，距今仅百余年，其植物景观虽有大的破坏，但在建国前后，也多陆续补植，从总体看约有以下三个特点：

寿山的数万株、百余种树木，其中树龄超过200年的就有一、二千株，季相十分丰富，植物景观四时不同。尤其是春季从三月的玉兰花开，一直到五六月，花开不断。玉兰花开之后，接着就是山桃、榆叶梅、黄刺玫、海棠、连翘、丁香、牡丹、芍药、珍珠梅、紫薇等等；夏季当以昆明湖的荷花为盛，也有山上的栾树遥相衬映；秋天则以后山的枫类与黄栌的红叶、黄叶为主，而大片大片的松柏则始终保持着整体的常绿效果。因而颐和园是目前保持植物景观最完美的一座古代皇家园林，这比以前那些仅从文字记载的园林要形象得多，故将结合有关的论述在以后的章节中展示（图1-7）。

位于河北省承德市的避暑山庄是清代建于首都以外的一座自然山水宫苑，从康熙四十二年（1703年）开始至康熙五十二年（1713年）建宫墙，成园为10年。但到乾隆时加以扩建至今日的规模，其间又经历了约40年（1751–1790年）。现在山庄总面积560公顷，宫墙长达十余公里，是清代皇家园林中规模最大的一座离宫别苑。

它建立在一个奇峰异石、山峦叠翠、土肥草茂、流泉

图1-7（a）　由万寿山远眺玉泉山

图1-7（b）　谐趣园水边的垂柳风姿

图1-7（c）　西堤的"六桥烟雨"

图1-7（d）　长廊前的榆叶梅花道

图1-7（e）乐寿堂前的玉兰花

面也是清代皇帝恋乡、怀旧的情感所致。从园林艺术角度来看，则是创造了一种在其他皇家园林中少见的大自然的原野植物景观。

万树园不设墙垣，也没有围篱，园中以姿态优美的榆树为主，自然地散植成林，另外还栽植常绿的松柏以及落叶的杨、柳、槲、槐、椿、枫、银杏等大乔木，夹杂于榆树林中，构成一种"莺啭乔木"的情趣，成为草原与山峦之间交错、转换的一个生态景点。

试马埭选用的是北方常用的羊胡子草，以清代皇帝的骑趣，自然会想到要设一种"柔草遍地，弛道如弦"和那种"灌树成帷幄，绿草铺茵毯"的牧场风光，再加上草原上麋鹿悠行，群羊漫步，雏兔奔跑、穿梭其间，更显出一幅动植物相映成趣的生机勃勃的塞北风情画面。

（3）除了牧场，还有田园、瓜圃。康熙所写的《刘表记》中也有"山庄苑内，麦谷黍稻皆寓焉"之说，从山庄康、乾二代的72景中，也有"甫田丛樾"、"采菱渡"之景，这大概成为清代皇室怡情赏园，不忘农桑而在园林中每每创造田园农稼植物景观一种惯例，不过在如此庞大的山庄中就更具备自然条件罢了。

（4）丰富、优质的热河泉形成了绮丽多姿的湖泊水景区。荷花当然是本区的主要植物景观，由于气候的原因，移植了来自塞北内蒙古的敖汉荷花，和山西五台山的金莲花，敖汉荷花体态较关内的荷花小，但色泽鲜美，花期尤长，可延至深秋不落，这在塞北是难得的好品种。因此，在湖区形成了"曲水荷香"、"香远益清"、"金莲映日"和"观莲所"等水生植物景点。

除荷花外，又从南方引种了菱角、青萍，与原有的芦苇、萍草、蓼草等配合，形成了"萍香泮"、"采菱渡"等野趣景点，连乾隆也十分得意地自赏起来：

菱花菱实满池塘，谷口风来拂棹香。
何必江南罗绮月，请看塞北水云乡。

有水就有鱼，可以观鱼乐，故有"知鱼矶"之设。水岸种柳，有柳则有栖，故有"莺啭乔木"之景，水边与水中之物，就构成了十分丰富而生动的画面：所谓"红莲满渚，绿树绿堤"，"万柄芙蓉，涵光照影，鸥浮上下，鱼戏东西"，因而也形成水上综合性的自然植物景观。

（5）宫殿区的建筑物与京城的皇家园林建筑迥然不同，无豪华之气，有朴素之风。在建筑院落中，仍以常绿、

佳水的良好生态环境的基础上，因地制宜地将宫苑划分为山峦、平原、湖泊、宫殿四大景区。

山庄的植物景观设计贯穿着中国园林历代以来崇尚自然、借引自然、仿效自然的原则，加上如此优越的自然条件，又未经历过如北京皇家园林那种毁灭性的破坏，故其植物景观尚可成为利用自然、创造自然的成功实例。

（1）充分利用原有乡土植物与地貌，形成具有特色的山峦植物景观。

山峦区占全园面积的五分之四，也是全园植物景观的主要部分，利用山峦中的几条大沟峪的原有树种，加以增补、更新形成单种植物的独特景观，如松云峡、榛子峪、梨花峪，并在其中添加极少的人工景点，如"青枫绿屿"（亭）、梨花伴月（院落）等等，作为游览及休息的场所，与完全纯朴的自然山林有所区别。

（2）平原区则因地制宜地设置了万树园和试马埭，成片的大树林与开阔的草原，显示出游牧民族的自然气势。一方面是为了接待来自蒙古的王公大臣的政治需要；一方

长寿的松柏类树木为主，如"澹泊敬诚"一组院落中，整齐地栽植着42株油松，墙角有槐树。而其他的院落，也只是少量的花灌木作点缀，窗前角落处倒是有些花花草草，如康熙、乾隆二帝都描写过他们的寝宫——"烟波致爽"是"触目皆仙草，迎窗遍药花"；"回跸游仙地，空庭遍野花"。远不如颐和园慈禧的寝宫——"乐寿堂"那样去追求"玉堂富贵"。

尤其是"万壑松风"一组建筑的内外种了数以百计的松树，康熙称它是"偃盖龙鳞万壑青"，乾隆也说它是"四时无改色，众木有超群，盖影晴仍暗，涛声静不纷"。他们算是把"万壑松风"的松树所产生的形、影、声、色描绘得如此绘形绘色，淋漓尽致了，凸显出松树那独特的外在植物景观。但是否他们也有"岁寒知松柏，乱世见忠臣"的寓意以显其盛世之功呢，那就不得而知了。

总之，避暑山庄由于有优越的自然条件，能充分利用原有的山林植被，更有造园者的匠心经营，引种南北方的植物品种，使全园植物种类多达1200余种。既有北方耐寒的树木，又有江南娇嫩的花草，因而产生春夏秋冬不同的季相变化。既有草原驰骋之趣，又有农桑自耕之乐，而湖畔屋旁则纷呈南北植物之兼美，宜近赏吟咏。其植物风格则是山区凝重，湖区疏朗，平原区豪放，宫殿区朴素，与山庄的自然环境和建筑风格都是极其协调和谐的。

明清以来，私家园林在我国南北方发展很快，也很多。以北京为例，据有关文献记载，有名称、有资料或残存遗迹的就有二百余个，其中达官贵人如皇亲国戚的王府花园、大官僚、大富商的园林面积一般都较大，最大的近百公顷，如明代李伟在北京西郊建的清华园，周围方十里，（约80公顷），被誉为"京国第一名园"。李伟是明神宗的外祖父，身世显赫，其园林也很有气势。到清康熙时，改归皇家园林，名畅春园。一般文人的私人园林面积都较小，如北京的半亩园，而苏州的残粒园，则只有几个平方米。

但是，不论大小园林一定都有植物，因为中国传统造园的基本原则是崇尚自然，而植物是诸造园要素中最具生命活力的一个自然因素，也是最能体现大自然美的一个基本元素。正由于私家园林面积小，植物景观就更需要细致考究。当然，私人园林的内容与风格取决于主人的爱好、情趣、学识、修养与地位，其植物品种的选择与配置也必然因人而异，因而产生了极为丰富多彩的植物景观。又由于南北方地理气候条件差异很大，也形成了不同的植物景观特色。如北方的宅园里，多种槐、榆、柳、楸、枣、柿、丁香、海棠，而南方的宅园里则多种梧桐、桂花、女贞、梅花、枇杷、竹子、石榴等。

总之，私家园林很多，植物景观丰富，有关的历史记载及研究文献也多。虽然与皇家园林在总体上差异很大，而在植物景观构成的原则与方法上，却有许多基本的共同点。这些共同点与国外的园林植物景观迥然有别，也与现代的园林有所不同。但无论文字或实物都是我们祖传的宝贵遗产。南北方私家园林的植物配置，坊间均有专著出版，本书除结合有关论述涉及外，其余从略。

二、传统园林植物景观特色论述

（一）传统园林中植物景观的形、神、法

1."形"

这里所谓的形，是指植物的外形，从植物本身来说，就是指一种植物的干（茎）、叶、花、果及其整体姿态，这纯属植物学的范畴。从园林观赏植物分类看，一般有木本（乔灌木）、草本（花卉、草皮）、藤本及特种树类（如棕榈、葵、蕉、竹等）。而从植物的搭配关系来看，由于植物本身的干、叶、花、果、姿态在不同的空间和时间中，会产生形态、色彩与季相上的变化，往往呈现出异彩纷呈、千变万化的植物景观。而这种植物景观的艺术效果，需要有相应的配置形式，于是就产生了孤植、对植、列植、丛植、林植等植物配置的形式。而从植物景观的整体环境——园林来看，其规划形式有自然式、规则式、混合式及自由式。

由于中国造园思想的基本体系是大自然，故传统园林的植栽方式是以自然式为主。这主要表现于尊重植物的自然形态与个性，不作人工几何形的修剪（由于养护植物需要进行的整枝等则是另一层意思），而有些独特植物的造型盆景，也是中国原产的一种植物欣赏方式，则又是另一种特殊的审美需求。

其次也表现于仿效自然的"山林"之景，如在咫尺之地，种上三五株自然姿态的大树，利用地形及其周围环境，产生"林"的意境。这种"三五成林"的布局形式，往往成为创造小园林的"城市山林"景观的蓝本，但在大型园林中，有条件成片栽植树木，建造真正的山林景观当然更好。

在尊重和欣赏植物美的同时，也很重视植物的群体美，常常是集中栽植一些具有特色的植物，加以适当的环境改造与陪衬，形成突出该种植物风格的专类花园如牡丹

园、海棠坞、梅花谷、枇杷院等等。

又由于中国现存的传统园林中，往往建筑物所占全园面积的比重较大，而且多成组相连的布局形式，尤以明清时期的私家园林为甚。为了衬托这些建筑物，便通过植物栽植来增强建筑艺术的表现力，如较多采用的孤植、对植形式。这虽然也展示了植物的自然个体美，但更主要的是衬托了建筑物的群体美。

草坪也是园林植物景观的一种形式，在以建筑为主体的传统园林，尤其是私家园林中极少见到，或以为今日的草坪形式是随着西方现代公园的传入引进的。其实，早在18世纪初清代避暑山庄的万树园试马埭就有草坪。这是一片疏林草地，草种为羊胡子草（*Carex rigescens* V.Kreez.），草坪主要供皇帝骑猎演习、试马、观武术、放焰火以及观彩灯，进行野宴之用。乾隆帝还有诗描写了这片草坪：

> 绿毯试云何处最，最惟避暑此山庄。
> 却非西旅裘织物，本是北人牧马场。

总之，传统园林植物景观的形式是丰富多样的，这也是基于中国的地域辽阔，植物种类繁多、地形多样的缘故；而从历史传统来看，中国人的自然观，天人合一的哲学观，以及长时期的封建制度、道德观念等又从植物的"形"而引申出园林植物景观的"神"与"法"，成为中国古老文明的一个组成部分。

2."神"

"神"是指由植物的形，引申为神，是一种精神状态的表现，也就是文人们赋予的拟人化。如松树生长于山岭危岩，姿态挺拔，不怕风雨，严冬酷暑，针叶青葱，风愈疾而枝愈劲，表现出一种坚忍不拔、傲然不屈的精神，得出的评价是："岁寒知松柏之后凋"，可敬！梅花是疏朗不繁，枝横斜倚，花香清韵，不畏寒霜，表现出那种"万花敢向丛中出，一树独先天下春"的气节，显示清雅脱俗，格高韵胜的风姿，可佩！竹子的形态是正直挺拔，绿叶萋萋，外实中空，故白居易在《养竹记》中说："竹性直，直以立身，君子见其性则思中立不倚者"，"竹心空，空以体道，君子见其心，则思应用虚受者"。如此等等，更有甚者，古代文人刘岩夫更以竹比作人的"刚柔忠义，谦常贤德"的八德精神。

此外，如菊花的"宁可抱霜枝上老，不随黄叶舞秋风"的傲气，兰花"生于幽谷，不以无人而不香"的清高，以及莲令人淡，牡丹令人豪，春海棠令人艳，秋海棠令人

媚……都是由植物的外形或生态习性而引申到精神、品格，加以拟人化的一种联想。这种联想是文人的思维，是诗人的情怀，自是中国文人园林植物景观的传统特色。

古人不仅以诗词来欣赏、描写植物景观，以实景来抒其心情，做到情景交融，如形容某一种花、草、树，是从其形态或生态习性引发出诗人的联想、回忆或想象以表示诗人的情怀与意志。在文人造园中，也有一种更是从"虚"到"实"（实际也是虚）的园记、小说中的"意象园林"。

如在明清之交，有一位黄姓文人寒士，名星周，字九烟者，他构想了一个"将就园"。并将此园分为"将园"和"就园"，和其他园林一样，此园有山石、水体、建筑物，植物景观也很丰富。"将园"多水，绕湖四面皆回廊，廊槛之外皆桃、柳、芙蓉，堤畔的垂柳尤多，堂前后杂植名卉，间以梧、竹；楼后隙地亦植异卉，名曰"百花村"，此外，还有药栏、蔬圃、牧场等。

"就园"多山，以松柏梧竹为多，池畔亦杂植名卉，间以梧桐，还有长里许的万松峪，有广二亩的桃花潭，岗岭之间有桂花林、榕树林、枫林与柏林，与万松谷相望。"将园"有梅数亩，可临湖看雪，未尝不宜冬；"就园"竹树森森，能使六月无暑，亦未尝不宜夏，考虑到了季相的变化。此园取名相当地诙谐："将者，言意之所至，若将有之也；就者，言随遇而安，可就则就也。"他把园林视作为一种画饼充饥的精神食粮，是意象中的植物景观，即所谓求其神韵，不过是将具体的植物神韵化作为纸上的园林而已。

3."法"

对植物有了上述形与神的认识与理解之后，用什么方法应用于园林呢？这个方法总的原则是：生态为基础，画理为蓝本，诗词为意境。

古代论述园林植物的书籍不少，但论及植物配置的则多散见于各种有关的书籍、文献及诗词中。清初，杭州有一位称为"花隐士"名陈淏子先生刊著《花镜》一书，则是比较集中而简洁地论述了植物配置的具体方法。《花镜》的总体是从花历（栽种时间）、栽培、管理养护到记载了295种植物的形态，也有记载生态特征的。其中"课法十八法"中的"种植位置法"一段仅600余字的文章，可说是对传统文人园林的植物配置方法，做了十分精辟的论述，文字简练，内容丰富，概括为：

（1）对园林植物配置的重要性，有明确的认识。说一个好的园林，即使有了名花异卉，如果配置不当，就好像在玉堂（佳屋宅前）栽植的牧场立竿那样难看。而且很重

视植物的生态习性："花之喜阳者，引东旭而纳西晖，花之喜阴者，植北囿而领南薰。"又说"草木之宜寒宜暖，宜高宜下者，天地虽能生之，不能使之各得其所，赖植时位置之有方耳。"

（2）其植物配植的原则，可归纳为：一要因地制宜，如"园中地广，多植果木松篁，地隘只宜花草药苗"；二要疏密相间，"设若左有茂林，右必留旷以疏之"；三要虚实对比，"前有方塘，后须筑台榭以实之"；四要内外结合，"外有曲径，内当有奇石以邃之"，所谓"邃"，除了石之外，应当是一定有植物相配才能使之有曲径幽深之感。

（3）注意植物配置的综合效果。要"因其质之高下，随其花之时候，取其色之深浅，多方巧搭"，才能构成景，而且除了观赏植物之外，并不排斥其他可以点缀园林的药苗、野卉。总之，一个好的园林，还要有四时不谢之花，很重视季相景观的。

（4）配置中更要注意到不同种类、品种的植物个性。即植物的生物学特性，和其姿色形态及其神态的特性。并叙述了25种常见观赏植物的配置方法，作了简要的论述，可以说这是自隋唐以来开始萌芽的文人园林中植物配置方法的总结。今按春夏秋冬四季季相顺序，罗列如下：

• 观赏春景的：

①桃花妖艳，宜种于山庄、别墅的山坳或小桥、溪涧之旁，与柳树配置，桃红柳绿，相互辉映，更显出桃花明媚如霞的风采。

②杏花开得很繁茂，宜于屋角墙头或疏林厅榭之旁。

③梨花具有一种冷韵的气质，李花表示一种洁白纯清之美，宜种于安静的庭院或花圃之中，早晚观之，或以美酒清茗在其中接待朋友。

④紫荆花开得很繁荣，花期也长，宜于栽在竹篱或花坞之旁。

⑤海棠花显得很娇美，宜植于大厅、雕墙之旁，或以碧纱为屏障，并点起（银制的）蜡烛灯，或凭栏，或斜靠床缘而赏之。

⑥牡丹、芍药的姿色都很艳丽，宜砌台欣赏，旁边配以奇石小品，并有竹林作背景，远近相映。

• 观赏夏景的：

⑦石榴花红艳，葵花灿烂，宜种于粉墙绿窗之旁，每当月白风清之夏夜，可闻其香，拿着鸡毛，驱散蚊虫。

⑧荷花柔嫩如肤，宜种在近水阁、轩堂等建筑的向南水面中，享受微风送来的阵阵荷香，又可欣赏到荷叶晨露的水珠。

⑨藤萝花叶掩映，梧桐与翠竹表现一种清幽，宜栽植于深深的庭院或孤亭之旁，也可引来飞鸟的幽鸣。

⑩棣棠的花如一缕缕黄金般，宜丛植；蔷薇则可以作为锦绣似的屏障，宜作高的屏障，或立架赏之。

• 观赏秋景的：

⑪菊花情操高尚，宜栽于简朴的茅舍清斋之旁。而栽植于溪边，其带露的花蕊缤纷，真可谓秀色可餐也。

⑫桂花以香胜，宜栽于高台大厅之旁，凉风飘忽桂花香，或抚琴弹奏于其旁，或吟诗歌唱于树下，真令人产生一种神往落魄、飘然若仙的意境。

⑬芙蓉花美丽而恬静，宜栽于初冬的江边或深秋的池沼。

⑭芦花如雪飞，枫叶成丹林，宜高楼远眺。

• 观赏冬景的：

⑮水仙、兰花的品格高逸，宜以瓷盆配石成景，置于卧室的窗牖之旁，早晚可领略其芬芳的风韵。

⑯梅花、蜡梅更是标清、飘逸，宜种于疏篱、竹坞或曲栏、暖阁之旁，冬春之际，红花与黄白色花相间，古干横枝，令人陶醉。

⑰松柏苍劲，突兀嶙峋，宜种于峭壁奇峰，以显其坚韧不拔，耐风抗寒的风骨。

以上所述，多偏于建筑物比重大的江南中小型私家园林。现再以一个大型私家园林为例，说明古人对植物景观的重视及其配置方法。

清代文人高士奇在其家乡浙江平湖城郊建有"江村草堂"，方广三百亩，周围浚濠，境内连山复岭，植梅三千株，已构成一个很有气势的"梅岭"了。整个园林共有32个景点，其中一半以上都是突出植物、并以植物命名的。如兰渚、芙蓉湾、菊圃、碧梧蹊、莼溪、问花埠、松盘山等。有的则不直接用植物名，而是取其意，如"红雨山房"则是因为"红雨者，梓树落花也"。园主人极爱此树，观察入微，在他的眼中，此树"夏初若花，碧叶紫英，远近望之，烂如云锦，诧为异界，实亦它处所无。微风拂去，随落随开，瓦溜苔阶，铺积数寸"。于是借咏"一帘红雨枕书眠"之句，而命名。又如"酣春榭"者，是因其旁小山上栽植有海棠、绣球花，都是春季开花的，且花期延续较长，故名。

其次，由于园的面积大，喜成片成林栽植，如在山岭种梅，动辄三千，顿成"梅岭"，园内种梅上千，则成"梅园"；菊圃也是"觅名品数百，科分畦植之"；而"墅中处处皆竹,修篁蒙密,高下成林",以致达到了"非亭午夜分,不见曦月"的境地,故名"修篁坞"。

路径栽树也是如此。如"桂花数百株,夹植里许,绿叶蔽天,赫曦罕至,秋时花开,香气清馥,远迩毕闻,行其下者,如在金粟世界中"。故名"金粟径"。在"问花埠"一景中,有"蜿蜒行径,杂卉野花,夹路皆有,闲闲鸡犬,不异桃源深处,游者于此问津焉"。而在抱瓮坡中的小路,也是迂回曲折,路旁有亭,亭旁有红蔷薇,古藤缠着的枯老树,引来"好鸟时鸣,黄蝶上下",坐亭欣赏,又是何等的惬意?!

建筑物旁多种庭荫树,如梓树、梧桐、丛桂、海棠、"凤尾竹三五丛"……。如"瀛山馆""阶前梓树八株,高可数丈,清荫满庭"。又有"紫薇、乌桕、接叶交枝。俯鉴清流,远观竹木,层层深隐,睇眄不穷,可以涤烦消暑,墅中佳境,此为最胜,'瀛山'之称,当之无愧"。这就是主人之作,命名之由吧!

此外,也注意结合生产,在水渠边种植香芹菜,设蔬香圃栽植瓜菜,"甘旨之余,足娱宾客"。而在红药畦除栽植药用兼观赏的牡丹、芍药之外,也栽植大枫树,"碧叶晶莹,霜后变赤,足破秋来岑寂也"。足见主人也是在生产中结合观赏,二者兼顾的。

在人工园林的观赏中,又不忘借景于园外的"野趣",如在来檎坞一处,满种林檎,即花红、"沙果"(Malus asiatica),其花如北方的苹果,雅艳可爱。此外"篱外野田,春时菜花黄绽,香气撩人,偶来树下,倚望田间,地偏性适,亦春游之一境也"。

从上述各景可以看出,园主人不但十分重视植物景观,而且对此道颇有研究,能因地制宜栽植各种植物,设想出丰富多彩的植物景观,从而产生了山旁、水滨、路径与建筑庭院的不同情趣的植物空间,既能以观赏为主,又有生产性景观的点缀,既有园内人工的精心栽植,又可看到园外粗放的野趣,既为园林创造了优美的实景,又赋予它以诗情画意的命名与精神意境,的确是构成了一个相当完善而丰富的传统文人园林植物景观的典型。

(二)诗词中的植物景观

历代诗人绝大多数都爱借用植物或叙事、或写景、或抒情、或隐喻、或阐述一个哲理,而这些都有赖于他们对植物观察的精粗、认识的深浅,想象的浪漫与否,以及表达语言艺术的高低而定。

如以号称"唐代造园家"的诗人白居易为例,他借植物来写的诗,数以百计。如在他那首传颂千古的《长恨歌》中,就有精彩地描绘植物景观、抒发感伤之情的诗句:

归来池苑皆依旧,太液芙蓉未映柳。
芙蓉如面柳如眉,对此如何不泪垂。
春风桃李花开日,秋雨梧桐夜落时。
西宫南内多秋草,落叶满阶红不扫。
又如《代迎春花招刘郎中》一诗:
幸与松筠相近栽,不随桃李一时开。
杏园岂敢妨君去,未有花时且看来。

从这首诗中看出植物的搭配关系及其季相景观。在冬末春初之时,迎春花与松、竹相配首先开放,接着是桃花、李花次第开放,待桃李花落以后,就可去杏园里看杏花。白居易写植物景观往往还着眼于大自然的或成大气候的生态景观,如"绕廊荷花三十里,拂城松树一千株","万株松树青山上,十里沙堤月明中"。而其借落叶悲秋、感怀故人送别之情的诗则以下诗句最为生动:

岁晚无花空有叶,风吹满地千重叠。
踏叶悲秋复忆春,池边树下重殷勤。
今朝一酹临寒水,此地三回别故人。

白居易观察植物细致、深刻、通俗而又具浪漫气氛,如他《赋得古草原送别》的一首诗几乎已成为家喻户晓,儿童们都能朗朗上口的佳作:

离离原上草,一岁一枯荣。
野火烧不尽,春风吹又生。
远芳侵古道,晴翠接荒城。
又送王孙去,萋萋满别情。

首先是描写草的形态,辽阔的草原上,野草的青翠和芳香,接着从生态上写草原荣枯变换的时序规律。然后又将草原与古道、荒城的关系描绘出综合的草原景观。最后点出野草具有顽强的生命力,新生事物不可战胜,而真诚的友谊也是永恒的。至于他那"乱花渐欲迷人眼,浅草才能没马蹄",则更具有一种绿杨荫里的浪漫气氛。无怪人们都爱好草坪,往往会使人产生一种心胸开阔,看到了希望的激情,这些都是植物景观的美丽,也是诗词艺术的魅力。

被誉为"一代词宗"的宋代词人李清照，对植物景观的描写就更为细致，而且独具特色，从中可以找到植物的配置方法，提高对植物景观的欣赏艺术。如她的《如梦令》一词：

> 昨夜雨疏风骤，浓睡不消残酒。试问卷帘人，
> 却道海棠依旧，知否，知否？应是绿肥红瘦。

从这首词中可以了解到在她的院子里种有海棠花，她一醒来就问侍女（卷帘人）昨晚刮了一夜大风，还下了点小雨，"海棠花怎么样了？"当侍女漫不经心地回答："还那样！"但女主人却不同意她的看法。"不对吧，应该是叶子茂盛而花却被吹落了许多吧！"在这短短的33个字中，先遑论其意之深，其词的短而曲，或蕴藏着无限的情愫，但从词文来看，首先说明其卧室旁的院落里栽植了海棠，否则，怎会知道昨夜的"雨疏风骤"？其次，对风雨后的海棠，用了"拟人化"的描写手法，"绿肥红瘦"。一种自然的风雨摧残背后，是否还有更多的寓意，则是画外之意词外之情，各有所释，但词中确是描写了风雨过后海棠的生动形象，勾画出卧室外院落的植物景观。

李清照对荷的描写，也有其独到之处。如她的《如梦令》词：

> 常记溪亭日暮，沉醉不知归路。
> 兴尽晚回舟，误入藕花深处。
> 争渡，争渡，惊起一滩鸥鹭。

这是一首描写荷塘全景的词：在灰暗的暮色中，一群少女，玩得累了，她们划着小船，在一片荷塘里嬉笑地寻找着回家的路，她们的嬉笑声与急速的欸乃声，惊起了荷塘边的一群鸥鹭飞到了池塘的上空……，在这33个字的词中，对荷花并无描写，却运用了物外之象——人物、船只、飞禽、暮色、声响……从时空、动静的对比中展示出一幅十分生动活泼、体现荷塘野趣的植物风景画。这里用一幅国画和一个公园（北京紫竹院）的现状图片，或可约略地表示一点点荷塘的情趣（图1-8）。

李清照对于桂花则是有偏爱的，她认为桂花的花小而色淡，形柔但有香，虽不及桃李的色艳妆浓，却可凭它的香味和轻盈的形态，也够得上第一流的花了，甚至在她盛开的秋天，连梅花和菊花也要感到羞愧和妒忌了（见《鹧鸪天》）。而在另一首词《摊破浣溪沙》中，更把桂花形容如黄金揉破了的金光闪闪的花瓣，而叶子有如玉石一样层层叠叠（"揉破黄金万点轻，剪成碧玉叶层层"），表现一种高尚的人品。相比之下，梅花的重蕊甸甸反倒有些俗气，丁香的花蕾密密麻麻集结在一起也显得有些粗劣了（"梅蕊重重何俗甚，丁香千结苦麄生"）。最后又写出桂花虽然以其香气熏得人引起千里梦的思念情怀，但它并不能为人解愁，它不懂得情。这又是从"拟人化"的浪漫思想，回到了现实的沉思之中。

从上所说，植物虽是客观的存在，但由于欣赏者主观条件（如个性、学识、修养、地位、情绪、环境、时间等诸多因素）的差异，会产生极不相同的认识与评价，故偏见是难免的。但诗词的（植物）"拟人化"，则总是依据这样一个共性的公式的（见本章最后图示）。

再以芭蕉为例，来说明观赏者（主观）对芭蕉形态、生态特征（客观）的认识角度不同，会产生不同的欣赏情趣。

芭蕉（*Musa basjoo*）是一种常绿的草本植物，原产于热带亚洲，在我国广东、广西、福建、台湾及四川、云南等

图1-8（a）"藕花深处"之一（陈少亭 画）

图1-8（b）"藕花深处"之二（北京紫竹院）

省都能生长茂盛，江南各省亦可生长。

《群芳谱》曾记载："蕉不落，一叶生一叶蕉，故谓之芭蕉。"

芭蕉的形态最特别之处是叶大、茎密，最长的叶可达二三米，宽有50~70厘米，高可达5~10米，成丛如团，故可用以分隔空间，或作为遮挡、衬托建筑物的屏障。

叶大，叶脉呈横纹平行状，很有特色，再加上叶色嫩绿、明亮，叶心卷曲，显示一种平安而清雅的气质，故在江南一带，多种于窗前，可供人细赏，亦谓"书窗左右，不可无此君"，有古诗为证：

其一，杨万里句：

> 骨相玲珑透入窗，花头倒挂紫荷香。
> 绕身无数青罗扇，风不来时也自凉。

主要写芭蕉的形态与生理特性，整体的姿态是"骨相玲珑"绕身如扇；而其香风如荷，似乎总为窗中人送来阵阵凉风。

其二，乔湜句：

> 绿云当窗翻，清音满廊庑。
> 风雨送秋寒，中心不言苦。

主要写风雨中的芭蕉，使芭蕉有"绿云"与"清音"的动感，风吹叶片如绿云，雨打芭蕉生清音，绘形绘色地展示"风雨芭蕉"的图景。最后一句点出了芭蕉的生理特征：尽管有风雨的侵淫，但它第二年仍能茁壮地生长。因为它是多年生草本，旧叶落了，来年仍能长出，寓意着它的坚强。

其三, 李清照词:

> 窗前谁种芭蕉树, 阴满中庭, 阴满中庭。叶叶心心, 舒卷有余情。
> 伤心枕上三更雨, 点滴霖霪, 点滴霖霪。愁损北人, 不惯起来听。

词的前段写景: 窗前的芭蕉叶大, 荫满庭院, 而其形态则是"叶舒而心卷", 好像一封书札已被风吹展, 但中心部分仍然卷曲着, "内情"还是保留着的; 后段则鲜明地表达着作者被迫南逃江南的思乡之苦, 因那没完没了的夜雨滴在芭蕉叶上的声音而产生的深重愁情。这也是芭蕉的形美, 引了大自然之象——雨, 而构成"夜雨芭蕉"的愁美之一例。

人生活在屋子里, 总不免眼望窗外, 而窗外种芭蕉, 就自然地会因为芭蕉本身的美, 以及物外之象, 如日之影而能荫满中庭; 如风之吹而有蕉叶舒展之态; 如雨之滴而有清音之声。这些叶是自然之物, 而日影及风雨是自然之象, 构成了自然之景, 而产生了观赏者心中之情, 这也是"情景交融"的自然美的过程。

当然, 芭蕉的美既可以产生"窗趣", 亦可配置成林以产生荫凉的"蕉林弈趣", 还可栽植于小径之旁构成一种"蕉叶拂衣袖, 低头觅径行"的野趣。芭蕉所造成的园林意境, 也是和诗画相连的。故观赏树木不同于一般的树木, 它自有其美学的特征。而园林空间也不同于一般的空间, 它应有其自然美的特色, 而这首先体现于其植物景观。

那么, 究竟为什么诗人们要借植物来写诗、造园呢? 因为植物是自然界中一种美丽的生物, 是有生命的, 春去秋来的四季变化, 幼年、壮年、老年的时序历程, 往往成为诗人、文人们感慨自然、抒情人生的最好比喻与借鉴。尤其是那些归隐或退隐想建造园林来颐养天年的文人们, 他们能在自然的"静观"中看到动的变化, 很自然地会引申出各种各样的情。在欣赏植物的形态之美、生态之理之后, 往往要有感而发, 孕育于一种联想的神态之美中而产生出强烈的艺术魅力。这就最适合中国文人那种观察入微的艺术敏感与深入思索的哲理启示。这就是(中国)文人的特色, 既浪漫, 又有理性(图1-9)。

中国的文人园林保存下来的并不算多, 但在造园理论、园林实践创作上则已形成一套较为完整的主流思想——以诗情画意写入园林, 而且也同样渗入到帝王、商贾及寺观园林之中。尽管植物在传统园林中所占面积不多, 但植物景观的意蕴与神韵, 却是有一定的主导作用, 并成为中国传统园林的特色。

图1-9 由植物的形·景而产生欣赏者情·理的过程

中国园林发展简表

时代	社会	朝代	年代	园林阶段	园林分类					
					(一)	(二)	(三)	(四)	(五)	(六)
古代	奴隶社会	西周 春秋 战国	公元前十一世纪—二二○	园林生成期	古代纯朴囿（周文王之囿）（阿房宫、未央宫）↓ 秦汉建筑宫苑 ↓ 隋唐山水建筑宫苑（西苑、华清宫）↓ 北宋山水宫苑（艮岳）↓ 元明山水宫苑（太液池、西苑）↓ 清代山水宫苑（圆明园、颐和园）	古代山水园（吴王夫差梧桐园）（金谷园、北湖）↓ 魏晋自然山水园 ↓ 唐宋写意山水园 ↓ 明清文人山水园（江南园林）	寺观园林 [周围丛林 建筑庭院 附属园林]			（杭州西湖、醉翁亭）邑郊游乐地（唐长安曲江池）
	封建社会前期	汉		园林第一次转折期						
		魏晋南北朝	二二○—五八九							
	封建社会后期	隋唐	五八九—九六○	园林全盛期						
		五代 宋 元 明 清	九六○—一八四○	园林成熟至鼎盛期						
近代	半封建半殖民地社会（一八四○—一九四九）	晚清至中华民国	一八四○—一九四九	园林第二次转折期	御用园林 官署园林	私家园林		租界园林	城市公园	风景区
当代	社会主义社会	中华人民共和国	一九四九—今	园林恢复、发展期	皇家园林 王府园林	岭南 江南 私家园林	古寺观园林	公园、花园	居住园林 公共建筑园林 其他园林绿地	风景 名胜区 旅游区
					(一) 古典园林		(二) 寺观园林	(三) 现代城市园林		(四) 风景名胜区

表格说明：

这份简表是20世纪50年代末至60年代初，为汪菊渊老师讲授《中国园林史》辅导学生时初拟的，并曾与老师共同研究探讨过，以后逐步地将历史的朝代对应加上，结合自己多年来的学习和研究（特别是学习周维权教授的"分期"理论），于1994年3月完成。时代在发展，这个表中对"园林"的理解已经不甚合时宜，但对古代园林的形成与发展的研究，或许还有些参考作用。本书的第一部分基本上就是以此为指导来写的，故附上。可以说，这是汪菊渊教授园林发展论述的基本思想，我只是在老师的指导下以表格形式书写出，作为对恩师深切的怀念与感谢！

经过近年编写《中国近代园林史》一书，中国近代的概念应改为1840~1949年，这时期应为中国传统园林的第二次转折期，故将原间表在此认识之基础上调整而得此最终表格。

2014年8月

注：此表最后尚未曾请老师过目。

第二章

中国寺观园林的
植物景观

山径　古寺　遗址园林

引　言

一、寺观丛林
- 1.天然植被林
- 2.入寺前的引导林——香道
- 3.风景林、风水林
- 4.生产林、圃

二、寺观园林
- 1.寺园的植物景观
- 2.寺庭的植物景观
- 3.寺径的植物景观
- 4.寺观入口及建筑物旁的植物景观

三、寺观常见植物
- 1.寺观常用树种
- 2.寺观古树名木——"绝树"
- 3.寺观常用花卉与花木

四、寺观植物景观特色
- 1.植物选择原则
- 2.禅思悟境
  - （1）静心
  - （2）净心
  - （3）诚心
  - （4）苦心

五、寺观实例
- 1.洛阳白马寺——中国第一古刹
- 2.奉化雪窦寺——禅宗十大古刹之一
- 3.浙江国清寺——佛教天台宗发源地
- 4.香港南莲园池——仿唐自然式寺园

引言

中国是一个多民族、多宗教的国家,宗教的传播历史悠久。如在中国流传极其普遍的佛教,自东汉明帝时(公元58~78年)由印度传入中国并建立了第一个佛寺——白马寺起,至今已有一千九百余年的历史。而中国自创的道教,也形成于这个时期。到了魏晋南北朝时,则已出现寺庙建设的高峰。当时北魏洛阳城内及附廓一带,佛寺多达1367所,南朝的建康城(今南京)也有七百余所,总计全国大的寺观共有三万余处。在以后的千余年中,其他宗教陆续传入,而信仰宗教的人也日益普遍。从古代到现代,从农村到城市,上自帝王将相,下至庶民百姓,从士农工商到今日的科学家,都有信奉宗教者。各种不同的宗教性建筑也遍及城乡。

尤其是魏晋南北朝时期,随着佛寺、道观的大量兴建,竟出现了一种有别于以往皇家园林和私家园林的寺观园林新类型。它的形成源于以下的因素。

(1)佛教的修行和道教的求道都需要有一个脱离尘俗的净土山林,故"藏于名山"是他们所追求的理想环境。大自然的森林风景历来都被纳入寺观环境之中,"天下名山僧占多",逐渐地发展为一种具有人工痕迹点缀的名胜之区,从而形成了一种以寺观为中心、以自然景观为特色的寺观园林。虽然也有寺观是穿插于城市街区之中,但也尽量寻求山、水、植物等自然物移植或浓缩于寺观的内外环境,构成闹市中的一片净土。

(2)在宗教的教义或传说故事中,多多少少都与山石、水体、植物等自然因素有关。如菩提树与莲花成为佛教必有的植物,就因为传说佛祖释迦牟尼是静坐于菩提树下证觉得道而成佛的,因而成为佛教的圣树;莲花的高

洁、清心正是佛教的象征,于是以其图形设置莲花座,所谓"花香鸟语园通性,水绿山青常住心"。山清水秀、鸟语花香的风景园林就成为修行悟道的场所。道教所寻求的长生不老之药,主要是山林植物,一直发展到后来的三神山竟成了中国原产的"一池三山"的传统造园模式。

(3)由于寺观大多远离市井贸易的城镇,交通不便,为了日常生活所需,如供果、供花、庭园花木,乃至僧人的菜蔬、茶果、薪柴等,都需要有山林、花木、草卉的培植,逐渐地建立了苗圃、花圃或盆景园等园林设施。

(4)城市中的一些寺观,有的是自南北朝佛教盛行以来,由信徒们"舍宅为寺"而成的。随着私人宅邸的捐献,宅旁园林也就随之成为寺观园林了。

(5)寺观是公共性质的建筑,不仅有善男信女们经常的参拜活动,一般人也常常结合踏青、节气等前来观光游览。故寺观不仅需要有各种自然的、人文的景观,也需要有适于游览生活需要如餐饮、休憩的设施与场所。于是,一种与皇家、私家园林迥异的公共性质的寺观园林也就逐渐形成。

值得注意的是,由于中国宗教的多样性与普及性,除了附属于寺观本身及其环境的园林以外,在大型皇家园林中,往往也建有寺观。这在中国传统园林建设进入成熟期的清代中、后期尤为突出,开启了园林修建建寺观的高峰,在大型皇家园林中,几乎达到了"无园不有"的程度。即使没有寺观,也会有宗教性质与概念的景点。如圆明园内寺观不算多,也有宝相寺、法慧寺、河神庙,还有"庄严法界"、"慈云普护"等宗教性景点。

有的大型皇家园林中寺观、祠庙数量极多,尤以佛教为盛。如开发较早的北京西苑内,就有万佛楼、阐福寺、极乐世界、西天梵境、龙王庙等。而在清乾隆中期形成的北

京三山五园中几乎都有寺观建筑和景点。其中尤以静宜园为最，有大型古刹香山寺、玉华寺、宗镜大昭之庙、宏志寺等；静明园内也有龙王庙、真武祠、双关帝庙、水月庵、香岩寺、妙高寺、圣缘寺、东岳庙、清凉禅窟等寺观及景点约10处。而颐和园更是以一组庞大的寺观建筑群——佛香阁作为全园的中轴主体和制高点。北海的中心琼华岛也是以一组宗教建筑群为中轴主体，以喇嘛教的白塔作为全园的制高点。由此可见宗教与园林是"寺观中有园林，园林中有寺观"的密切关系。

这些寺观及其周围的园林风景，历来都已成为人们的游览胜地。它们或以名山而名；或因宗教活动如观音菩萨生日、佛像开光等；或结合时令、节气活动如清明扫墓、重阳登高；或古代文人雅士们的修禊、踏青等等，已逐渐发展成今日旅游业的一个特色。

而各种类型的寺观、祠庙，除了其建筑形式、布局及宗教活动等等之外，反映于寺观环境的整体及局部的就是其建筑内外环境中的植物景观，尤其是位于名山深林和城市郊野的那些寺观的植物景观如丛林古木、寺旁独立园林及庭园的植物景观都是颇具特色的，兹分述如下。

一、寺观丛林

丛林一词如果仅从字面来理解，就是由乔灌木汇集而成的树林。但在佛教中则已作为僧众聚居寺院的代称。意即众僧和合共住一处，犹如树木之丛集为林。妙法莲华经中有谓"三千大千世界，山川溪谷，在地所生之卉木、丛林及诸药草、种类若干、各色各异，小根小茎，小枝小叶，中根中茎，大根大茎，大枝大叶，诸树大小，随上随下，各有所爱，一云所雨，称其种性而得生长。"对自然植物生态之奥妙，颇有所识。再加上佛教祖师释迦牟尼（亦称佛陀）的参禅悟道，就是起源于自然丛林中的菩提树下，认为在自然山林中修道，参禅是最合适的，故他们也以之称为"禅林"。由于这种指导思想的指引，一般就将他们的寺庙定位于名山大川和深山老林，因而出现了"天下名山僧占多"和"深山藏古寺"的中国佛道教寺观建设的主流模式。除了参禅、悟道之外，为了结合游览以及僧侣生活的需要，寺观的丛林约有以下几种。

1. 天然植被林

常云："古寺入深林"，将寺观隐没于丛林中，既可达到寺观参禅修道的目的，对自然的山林植被也可得到保护，名闻四海。中国佛教的四大胜地峨眉山、九华山、五台山，普陀山都是因寺而名的。峨眉山海拔三千余米，曾建有108个寺庙，多隐没于浓郁葱茏的丛林之中。

普陀山是浙江舟山群岛中的一个海岛，面积12.76平方公里，海拔仅291.3米，但岛上古木参天、花木繁茂，季相植物景观明显。岛上植物品种丰富，约有61科，138种，其中有一些珍贵树种如普陀鹅耳栎（*Carpinus putoensis* Cheng），生长在佛顶山慧济寺西山坡下，树龄约二百年，树高15米，胸围2米，冠幅10米，此树为东南亚的珍稀树种。其次有蚊母树（*Pistylium racemosum Sieb. et Zucc*），生长在慧济寺的四周，约有百株，已成林，其中最大的一株树树高约15米，胸围2.23米，冠幅12米，估计树龄也有三百年了，这种林相也是少有的。寺内还有一株胸围达6米的樟树，估计已有八百年的树龄。此外还有平常少见的红楠、光叶石楠、竹柏等。

慧济寺就是处在这样一个名木繁茂的小盆地之中，如图2-1所示。在济慧寺这个庞大的丛林中，以香樟为多，但其中还隐藏着局部的植物景观：如桃花路，"……度白华岭，夹路多桃花，间以杂树，轻红淡绿，相错如锦带。"紫竹林，"紫竹满林看不见，怪来偏向石中栽。"还有藤萝境，"在盘托石东，幽径萦回，奇岩壁立，上多古藤翠萝，郁葱蔓绕，海天荡漾中。"而在修竹庵旁，有万竹林，"密阴浓翠，时时披拂，轩槛与尘世回隔，已从庵背小径下，仍行竹间，歌古诗竹径通幽处……"。

又如浙江天台山方广寺则是处于一片竹林之中，竹林中夹杂着乌桕、枫香等秋色树种，如图2-2所示。此两处可说是利用天然植被林的典型的佛寺丛林。

2. 入寺前的引导林——香道

大型的寺观丛林在进入寺观建筑之前，一般都要经过一段甬道，也有称为香道或神道的。香道有长有短；有艰险难走的山道，也有平坦的步道；多数是引入深山老林的自然景观，也有发展为人文景观的香道。它既有使善男信女们先入为主，开启心灵的引导作用，又可成为一般老百姓观赏游览，引人入胜的向导，因而往往成为寺观园林植物景观的重要组成部分。

曲阜孔庙的古柏甬道，长仅一百余米，如图2-3，而孔林前的神道，却有1266米。古代杭州灵隐寺的甬道称"九里云松"。这两道基本上都是平地。而如杭州灵隐后山的

图2-1 浙江普陀山济慧寺的丛林（香樟为主）

图2-2 浙江天台山方广寺丛林（竹林为主）

图2-3 曲阜孔庙甬道（桧柏）

韬光庵山道则是"古木婆娑，草香泉渍，淙淙之声，四分五路达于山厨。"庵内望钱塘江，浪纹可数。在曲折的山路中有石级数百，两旁修篁密箬，浓绿香深，具有一种"脱俗参禅"的吸引力。

浙江鄞州区的天童寺香道，位于一片亚热带森林中，山上有马尾松、杉木、木荷、枫香、鹅耳枥等十分丰富的常绿与落叶混交的片林，早在宋代王安石曾在此任县令，多次来天童寺有诗云：

村村桑柘绿浮空，春日莺啼谷口风。
二十里松行欲尽，青山捧出梵王宫。

除了长达10公里的松林之外，还有一片翠绿的竹林、茶园和各种花卉，可谓"满山笋老都成竹，一路花香半是茶"。一路上可以欣赏到山林、鸟语、花色、茶香的植物景观。

四川的青城山是道教的场地，其上山的香道两旁都是柳杉林。据云，这是清末道士彭椿仙所种，共有九百余株。这条夹道是"愈行而山愈陡、愈奇，路愈险、愈仄"。而由天师洞经上清宫爬到老霄头极顶的一路上，都是松、柏、杉、楠等高大乔木，浓荫葱郁，林下则有灌木草茸，藤葛纠绕，野花香溢，四周景色，美不胜收。有联曰："曲径幽居神道迹，高山便是白云乡"。完全一派深山老林的自然景象。而乐山凌云寺的香道，则处于一个基本上是由牌坊、栏杆、墙面、石壁和建筑、台阶组成的山坡上，处处可见景名、警语的石刻，虽有大树花草覆被其上，而人文景观的气息甚浓，则又是另一种情趣，如图2-4所示。

杭州云栖古寺的引导林——云栖竹径位于一个山坞，穿行于一大片浓密的毛竹林中，径全长约800米，宽近4米，高约20米的毛竹拥覆着这条竹径，浓荫蔽日，曲折幽深，如图2-5～图2-7所示。从牌坊起步前行不久，径左侧

图2-4 四川乐山凌云寺香道（侧立面）

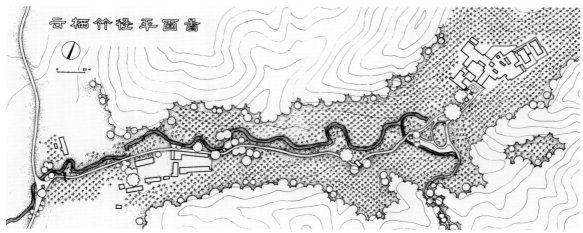

图2-5（a） 杭州云栖竹径平面

图2-5（b） 杭州云栖竹径石碑

图2-5（c） 杭州云栖竹径牌坊

图2-5（d） 杭州云栖竹径碑亭

图2-6（a） 杭州云栖竹径——"竹中求径"

图2-6（c） 杭州云栖竹径路亭全景——林中隐亭

图2-6（b） 杭州云栖竹径洗心亭

图2-6（d） 杭州云栖竹径路亭正景——半路憩亭

图2-7 云栖竹径枫香巨木与小方亭

图2-8（a） 杭州云栖竹径寺侧的碑亭——遇雨亭

图2-8（b） 杭州云栖竹径终点的云栖古寺

有《云栖竹径》碑的六角亭，再前行即可听到淙淙的泉水声，拐弯后又见一歇山亭，名曰"洗心"，云栖竹径洗心亭见图2-6（b），亭前有方形池。泉水清澈见底，真可谓"翠滴千竿遮径竹，寒生六月洗心泉"，此乃参禅之前的准备工作，再前行约150步，一亭横跨路中，这是一个简朴的硬山亭，左右两侧为有漏窗的墙面，可观窗竹，中有柱联曰：大道半途，且小休歇处，灵山有会，不为等闲来。再前行约二百步，忽见竹林中有三株高大雄壮的枫香树，树高达35米，最大者胸围4.5米，树下有一高约4米的休息方亭，树之高壮与亭之纤秀形成高低、壮秀的对比，又为竹径增添了几分情趣。据云，此亭原为碑亭，为护碑方便，今已将碑移至古寺近旁的遇雨亭内（图2-8a），此亭则纯作休息用。再前行约150余步，即到达竹径的终点——云栖古寺（图2-8b）。走完了这条竹径，使人有一种忘却一切烦恼，尽享世外桃源之乐的体会。人们不禁要问为什么如此冗长、单调的竹径，竟会使人感到丰富、多变，大有"忘路之远近"

的感觉。

从园林艺术来看，一曰景点布置恰当，景点之间的距离均在100米以内，不是一眼望到底，有长有短，先长后短，走来也不觉得累，能做到左右曲折，步移而景异。二曰每一景点的建筑形式不同，布置不同，有起点的牌坊、竹径名的石碑、六角形的景名碑亭、歇山顶的洗心亭与水池结合，又有跨路的硬山休息亭，还有与三株大枫香对比的小方亭，忽儿左，忽儿右，忽而跨路，都增加了游息空间的变化。三曰植物景观总体上是清一色的高大毛竹林，创造了一种"夹径萧萧竹万枝，云深岩壑媚幽姿"的意境，但在大竹林中，却有点睛的小变化，与景点结合。入口处为三角枫，洗心亭处有青刚栎、三角枫，小方亭旁为枫香三株，这些树种与竹林形态不同，季相不同，又为竹径增添了美丽的秋色，还可作为景点的标志，调节了游人"长途跋涉"的疲劳程度。四曰竹径的视野并不开阔，但有翠竹摇空，绿荫满地，并能结合道旁的自然溪流，使整个植物空间既有

"万竿绿竹影参天"之色,又具"几曲山溪咽细泉"之声,自然就产生一种"色静深松里"、"鸟鸣山更幽"的深邃、优美而雅静的大自然植物景观的艺术感受。

近年来,在香港的万佛寺新建了一条香道,是利用原有的林中山道拓建的,故植物景观很好,但为了克服山林一片绿的单调色感,消除入山的疲劳,利用山坡的挡土墙修建了台阶式的花坛或设置盆花;修建中更注意到结合路旁建筑小品开展宗教宣传活动,如在路旁设置宣传标语牌,上面书写着导向山林修行养性之句,如"溪声尽是广长舌,山色无非清净身"、"花即是禅,鸟即是禅,山即云也奔即是禅"……作为一种参神拜佛的前奏;直到快将进入寺庙建筑之前的一段香道两旁,又列置着一系列的金色罗汉佛像,姿态造型各不相同,十分生动传神,栩栩如生。这可说是寺观园林的一种首创,将寺庙建筑中罗汉堂的罗汉,由室内请到了森林之中,成为迎送香客们的一种礼遇表象,对香客们来说,则是接受了入寺前后的宗教洗礼,获得一种极富刺激而又神秘的艺术感染与游趣的享受(图2-9)。

总之,引导林既是宗教信仰的需要,也是客观环境的必然,更是宗教节日结合游览踏青的一种民俗的爱好与追求。无怪乎千百年来人们总是在不断地经营中增添了许多多的人文景观,使这一宗教园林中的香道,越来越完善、发展。

3. 风景林、风水林

紧贴寺观建筑周围的树林,一般为适地适树的原始森林,多数为已长成的次生林,大多姿态优美,木质优良,或有特殊景观效果的树种。如浙江天台山国清寺的朴树林,南京栖霞寺的枫香林,浙江普陀山的樟树林等,尤以峨眉山九老洞旁的珙桐林更具特色。珙桐(Davidia involucrata)是世界稀有树种,我国原产的一级保护树种,它在春末夏初时,白色的繁花满枝,微风吹拂,宛若翩翩白鸽起舞,极为美丽、珍贵。

而如峨眉山伏虎寺旁的楠木林高大参天,遮蔽殿宇,故有"密林藏伏虎"之称,这片林子也结合其他的山泉风景,山上石隙岩缝里流出潺潺清泉汇集于寺前,溪水、桥楼、路径间翠竹拥映,构成了一幅极为幽静的寺观风景画。

这些优美风景林的形成应归功于寺观的精心保护,所以我国的一些珍贵的古树名木多留存于寺观名山。如峨眉山白龙寺前有一片巨大的楠木林,楠木直径均达1米左右,传说是明代的别传和尚在宣念《法华经》时,每口诵一个字则种一株树,结果将一部六万余字的《法华经》念

图2-9（a）香港万佛寺香道之一:香道旁立有佛教偈语牌　图2-9（b）香港万佛寺香道之二:两旁放置金色罗汉像　图2-9（c）香港万佛寺香道之三:两旁放置金色罗汉像

完，就种下了69777株楠木，如今这些楠木就已长成为五百余岁的一片葱郁挺翠的老楠木林了。

又如天台山方广寺前临溪池旁的一片竹林，林中有乌桕树的枝叶伸入，秋色萧然（图2-10a）；而天台山智者塔院前的毛竹林，位于寺院入口的路旁，既是风景林，也是生产林。如图2-10（b）所示的毛竹林，兼风景林与生产林之美。

至于风水林的形成，则不仅限于寺观。历来的中国人，无论帝王贵族、文人雅士、工商贾古、平民百姓都有信奉"风水学"者。我国的一些主要类书如明代的《永乐大典》、清代的《四库全书》、《古今图书集成》中都载有关于风水的理论。风水理论主要应用于建筑、工程以及行为活动等方面，种树亦然。依作者管见，寺观的风水林主要是树种选择，栽种位置要从景观、小气候条件等考虑与周围环境和生活特点的关系。

从佛教看来，寺观建筑的选址必须考虑"脉源"，即所谓的"山有来脉，水有来源"，犹人身之有经络，树木之有根本也。在《普陀洛迦新志》一书中记载着一段有关寺观选址栽树的话："……后山系寺之来脉，堪舆家俱言不宜建盖，……除留内宫生祠外，其余悉数栽竹木，培荫道场，后来永不许违禁建造……"。于是，这片竹木之林就成为寺院的风水林，是不可移动、破坏的，这也说明了风水林对寺观的保护作用。

4. 生产林、圃

在寺观属地范围内建设生产林，具有产权性质，经营与收益均由寺庙管辖而成为"寺产"。由于不少寺观地处高山，由千余尺高至数千尺，在缺乏现代交通、运输工具的情况下，需要自己生产日常生活所需的物质，如燃料、饮食乃至小手工艺生活用品等，故有薪炭林（烧柴）、竹林（食用竹笋及小手工艺品）、茶林、果林之设。

有的大寺庙还设置田圃，所有这些生产性的占地，就成为寺观的一种"恒产"。在寺观所在范围内的天然林及由古代僧侣栽种的林木，也都包括在寺观"恒产"之内。据云，中国佛教寺庙的恒产权利，早在东晋时期就已普遍形成。

佛教名僧虚云法师一生重视建设祖师道场，大小寺庙前后建了八十余所，他洞察社会，深知佛教要生存发展，不能单靠募化，必须建立自给自足的僧伽经济。因此，在他晚年修建的广东乳源县云门大觉寺开办了大觉农场，凡在寺供住者均须垦荒种植，农具、种子、肥料由常住供给，收获除缴纳政府租税外，各人均分，农事余暇还要培育山林、花木等。

生产林中尤以茶林最为突出，常常是与竹林间植："江南风致说僧家，石上清香竹里茶"，究其原因是由于僧侣每日有打坐

图2-10（a） 天台山方广寺竹林："林中一枝乌桕伸入，秋色萧然。"

图2-10（b） 天台山方广寺前毛竹林（兼生产林）

参禅的功课，做功时，既要安静，又不能困，故以茶躯困、提神十分重要，而僧侣三餐食素，又有一定的农事劳动，按人体的需要来讲是不够营养的，在古代的寺观中，早已有一种将茶叶蒸煮捣碎，加入橘子皮、红枣、桂花、玉米并拌以葱、姜的混合饮料称为"茶苏"的，和今日的"三道茶"相类似，但更富营养价值。据说，有一位僧人活了120岁，人问其长寿之道，答曰："性本好茶，到处唯茶是求。"说明这种富营养的茶是僧侣生活十分需要的。

逐渐地僧人对茶的培育、品种、饮用方式，乃至茶的精神领悟等等有了更深广的研究。我国的茶圣陆羽也是出身于寺院。名山寺院多有自制的茶叶，以茶代酒，煎茶待客，并有一定的饮茶仪式，而形成"茶道"。并留传到日本。一位被誉为品茶高手的皎然和尚，对饮茶颇有心得，曾作《饮茶歌》道出了饮茶的宗教实质：一饮涤昏寐，情思爽朗满天地；二饮清我神，忽如飞雨洒轻尘；三饮便得道，何须苦心破烦恼。所以是"寺必有茶，僧必善茗"。茶道的产生与寺观茶林有着渊源关系，而我国的许多名茶如庐山的云雾茶、普陀山的佛茶、湖南沩山的毛尖茶、雁荡山的毛峰茶等多出自于寺庙。

至于果林的设置，主要是为了供佛所需，也是僧人们不可或缺的一种佐餐食物。总之，寺观的生产林是必不可少的一种植物景观。青城山寺观的斋堂的一副对联，正是最好的写照：

扫来竹叶烹茶叶，劈碎松根煮菜根。

实际上，所有的寺观丛林，既能解决僧侣修行求道在精神上和物质上的需要，也能起到保护环境、保护水源，增添环境自然美景的作用，是应该大力提倡和保护的一种植物景观。

二、寺观园林

1. 寺园的植物景观

名山的大型寺观为了环境、生活、供佛的需要，常常于寺观的后边或侧方开辟独立的花园、花圃、苗圃、菜圃（图2-11），道教的宫观中更有药圃之设，是与茶园并存的。陆游咏青城之句，"绿藓封茶树，清霜折药花"，可以为证。而在佛教兴盛的南北朝时期，随着贵族官僚信徒们的"舍宅为寺"，将独立的住宅花园、庭园也进入了寺

图2-11 利用寺旁空地建立菜圃与竹林

观园林之中。

由于寺观是一种公共活动场所，寺观园林也都是开放的，带有今日"公园"的性质，市民都可到寺观里来探春、消夏，访胜寻幽，或参拜佛诞生日、浴佛水等活动，这也促使寺观园林更具游赏观念而强化了它在花木景观上的重要性。

比如唐代长安城内的寺观近二百所，其中就有由官僚贵族舍宅而来的，面积相当大，其宅园内多栽植花木，尤以当时风靡长安城的牡丹最著。到寺院赏花之风也颇为盛行，甚至新科进士也要到寺塔花前写诗题名，或是举办"花宴"（如崇圣寺的樱花宴）为文人们吟诗作画提供场所，以此传为美谈。而且各寺还有各自不同的特色著名花木。如长安城的慈恩寺以牡丹与荷花著称；唐昌观则以玉蕊花为盛，元都观则以千树桃花闻名，而文人们更是从不同的欣赏角度来歌咏寺观的花木。

唐代的大诗人白居易和元稹都常去长安以牡丹著名的西明寺赏玩，白居易曾写过《西明寺牡丹花时忆元九》、《重题西明寺牡丹》等诗，而元稹的一首《西明寺牡丹》别具特色，是描写月光下的牡丹：

花向琉璃地上生，光风炫转紫云英。
自从天女盘中见，直至今朝眼更明。

唐代寺院赏牡丹之风，不仅在长安，也普及到全国其他的寺院。如号称"江南才子"的吴融，在流寓到湖南的一个寺庙里时，看到了园林中的白牡丹，也作了十分细腻、传神的吟咏：

赋若裁云薄缀霜，春残独自殿群芳。
梅妆向日霏霏暖，纨扇摇风闪闪光。
月魂照来空见影，露华凝后更多香。
天生洁白宜清净，何必殷红映洞房。

唐代寺院观赏牡丹之风，一直流传下来，到了宋代仍不衰。如苏轼在其不得志时，在常州的太平寺观赏牡丹时，忽然发现其中有一朵小小的淡黄色牡丹，情有独钟地作诗隐喻了不与红紫艳丽的牡丹同俗的心态：

醉中眼缬自斓斑，天雨曼陀照玉盘。
一朵淡黄微拂掠，鞓红魏紫不须看。

太原永祚寺的三宝之一，就是在寺内有一个占地三亩多的牡丹园，其中培植了一些颇为珍贵的牡丹树种。此外，还栽培了一种多年生草本植物名为荷包牡丹花（Dicentra spectabilis），远看只是一点粉红，俯视则为二片花瓣合成的一个小荷包，如灯笼般挂在枝头，别具特色。由于寺观对植物的精心培育与养护，故一些特色名花常常是出自于寺观。

在较大的寺观园林中，还有以植物命名的园林建筑。如明代北京东郊的月河梵院就是一座"池亭幽雅，甲于都邑"的寺院，其独立的园林中就有粟轩、希古草舍、槐室（古槲一株，枝柯四布，荫于阶除）、竹坞、松亭、野荒门、梅屋、兰室、春意亭（亭四周皆榆杜桑柳密布），可见已有专类的观赏花木景观。

随之而有的是养护花木的"老圃"，作为冬藏花木的温室，以备寺观中各种花木盆景的更新用。而在后山后园中也有果园、菜畦，都是为生活自给而设的生态园林。

苏州的报恩寺，早在唐代，诗人们即有一些关于其植物景观的题咏，如诗人韦应物的《游开元精舍》诗：

果园新雨后，香台照日初。
绿荫生昼寂，孤花表春余。

皮日休亦有《开元寺客省早景即寺》之句：

客省萧条柿叶红，楼台如画倚霜空。
铜池数滴桂上雨，金锋一声松杪风。

可见当时的报恩寺已是果树成园，百花争妍，绿荫如盖，松桂飘香的植物环境。但是，几经沧桑，园林已不复存，而其堪称"江南第一"的北寺名塔，也是屡毁屡建。直至新中国成立后，在寺塔之东，另辟独立园林——梅园，以"暗香浮动"阁的水榭为主要建筑，虽有园廊、小亭相连，但已打破古代苏州私家园林那种以建筑物环绕水池一周的格局，整体的建筑比重小，空间较为开阔，在植物景观上仍以"岁寒三友"松竹梅的配置程式为主景，池边为垂柳、合欢，四周及溪边广种杜鹃、紫薇、桃花、山茶、栀子、木槿、扶桑、桂花等，庭院中则散置绣球，栽种银杏、花灌木，丰富多姿的植物与亭廊、山石、溪桥构成了一个"无我之境"的寺观园林。

古代这些园圃因寺院的大小而有不同，大的寺院园圃面积达数百亩。据《续高僧传》记载唐长安的清禅寺内："竹树森繁，园圃围绕"，可见园圃之多。从一首宗教寺庙的楹联中，也可看出有菜园之设："闻木樨香何隐乎尔？知菜根味无求人。"此联的原意可能更深厚，但借"菜根味"亦知其生产自足之情。

而另一些山野小寺，更具一种自给自足的"野趣"，正如诗人刘禹锡所描绘的：

何处春深好，春深兰若家。
当香收柏叶，养密近梨花。
野径宜行乐，游人尽驻车。
菜园篱落短，遥见桔槔斜。

大诗人杜甫也曾吟咏过：

野寺残僧少，山园细路高。
麝香眠石竹，鹦鹉啄金桃。

这些诗句都道出了山村野寺那种并无一定园界的寺观园圃的丰富多彩的自然景观。

2. 寺庭的植物景观

建筑物围成的空间称为庭院。在寺观建筑群中，绝大多数都是和中国的宫廷、宅邸等建筑一样，根据规模大小为一进一进的系列院落式，最少也有一个前庭，一个后院，此处统称为寺庭。

前庭是寺观入门后的第一个空间，园林的布置比较讲

图2-12（a）　苏州天平山某寺的放生池

图2-12（b）　杭州虎跑寺放生池中的浮萍

图2-12（c）　杭州岳庙放生池桥上的薜荔

图2-12（d）　北京大觉寺藏书楼前放生池中的水葫芦

究，常常是以放生池为中心。水池通常多呈横向长方形，一桥纵跨，池中养鱼植荷，也有栽植其他水草或放龟的。

苏州某寺庙前庭的放生池，池小桥宽，池中种满荷莲，如图2-12（a）所示。其植物景观是以水生植物取胜的。有的不种荷花，却在水面上漂着一层翠绿的浮萍，如图2-12（b）所示，或在水池桥壁上爬以薜荔，图2-12（c）更显出寺庙古朴、宁静的气氛；有的侧庭或后院水池中种水葫芦，如图2-12（d）所示。有的则不种植物，仅仅养鱼放龟。

以高大的庭荫树整齐、对称地栽植于寺庭，树干挺拔，枝横叶茂，浓荫森森，从而增加了一种肃穆、宁静的气氛，这是寺观庭院主要的植物景观（图2-13a）。除了大树以外，寺庭配置花木的也不少，常见的花木有紫薇（图2-13b）、桂花、山茶、玉兰、绣球（图2-13c）、红花檵木（*Loropetalum chinense* Var.Rubrum）等花美、味香而长寿的树种。竹类则多栽植于侧庭或后院。

有的寺庭树少花多，往往以花台、树台或盆景的形式较为普遍。西安兴教寺是玄奘大师圆寂的寺院，在寺的中

院五开间正殿的后院仅设置了梅兰竹菊四个花台。

小型寺院的庭院面积不大，种一株大乔木长成后即可满覆庭院，空间感过于闭塞，也缺少变化，因此有的采取满院铺装地面的方法，铺装中还施以太极图、纹样，或加上摆设其他龟石、洗手钵、花盆等小品装饰，更带禅意。

图2-13（a）　杭州岳庙庭院的大香樟

盆景更有四季更换，布置灵活多变的特点。

寺院栽树，不仅只注意地面，还要考虑有的殿堂或塔可以登临观景的要求，周围有景者可借入，有碍景观者则挡，并可产生极目远望或花叶近赏的不同视觉效果。这是两种截然不同的大自然的景观。又如图2-14（a）借自然的景石（棒槌峰）与云彩、屋角的铃子对应成景。

寺庭往往都是建筑物围成的四合院形式，院落四角不一定都有廊子联系而产生了空角，通常也栽植树木，形成具有生态气氛的封闭空间，图2-14（b）所示为庭院一角栽植数株油松，形成疏朗的生态角。

图2-13（b） 昆明金殿庭院一角的紫薇

图2-14（a） 借自然之景，棒槌峰与屋角铃铛对应成景

图2-13（c） 杭州灵隐寺庭院的木本绣球

图2-14（b） 寺庭一角栽松，形成疏朗的生态角

寺庭植物景观的前庭与后庭有时是完全不同的。前庭大多选用高大、浓荫、长寿的树种，形态的古朴与大雄宝殿主体建筑的雄壮相配合，而后庭多选用中、小乔木和花木，感觉上较为轻松、活泼，有张有弛，正是善男信女们拜神与游乐相结合的一种景观布局。而在大寺院的系列庭院，往往后院是另一建筑的前院，前院也是又一建筑的后庭，则更需注意植物景观的不同变化，产生波浪式的异样植景，给人留下延续多姿的感官享受。

北京的法源寺，始建于唐代，以后经历代修建扩大，至今已形成占地6700平方米，有六进院落的大寺，此寺更以花闻名，有"花之寺"的称誉。每进院落的植物景观是不同的（图2-15）：第一进为天王殿寺庭，面积较大，松柏成林，尤以两株唐松、宋柏著称。西侧鼓楼南侧有一株文冠果树（*Xanthoceras sorbifolia*），参见图2-19（d）。该树四月下旬开始着白花，基部为黄色，后又变成红色斑点，甚为美丽。东侧钟楼前也植有花木黄刺玫，正午时，则处于宋柏的庇荫下。第二进为大雄宝殿前庭，以几株古老的白皮松为主，两侧也配置若干花灌木，比较简洁、庄严。第三、四进观音殿，毗卢殿的前后寺庭则是丁香满院，秋菊夹道。据记载，每当丁香花盛开的四月，香闻寺内外，文人们就来

图2-15（a） 北京法源寺第一进院落的柏木林

图2-15（c） "花"寺的代表树种——丁香花

图2-15（b） 北京法源寺钟楼旁在柏树荫下的黄刺玫

图2-15（d）北京法源寺古槐遮荫看碑林

图2-15（e）藏经阁庭院的古银杏

此举办丁香花会，吟诗作赋，展示了丁香花那"冷垂串串玲珑雪，香送丝丝麗飂风"的那种嗅觉美感。而菊的傲霜与姿色，更增添了寺观的秋色。第五进的花木最多，以牡丹最著。海棠也是该寺名花，清人洪亮吉也曾赋诗："海棠双树忽绝奇"，"日午晓霞花犹澈"，为第六进。但今日的第六进为藏经阁前庭，只有对称栽植的四株古柏，而其中一株已枯死，僧人在树下栽植地锦，也成了夏日"独乐"的一景。

总之，经过历年的沧桑，今日的法源寺，虽难有"花之寺"的胜景，但从其保留的花木来看，确也能看出当初（尤其是清代改名以后）寺庭植物配置的端倪——它是一种庄严与活泼、肃穆与轻快交替，僧人与俗民同享的寺观园林植物景观。

3. 寺径的植物景观

由寺观大门进入寺观范围内的通道，以及围墙内的各种径路，称为寺径。寺径有时也是引导林的延伸，由山门而入，一条直路对景大殿，两旁树木高耸，整齐行列，或有其他小品陪衬，更增加了朝拜前的紧张、严肃气氛。寺内其他径路有曲有折，两旁花木众多，栽植也较自由灵活，所谓"曲径通幽处，禅房花木深"，可以说，这是整个寺观严肃气氛下的一种轻松环境的对比与调节。不过也往往受寺观整体建筑布局的影响，笔直的寺径还是较多的。如图2-16（a）为北京卧佛寺入门后的寺径——柏树寺径。只有在大型的以自然山林为基础的寺观中，曲径的山径形式则较为普遍，如承德普陀宗乘庙后山的松径（图2-16b）。

杭州道观黄龙洞，建于北山山坡，由头山门至二山门为一条平缓曲折的坡道，两旁均为高耸的马尾松、青刚栎、香樟等大乔木，路旁还有茂密的竹林，整条山道浓荫覆盖，路旁树高约20米，路宽3米，坡度仅10° ~ 20°，但能利用道路的转折，增加了上、下层相互透视的景深，加上竹林中潺潺的溪流声，自然而宁静，充分表现出寺观的宗教参拜的情趣（图2-17）。

图2-16（a） 笔直的寺径——北京（柏）

图2-16（b） 曲折的寺径——承德（松）

图2-17（b）　黄龙洞寺径（甬道）

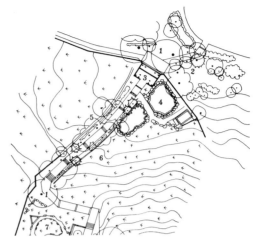

1.香樟；
2.女贞、杂木林；
3.门厅；
4.水池；
5.马尾松、青刚栎；
6.竹林；
7.小竹园

图2-17（a）　黄龙洞寺径平面

图2-17（c）　黄龙洞寺径拐角处的竹窗

图2-17（d）　黄龙洞寺门外的石刻"缘"，两旁植物宜醒目，以吸引游客欣赏

4.寺观入口及建筑物旁的植物景观（图2-18）

寺观的大门两旁一般都有大树数株，作不对称的对植。如图2-18（a）所示的杭州黄龙洞道观的头山门前的香樟，正好将整个山门框作为游人来向视线的终点，使寺观更显古朴。而有特色的大树或古树更是寺观的一种标志和导游树，古树与古寺是相得益彰的。为了加强寺观的宗教气氛，有时在入口处，常常设立其他景物，大型寺观前有广场的则设立影壁，壁上书写寺名或宗教语录；小型寺观则设置刻石等小品，以牌坊作为入口的当然有匾额，种树时要根据树木生长的稳定期及其形态变化考虑合适的栽植位置，不能遮挡。杭州灵隐寺的影壁与香樟的位置是很恰当的。如图2-18（b）所示为杭州灵隐寺隐壁前的大香樟，香樟的树干微微倾斜，构成影壁的框景，而常绿茂盛的枝叶又形成一片浓荫的覆盖层，加强了明暗对比，能更清晰地观赏到壁上的书法。

影壁本身及任何字碑也要有基础种植衬托，但绝不能喧宾夺主，只需用小花小草掩盖壁面与地面的过渡处即可，如杭州岳庙的《尽忠报国》碑是凭吊民族英雄岳飞的字碑（其基础种植以杜鹃花为主，寓意杜鹃鸟啼血之悲鸣）。唐代诗人杜牧有"至今衔积恨，终古吊残魂。芳草迷肠结，红花染血痕"之句，可为此处栽植杜鹃花之依据。杜鹃花谢时，亦可以间种一二行宿根花卉如菊花等，而两侧的红枫更可使季相更为丰富。

浙江天台山高明讲寺大门前为一条两旁均有挡土墙的甬道，两旁为竹林，大门两旁则对植芭蕉作为点示或标志，而其影壁也是前有大树，后有竹林，也有基础栽植，位于小溪沟之旁，小沟缺乏整理，虽具古朴之意，却有杂乱之嫌。

杭州六和塔的入口处则处于一片有地形起伏的绿荫丛中，人群都在树下活动，绿丛中偶露白色的小雕塑，这对于夏季异常炎热的杭州来说，也不失为具有良好生态环境的植物景观。

另有一种小祠庙的入口，受庙前用地限制仅对植"盆景式"的树木，亦颇显精致。图2-18（c）所示为开封古吹台入口盆景式的树台。

三、寺观常见植物

寺观的植物景观是随着寺观的环境位置，园林类型及布局，尤其是其宗教的宗旨、掌故和生活特性等而不同，

图2-18（a）　杭州黄龙洞大门的几株大樟树增加了大门的古朴气氛

图2-18（b）　杭州灵隐寺入口的影壁："咫尺西天"

图2-18（c）　开封古吹台入口的大盆景（盆景式的大树台）

它与园林的共性是都具有游乐观赏性。本节着重介绍其特殊植物的种类选择与配置。

1. 寺观常用树种

(1) 菩提树 (*Ficus religiosa*)

菩提树是佛教寺院的代表树种，又名思维树（《群芳谱》）、觉树（《梵书》）、毕体罗树，属桑科，原产印度，为一种常绿或落叶（在粤、台一带）大乔木，高达15米，全株平滑，树皮黄白色，树冠为倒卵形，枝叶扶疏，叶互生，具长柄，七至十厘米革质，先端长尾状尖锐，基部浅心形，边缘波状，长五至十二厘米，宽十厘米，表面光滑，枝生气根。夏季开花，冬季果熟，呈紫黑色，可作佛珠用。其叶用水浸渍，清除叶肉，留存叶脉，可用以画佛像，写佛经或做书签。如在杭州灵隐寺也曾陈列着用菩提叶绘制的十八罗汉图。

此树为长寿树种，在南亚的印度、锡兰、缅甸等佛教盛行的国家，被视为神圣之树，多栽植于寺庙的前庭后院中。我国的菩提树，也是随佛教由印度传入的。相传最早是魏晋时代梁武帝天监元年（502年）梵僧智药三藏自西竺引种于广州光孝寺。后来在广东曲江南华寺内也种了32株，1500余年了，现在生长仍很旺盛。其实，在我国云南海拔六百到一千二百米的平地如瑞丽、陇川、思茅、江城等县也常见，现在昆明西山的华亭寺大殿前就有一株。福建泉州开元寺大雄宝殿后院的东、西两角，也各种有一株菩提树，这是早年从厦门南普陀寺移来的，干围3.35米，高13米，据云此树有鸟不矢遗，叶不染尘，蜘蛛不结网，清洁如洗的特点，这正符合佛教净心的禅学要求，所以凡寺庙多种此树。

但是除上述菩提树本身的遮阴，作念珠制佛像、书签、躯虫洁净等功能外，它之所以成为佛树，最主要的是由于佛祖释迦牟尼是在树下悟道之故。

传说释迦牟尼在30岁前，寻师问道，都未能解答人的生老病死的难题。一日，他在菩提树下铺些干草，结迦趺坐，并发誓："不成正觉，不起此座"，后来经过48天的静坐思维（一说为"七日不动"）在十二月八日清晨豁然大悟，说出了一翻悟道之言："奇哉!奇哉!大地众生本具如来智慧德相，以有妄想执着不能证得，如能除去妄想执着，则自然智慧一切现前"。自此后终身行道、讲道五十年，成为佛教的开创者。其实，菩提树原称毕钵罗树，为梵文的译音，因佛陀在此树下悟道成正觉，因菩提二字亦为梵文

Bodhi意即"觉"、"智"这是佛教的名词，故始称菩提树。现今普陀山文物展览馆陈列的四片菩提叶，据说就是他悟道时留下来的，是由印度佛教组织特意赠给普陀佛教学会的。而菩提树也就成为佛教寺院的首选树种，一些教徒们常绕树作礼，焚香散花，以崇拜之为神树。

此树不仅在亚洲的寺观中栽植，也已传种到欧洲，德国某处修道院也有一株大菩提树，由七株树苗紧扎一起栽植，逐渐长成为合抱的大树，树高达30米，树龄已250余年，生长健壮，已被定为该国重点保护的活文物。

菩提树是一种浅根性乔木，宜栽于背风处。

(2) 贝叶棕榈树 (*Corypha umbraculifera*)

此树属棕榈科，高可达20余米，掌状多裂，大叶簇生于树顶，叶片大，有的叶子长达2米，表面光滑而坚韧，叶子晒干，压平后，可以剪成1.5尺长，0.5尺宽的长方形贝叶，可用铁笔在上面刻经书，还可以在叶子的中部两旁打孔，将片片叶子重叠在一起，以绳串联成经书，一夹一夹地保存，可长达六、七百年之久。据云，杭州灵隐寺陈列室的贝叶经就属于这种。西安卧佛寺也藏有《贝叶真经》，也用的此种叶片以泥金书写为梵文佛经，被视为无上的至宝。从一至十世纪，印度佛教徒携经、纶、律三藏经来中国传教，就是带的贝叶经。现我国云南的傣族地区还发现存有一批傣文的贝叶经，而在如西双版纳景洪市的大缅寺周围都栽植了这种贝叶棕榈树。成为傣族佛教文化的象征。但在北方的寺庙中则少见。

(3) 娑罗树 (*Aesculus chinensis* Bunge)

此树亦称七叶树、梭罗树，属七叶树科（图2-19）。为落叶大乔木，高达10米以上，胸径可达3米，冠大端正，树

图2-19（a）　杭州灵隐寺的娑罗树形

图2-19（b） 峨眉山的桢楠林

图2-19（c） 娑罗树花（北京大觉寺）

图2-19（d） 文冠果的盛花期——四月下旬（北京）

形标致。叶对生，掌状复叶，小叶5~7枚，长12~17厘米，光泽、叶柄长，夏初四月开直立密集的锥形花，淡紫色，很像串串玉质的小佛塔，故寺院中常用，正如古诗云：

伊洛多佳木，娑罗得旧名。
常于佛家见，宜在月中生。
空砌阴铺静，虚堂子落声。

此树喜光，也稍耐阴；喜温暖，也能耐寒，喜深厚、肥沃土壤；深根性，萌发力不强，为长寿树种，是寺院的理想树种，也是世界著名的观赏树种，在我国南北方均可栽种，尤适宜于黄河流域以及长江流域的东部各省，自然分布多

在海拔700米以下的山地。

相传释迦牟尼经长期修行，达到了寂灭一切烦恼、功德圆满的境界，八十余岁时，他来到印度的一条河边，在两株娑罗树之间设置绳床，沐浴后，在绳床上向右侧身枕手而卧后涅槃（即圆寂）。

以上菩提、贝叶棕榈及娑罗三树，都与佛祖的诞生、佛经传播和佛祖圆寂有直接关系，故人们称之为"佛国三宝树"。

北京的潭柘寺、大觉寺、西山香界寺，香山卧佛寺内均有此树，尤以杭州灵隐寺大雄宝殿西侧及杭州佛教协会紫竹林的两株娑罗树，高达20余米，树身斑驳，苍劲古老、枝叶招展、生意盎然，历千余年而葱茏挺秀。据云，这是西

湖周围湖山中最老的古树，也是我国现存最老的佛树，也是灵隐古刹的"镇山之宝"。

（4）诃梨勒树（*Terminalia chebula* Retz）

亦称诃子树，属使君子科，为常绿大乔木，高达30米，树冠圆筒形或圆形，冠大浓荫，叶对生，长8至20厘米，光滑，一般需10年生才可开花结实，为热带或亚热带树种，原产于印度、孟加拉，海拔300至1000米的森林中。早在三国时就传入我国，据宋代苏颂著《图经本草》云："诃梨勒今岭南皆有，而广州最盛"。《广州异物志》也载"诃梨勒广州法性寺——即今之光孝寺有四、五十株"，故光孝寺在三国时代以后，曾称为"诃林"。现在寺内仍有一株大的诃梨勒，大有三围，或为千年物，这种树多在南方的佛教圣地中存在。

（5）楠木类（*Phoebe* Nees）

在寺庙中常见的有桢楠（*Phoebe zhennan* S.）（图2–19c）和紫楠（*Phoebe sheareri* Hemsl）二种，属樟科，常绿大乔木，高达20至30米，树形端直雄伟，冠大浓荫，宋祁的《蜀楠赞》称之为"繁荫可庇，美干斯仰"。叶革质、互生，长达20厘米，宽8厘米，不仅美丽、庇荫，还具有防火、防风功能，故寺观中多有栽植。早在唐代就有人赞巴州光复寺的楠木"近廓城南山寺深，亭亭奇树出禅林"。宋代陆游也曾作《成都犀浦国宁观古楠记》："……过国宁观，有古楠四，皆千岁木也，枝扰云汉，声挟风雨，根入地不知几百尺，而荫之所庇，车且百辆，正昼夜不穿漏，夏五、六月暑气不至，凛如九秋，成都故多寿木，然莫与四楠比者"。而杜甫则从楠木所构成的风景意境与功能赞美了楠木：

> 枏树色冥冥，江边一盖青。
> 近根开药圃，接叶制茅亭。
> 落景阴尤合，微风韵可听。
> 寻常绝醉困，卧此片时醒。

我国楠木成林的寺观以四川为多，尤其是峨眉山的伏虎寺一带，几乎将诸多寺庙隐没于郁郁森森的一大片桢楠树林之中，构成那种"深山藏古寺"的意境。而在城郊的寺观，如杭州灵隐寺，也栽植有紫楠大树。

（6）黄连木（*Pistacia chinensis* Bunge）

亦称楷树、鸡冠树，属漆树科。为高大、长寿的落叶大乔木，高达20米，树冠团扇形，树皮灰褐色，纵白裂剥落，叶互生，奇数羽状复叶，春秋呈红色，4月开紫红色花，形似鸡冠，又如红云，为优美的秋色观赏树种，材质坚硬，可作木雕，或因在曲阜孔林，孔庙中栽有此树，尤因孔子高足子贡墓庐之旁有此树，意为楷模，故称楷树，此后在寺院、坟墓旁多植之。

（7）此外，如北方的栾树（*Koelrenteria paniculata* Laxm），南方的无患子（*Sapindus mukorossi* Gaertn）

不仅具有优美的树形，黄艳艳的叶色、果色，其种子皆可制成含珠，而如落叶小乔木文冠果（*Xanthoceras sorbifolia*）（图2–15c）的种子鲜美可食，有如莲子。而常绿中的香樟、广玉兰等都以其干叶常绿而美丽，也成为寺观中常见的树木。然而，在寺观中最常见而成为名木者就以松柏类为最了。下面是一组展示不同年龄段风姿的松柏树，有的寺观古树，由于年代久远，叶已衰退，甚或死亡，但留下的枝干张牙舞爪，姿态昂然，亦成"枯木之景"，能给人以凭吊、思索的遐思，也可作为一种大自然荣枯的鉴赏之景（图2–20）。

还有一种比较有趣的树，称为"许愿树"。是香港地区的一种特色寺观植物景观。因香港不少市民，多有一种求

图2–20（a）　泰山岱庙的汉柏

图2-20（b） 北京天坛的古柏

图2-20（c） 北京的辽柏

神拜佛，祈祷人寿平安、财源广进……的习俗或愿望，常在宗教节日利用寺庙内外的大树，将自己的愿望写在纸条上，挂于树上，此树则为"许愿树"，并无一定的树种，由于榕树在香港生长较快，多大树，故这种许愿树，以榕树为多（图2-21）。

2.寺观古树名木——"绝树"

图2-21（a） 香港的许愿树——大榕树

图2-21（b） 香港龙山寺的盆栽许愿树——榕树

在一般情况下，由于寺观的养护管理精细，生长发育正常，植物都能充分发挥其观赏价值，但有的由于特殊情况或天时地利影响而发生变异，反倒成为一种"绝"景。

如北京的千年古刹红螺寺，始建于东晋（348年）其中就有"紫藤寄松"、"雌雄银杏"和"御竹林"的植物三绝景。

紫藤寄松：在一株有八百多年树龄的油松，树形奇特，干不高，树冠为平顶，呈伞状，大枝伸出，须用30多根支撑柱，有几株紫藤攀缘其上，春季当紫藤花盛开时，与松树的绿叶相衬，十分壮观。

雌雄银杏：本来是雌雄异株分植的银杏，经过时间的"考验与认识"，居然变成了一株树了。如图2-22（a），但东侧的一株雌树，年年开花吐蕊，而西侧的那株雄树，则仍无花无果，但它们都已有一千多岁了。

御竹林如图2-22（b）所示。在北方能生长这么一片苍翠的小竹林，实为难得。据云，此片竹林是元代红螺寺的住持云山法师（1341~1368年）所种，距今已近八百年了。1663年清康熙帝曾来寺礼佛，看见了这片竹林，十分喜爱，就叫数一数到底有多少株，侍从数了为613株，康熙乃专为此片竹林赋诗一首（图2-22c），此后就将此片竹林命名为御竹林。而今这片竹林早已发展为万竹林了。

建于辽代的北京大觉寺，在其园林景观的"八绝"中，竟有五绝为植物景观：一曰"古寺兰香"，在寺的南玉兰院

图2-22（b）　北京红螺寺的御竹碑

图2-22（c）　北京红螺寺的御竹林说明（诗）

图2-22（a）　北京红螺寺的雌雄银杏

图2-22（d）　北京红螺寺的御竹林

有一株高5米，年近300岁的玉兰树，春天白花朵朵，亭亭玉立；二曰"老藤寄柏"柏树高7.4米，也有近八百年树龄，有构树藤寄附其上，成为针阔叶树同一株生长的奇特现象；三曰"松柏抱塔"（图2-23a），塔为清代覆钵式砖石塔，其旁有一松一柏，左右环抱之，亦称奇景；四曰"鼠李寄柏"，一株落叶灌木鼠李（*Rhamnus davurica*）在一株古柏分杈处突生出，而且枝繁叶茂，与古柏共同生长（图2-23b、c）；五曰银杏王，高20米，胸围8米，也有千岁以上，生长茁壮，故称为王（图2-23d）。

曲阜孔府后花园中有一株古柏，五干撑天，在五干的分叉

图2-23（c） 北京大觉寺的"鼠李寄柏"中段

图2-23（a） 北京大觉寺的"松柏抱塔"

图2-23（b） 北京大觉寺的"鼠李寄柏"下部

图2-23（d） 北京大觉寺的银杏王

图2-24 曲阜孔府的"五柏抱槐"

图2-25 浙江龙泉寺的千年古桂花（陈少亭 摄）

图2-26 太原晋祠的"齐年柏"

处，又生长出一株槐树，俗称"五柏抱槐"亦堪称"一绝"（图2-24）。

　　浙江龙泉寺有一株桂花，不以形奇，而以古香为尚，此树为隋唐时所植，距今已千余年，仍然枝干挺拔、茁壮，叶繁花茂，花开时节，香闻数里，故该寺是远近闻名的珍贵古树（图2-25）。

　　太原名寺晋祠内有二株古柏，与难老泉，宋塑侍女像共称"晋祠三绝"，相传是公元前十一世纪的西周时所植，距今已三千余年。其中一株已分叉为二枝斜倚成景，称为"周柏"，另一株称"齐年柏"（图2-26）。

　　早在宋代欧阳修来游晋祠时，曾咏此树是"地灵草木得余润，郁郁古柏含苍烟"，而今虽已倾斜，但生长仍然繁茂，颇有名树之风韵，故与难老泉和宋代侍女泥塑像，共称为"晋祠三绝"。1930年冯玉祥来游晋祠时也曾咏此树是"大树苍苍数千载，虽然倾斜诚大观"，能饱经世事的冷暖，有不畏风霜的骨气。

　　昆明黑龙潭的龙泉观内也有称"四绝"的唐梅、宋柏、元杉、明茶的。唐梅原株已毁、宋柏、元杉均已高逾20米，明茶仍是"万朵彤云啸傲中"，它们为寺观的植物景观增添了"绝景"。

图2-27 香港志莲净苑莲花名品

3.寺观常用花卉与花木

花，是佛寺道观中最受崇爱与欣赏，也是僧侣生活中不可或缺的一种植物，不仅每天要有供花，浴佛时还有"花节"，（每年夏历四月初八）有些花的特性被看作圣洁、吉祥的象征，甚至是一种理想、理念的化身。寺观的环境需要花，寺观的活动也需要花，寺观的精神文化更需要花。花有草本、藤本与木本之分，寺观中应用极为广泛，本章只能涉及常用的几种。

（1）荷花（*Nelumbo mucifera*）（图2-27）

即俗称的莲花，以其能出淤泥而不染，象征圣洁，被喻为"君子"，是佛教徒最崇爱的一种花卉。"莲花生佛"，菩萨端坐的就是千叶莲瓣巨座，其旁还有小小的莲花灯盏。佛经上也以莲花座比喻一心修法的象征，故寺观的放生池中，很少不种荷花的。

文人们也多以诗歌赞美荷花，如李白的《僧迦歌》有"戒得长无秋月，明心如世上青莲色"之句，刘禹锡也有"清净不染莲中莲，捧持世界百亿千"的诗篇，都将莲花染上了宗教的色彩。佛教更将莲花引申、超然于自然物之上，被看成一种理念的化身，故中国佛教徒最早的结社就称为"白莲社"，以后又发展为"莲宗"，成为佛教的一大派别。

应该说明的是有人往往将荷花与睡莲混为一谈，实则二者是同科不同属的两种水生植物，荷花的花叶均伸出于水面，一般称为挺水植物，夏季开花；而睡莲的花叶均浮于水的表面，称为浮水植物，开花时间可延至深秋。如今在热带也有睡莲花叶均伸出于水面的品种。由于荷花与睡莲的品种较多，也随地区不同的生态条件，使其形态变

化甚为丰富。佛教中的莲花座起源于古印度，而古印度有七种莲花，其中仅有两种是真正的荷花，其余的都是睡莲（*Nymphaea tetragona*）。

（2）山茶花（*Camellia japonic* L.）（图2-28）

山茶花朵大而色艳，叶绿花娇，最可贵之处是盛开于冬春之间，经冬不凋，愈开愈盛，故又称耐冬花（山东）、寿星花（四川）。

明代文震亨有诗盛赞它的冬香而耐久：

> 似有浓妆出绛纱，行光一道映朝霞。
> 飘香送艳知多少，犹见真红耐久花。

宋代苏轼有诗夸奖它能挺雪而开：

> 山茶相对阿谁栽，细雨无人我独来。
> 说似与君君不会，烂红如火雪中开。

其他诗人也都特别赞赏山茶花是"宫粉妆成雪里花"、"还宜雪里娇"、红花"偏在白雪中"等，故山茶花是既有桃李之姿，又有松柏之骨，清代造园家李笠翁也不得不赞叹它"春夏秋冬如一日，殆草木而神仙者乎"。于是在人们

图2-28 雪中的山茶花（陈少亭 摄）

的有意与无意之间，就与神仙发生了联系，我国明代植物经典书籍《群芳谱》中称它为曼陀罗树。

曼陀罗是藏传佛教的一种建筑艺术形式

原语出自梵文Mandala的音译，如图2-29（a）、（b）意译为佛教的坛场，即用以念经、传法的圆形或方形的坛台场地。后来则改用象征的手法，将坛场画出来，以画来代替坛，画的中心有圆的或方的台，藏传密宗认为修习何种本尊的法行，就须观想何种本尊的曼陀罗，它既代表佛陀、本尊的净土，也代表他们的智慧和力量，这种坛场画，逐渐地就成为佛教的一种图案艺术形式。

这种艺术形式，不是用纸和笔来画，而是以黄金和宝石磨成的粉末，染成各种颜色，在画好的沙盘上，用一种特制的小吹管，点点滴滴吹起来，就成了一个五彩缤纷的立体式的"曼陀罗"。每粒彩沙都要经过高僧预先开光，才能使完成的作品蕴含宗教的力量。这种艺术形式早在两千多年前已有，至11世纪才由印度传入西藏。

我国山茶花之所以称为曼陀罗树，其说有二，一说是在早期的坛场（曼陀罗）旁种有许多山茶花，久而久之，就把曼陀罗作为山茶花的代称，于是山茶花就变称为曼陀罗树了。如苏州拙政园有"十八曼陀罗馆"即是在馆的周围种了18株山茶花。另一说是在坛场旁生长着许多曼陀罗花（Datura arborea），这是一种有毒的草本植物，属茄科，与我国的山茶花（属山茶科）完全是两种不同的植物，但其花形似山茶花，也有译称山茶花的，后来，以讹传讹，就把山茶花称为曼陀罗了。

总之，山茶花何以称为曼陀罗，尚未见到考证，此处只是为追寻山茶花与寺观植物景观的渊源关系，山茶花以其姿色、形态及耐冬耐久的生态特征成为寺观的常见树种则是事实，今日云南昆明的道教名山鸣凤山金殿寺（太和宫）旁就设置了一个面积达10公顷的山茶专类花园，面积之大，品种之多，为全国之冠。

（3）曼陀罗（*Datura stramonium*）

曼陀罗是生长于世界各地的温带至热带地区的一种一年生草本植物，属茄科，俗名洋金花，狗核桃。我国各省均有栽培。

它的主茎多木质化，叶子宽大，长达8~10cm，花冠直立，呈倒漏斗状，长达6~10cm，呈淡绿或黄红色，喜阳光、温暖、适应性强，花、叶、种子均可入药，有毒，是寺观庙园中常见的观赏植物。

另有一种印度原产的白花曼陀罗（*D. metel*），高可达120~150cm，花冠长达14~17cm，而原产于秘鲁的红花曼陀罗（*D. sanguinea*）更呈灌木或小乔木状，高可达3.5cm，花冠为橘红色，长达25cm。另外，还有一种木本的曼陀罗（*D. arborea*），原产美洲，呈灌木或小乔木，花白色，下垂，有芳香，花期七至九月，这些品种都是寺观园林中最受欢迎的植物种类（图2-29c）。

图2-29（a）　佛教的"坛场"——曼陀罗沙雕

图2-29（b）　佛教"坛场"制作——"吹沙"

图2-29（c）　北京盆栽中的曼陀罗花

（4）石榴（*Punica granatum*）

石榴原产于伊朗，公元前2世纪随佛教传入我国在一些佛教图案中也有石榴的纹样，平时常用石榴花配棕榈叶，莲花一同作为供品，唐代诗人刘言史曾写有《山寺看海榴花》诗：

> 玻璃地上绀宫前，泼翠凝红几十年。
> 夜久月明人去尽，火光霞焰递相燃。

由此看出翠绿凝红的石榴花叶与天青色的寺观建筑、光滑的地面是多么相衬，到了夜晚又产生如"火光霞焰"般的夜景，而石榴的花果期延续可达四、五个月之久，新春发叶红嫩盛夏花红如焰，秋季美果满树，供花供果，三季赏景，自是寺观中常用的花木了。

（5）白兰花（*Michelia alba*）

在云南称缅桂花，南方可长成高大乔木（20米左右）花期6月至10月，花多白色，极香，为我国最受欢迎的传统香花，自然为寺观常见。但不耐寒，故北方的寺观则多种玉兰（*Magnolia denudata*）此花色白微碧，香味似兰花，先花后叶，盛花时满树银花，十分美丽，可惜花期太短，仅有数日，叶形如扇，叶色翠绿，亦可为寺观平日的观叶树种。

（6）金银木与金银花

金银木（*Lonicera maackii*）为落叶灌木，花期4月至6月，色白，后转黄，有芳香，果红色浆果，北京于10月下旬至11月为盛果期十分亮丽，为初冬的观果树（图3-74）；金银花（*Lonicera japonica*）为藤本，花期花色花香均与金银木近似，同科同属，但形态各异，其共同点是适应性强，栽培较易，几乎全身均可入药，自然也是寺观最受落的植物了。

（7）茉莉花（*Jasminum sambac*）

原产印度等地，花洁白繁多，花期5月至11月，盛花期为5月至8月，香味极浓，清雅而持久，故常用以熏茶叶；且一直是佛教的吉祥物，古书中称为"抹丽"，也是出自梵语、佛经中则译为"鬘华"。宋代王十朋有《茉莉》诗：

> 茉莉名佳花亦佳，远从佛国到中华。
> 老来耻逐蝇头利，故向禅房觅此花。

从茉莉的形、色、香味来看，都必然成为寺观园林中一种必不可少的植物。

总之，寺观的园林植物十分丰富，除上述外，还有很多其他的植物，尤其是竹类，几乎达到了"无寺不竹"的程度，见图2-30。有的则培育出自己寺观的特色植物，如香港志莲净苑培育的佛手（*Citrus medica*）成为该寺观的标志或特色（图2-30c）；有的又提出最适宜于所在寺观主

图2-30（a） 杭州黄龙洞的方竹

图2-30（b） 香港志莲净苑的院竹

图2-30（c）　香港志莲净苑培育的佛手花

客观环境的植物。如西双版纳的缅寺，就提出来"五树六花"。所谓"五树"即：

菩提树（*Ficus religiosa*）（佛祖坐于此树下悟道）；

贝叶棕树（*Corypha umbraculifera*）（用于刻经书）；

铁力木树（*Mesua ferrea*）（种子含油，可点佛灯）；

槟榔树（*Areca catechu*）（咬食其果汁，有兴奋，提神之效）；

大青（树）（*Clerodendrun cyrtothyllam*）（具吉祥之寓意）。

"六花"即：

白兰花（*Michelia alba*）（花香，可作供花）；

鸡蛋花（*Plumeria rubra*）（干、叶、花均美，芳香）；

睡莲（*Nymphaea tetragona*）（洁净、优美，有佛教寓意）；

姜黄（*Curcuma longa*）（花如黄色菊花，较粗生）；

文殊兰（*Crinum asiaticum*）（草本洁净美观，花雅而香）；

茉莉花（*Jasminum Sambac*）（花洁白、极香、可熏茶）。

以上所述都反映出寺观对园林植物选择的要求。

四、寺观植物景观特色

1. 植物选择原则

寺观既是宗教活动的驻地，也是公共游览的场所，据此就要求寺观的植物的选择与配置能获得一种深山老林的环境，绿荫如盖的庭院，芬芳雅丽的意境，并能满足经济实用的需要以及宗教理念的追求。故其植物选择的原则可简单归纳如下表。

寺观植物选择原则表

序号	要求	功　能	代表树种
1	常绿	终年不凋，便于隐修	香樟、楠木类、松柏等高大乔木
2	长寿	意味永恒	松柏类、银杏
3	浓香	供佛、洁净	白兰花、茉莉花
4	形美	吉祥物图案、纹样	莲花、石榴、梅、竹
5	生产性	食用需要	竹、果、茶、蔬、贝叶棕、铁力木
6	象征性	理念的表达	菩提树、娑罗树、楷树

2. 禅思悟境

以这样的植物组成的客观环境，必然会影响，甚至征服善男信女们的心境，而达到静心、净心、诚心与苦心的境界。

（1）静心：寺观周围最理想的是深山老林的大环境，它似乎可以形成一种寂静修行的磁场。只要一到山寺，那份安静、那份善意，那暮鼓晨钟的梵音，那鸟语花香的温馨，处处都能给人以寂静，忘尘的感染，山愈高，林愈深，则感染力愈强，真是"名山深林，乃衣钵之渊薮，暮鼓晨钟，传梵韵之清音也"。山高，更接近天仙神灵，这在中、西方宗教中都有如此的悟解，西欧有一个最高的讲堂（宗教性质的），就设在阿尔卑斯山的最高处，似乎要使人能听到上帝的声音；林深，则离尘世愈远，烦恼也愈少，正如佛教所劝慰的："愿众生超越一切烦恼，愿世界不染尘俗污垢，在钟声中感悟……"。而达到一种永恒的、长生不老的理念，而这种环境的建造要靠植物，所以要选择那些生长

65

到数千年不死，常绿到永远的青春高大乔木。历史证明，苍松翠柏，冥冥楠木，乃至虽有一年一度荣枯，但仍能阅历人世间的爱与恨，喜与悲的公孙树——银杏等都能生长达三千年以上。

同时，孤木不成林，即使选择这样的树种，也须配置成林，"千千石楠树，万万女贞林"，寺院之称"丛林"者如此，植物景观之成气候者亦如此。

（2）净心：净，是寺观宗教理念的一种追求，故有些寺院名"净苑"（香港有佛寺名"志莲净苑"）。修身养性仅有客观的宁静环境还不够，还要洗涤心灵，所以在寺观的引导林中有"洗心泉"等之设，植物的形象美，能引起一种精神美。有寓意的植物如莲花、菩提、松柏、梅、竹、山茶花等等都是可用以洗心、养心的，能使人忘却烦恼，更能给人以启示。如菩提树具有"鸟不矢遗，叶不染尘，蜘蛛不结网"的特点，正是佛门所追求的树种，它能使心洁净而悟道。于是有神秀大师悟出：身是菩提树，心如明镜台，时时穷拂扫，忽使染尘埃。但是惠能大师的心则更超出了外界的物，而能做到，菩提本无树，明镜亦非台，本来无一物，何处染尘埃。佛陀是在菩提树下悟出菩提正果的，其实，真正的悟道还在于先净心、心净则可以"无树无台"亦可修道悟道，然而，要净心，还要先有"树"、有"台"来达到。弥陀经也说："极乐国土，七重栏楯，七重罗网，七重行树"，这七重行树即是列树或行道树，种植多层树木为庄严净土所不可缺，要净心就要选择能启示可以法心，清心的植物。

（3）诚心：山越高，路越险，林越深，朝圣者一步一拜，三步一跪，就越能体现其诚心。心中只有一种对自然的崇拜，才能显出诚心，如云南彝族地区的松树崇拜，就是出于他们对松树神灵祈福的一种诚心与寄托，于每年三月初三，要向松树举行大祭。当然，这只有选择那些能达千百年的长寿树种，尤其是那些经历了风吹雨打、雷电袭击而成为奇形怪状仍能长叶生存的"绝"树为最合适。比如台湾的栖兰森林游乐区，就利用一片苍古的松柏类树木，分别以历代人物之名，共封了五十一株神木，神木就表示了人对自然的崇拜，也表达了一颗求神参拜的诚心。详见第八章图8-7（b）。又反映出人与自然的内在与外在的关系，树是人们物质与精神的需要，是永远也不可缺少的。

（4）苦心：为了修行，离开家门、亲人，走向丛林，这是一种解脱的需要，或者是一种信念的依存，或许也是有痛苦、伤情的。到了丛林，苦心先苦身，为了信奉与生活的

需要，必须建立菜园、茶园、果园、苗圃、药圃以及生产性的竹林或薪炭林等等，这些特殊的植物环境即是僧侣劳动的场地，也是苦心修行的心灵殿堂。其实，这对久居闹市的一般游人来说，正是田园乐趣的一种享受，这些生产性的植物景观也是寺观园林所不可缺少的，尤其是在过去交通不便的情况下，已成为生存的第一需要。

总而言之，寺观园林所体现的植物景观丰富多彩，足以启迪思维，自乐人生，陶冶性情，升华人格，而且也已形成了一些自然与宗教相互依存、相互融通的内在与外在的联系，在这一方净土上，也为我国的园林植物景观增添了富有哲理的一页。

五、寺观实例

1. 洛阳白马寺——中国第一古刹

洛阳白马寺是被誉为"释源"、"祖庭"的中国第一古刹（图2-31）。创建于东汉年间（68年），是东汉明帝派使者往西域求佛法，以白马驮载佛经、佛像返洛阳后，为记白马之功而建。现状总面积已达二百亩，山门前有二十亩绿带，将新建的《中国第一古刹》牌坊及放生池与旧寺分隔开，古寺也经多次修葺，但仍保留了一些古柏树，其植物景观的特点是保持了"洛阳牡丹"之盛的历史传统，寺内有大片的牡丹园，也具一般寺观习见的花木（如桂花、紫荆等）及竹子，小竹丛砌矮花墙围成竹台，这种形式今日已少见。

2. 奉化雪窦寺——禅宗十大古刹之一

雪窦寺位于浙江奉化四明山，这里风景优美，早在20

图2-31（a） 白马寺山门，背景为雪松与泡桐

图2-31（b） 白马寺庭院之一：浓荫、疏朗

图2-31（c） 白马寺庭院之二：葱郁、拥挤

图2-31（d） 白马寺菩提道场入口的桂花

图2-31（e） 白马寺刚刚开落的牡丹园

世纪30年代已列为全国26个重点风景区之一，现在则为国家重点名胜风景区。雪窦寺始建于晋代，颇具规模、为禅宗名寺，近年已修葺一新，由于历年来被破坏甚剧，故古树已少见。

当代曾经以震惊中外的"西安事变"主角张学良将军，一度被幽禁在附近溪口镇时，常来寺散步，于1939年9月在寺大殿前手植四株楠木，今存的两株已成大树，枝叶繁茂，刚劲挺拔，人称"将军楠"（图2-32）。

图2-32（a） 浙江雪窦山大门：没有大树，突出经幢系列的景观

图2-32（b） 寺庭中的古樟

图2-32（c） 雪窦寺的"将军楠"

图2-33（a） 国清寺大门，以竹林掩映

图2-33（b） 以竹林作背景的《隋代古刹》影壁

3. 浙江国清寺——佛教天台宗发源地

天台山的国清寺是中国佛教天台宗的"祖庭"，于隋代开宝十八年（598年）建成，取"寺若成，国即清"之意而名。此寺1400余年来，屡毁屡建，而其植物景观则仍基本上保持了古朴苍翠的面貌，以香樟、枫香、松柏类等高大乔木为主，亦有大片竹林，寺内还保持了一株古梅，枝干苍古，历千余年在20世纪80年代初，仍可放绽开花。寺门外的拾得亭及《一行到此水西流》石碑处，不仅植物景观具古寺之韵，也深藏着一个渴求知识，谦恭，刻苦的耐人寻味的优美故事（图2-33）。

4. 香港南莲园池——仿唐自然式寺园

南莲园池位于香港九龙砥石山志莲净苑的南面，面积达3公顷，北依一所于1989年开始重建的仿唐寺庙建筑群——志莲净苑，现已申请提名为世界文化遗产。南莲园池自然地依托于净苑，形成一个极为精致、高雅的寺庙园林。

园池始建于21世纪初，于2006年11月建成开放。园池的基本构思是以唐代的山西绛县衙署的"降守居园池"为蓝本，以唐代建筑与园林风格为主调。由于地域不同，气候迥异，苗木供给情况不同，特别是今日的设计理念与园池的性质有差异，故植物景观与降守居园池产生了不同的效果。

首先是树种的选择，寺观园林一般多以常绿、长寿而带有宗教韵味的松柏类树种为主，以显示寺庙环境的苍翠古

图2-33（c）　《一行到此水西流》碑刻背倚的枫香树

图2-33（d）　小溪桥旁大枫香树的秋色景观

老、绿荫如盖为尚，因此，在园池内以罗汉松最多，几乎遍布全国，以路旁栽植命名为松南路、松北路、松东路，并环连起来。其次选择茶树、山茶树，以提供"茶供"、"饮茶"之需，又设茶山之角之园景。又考虑到本土树种，选用各种榕树、九里香以及一些花期长的观赏树种，如紫薇等。

在植物配置上，其造景效果的特色有三：

一是欲现山林之趣，但园池的地形则无山可借，故以人工堆叠的土山，或假山叠石与树木种植结合，造成了"紫薇山"、"青松山"、"罗汉山"、"香山"、"榆山"、"槐山"等。山不在高，贵在意境，小坡加大坡，小树兼高树，也略显特色山林，而其中的榆山、槐山之设，则是取降守居园池之意。

二是路径虽以树种而名，有松树路、紫薇路、冬青路，但最具特色的是一条路旁的罗汉松篱。本园的罗汉松大多为修剪造型的大树，而此篱的罗汉松则一反一般园林的修剪造型，选择低矮罗汉松成条状自然地密植成篱，基本上不作人工造型的修剪，显得极为自然可爱。

三是乡土树种的利用很到位。特别是入门后右侧的榕林，全部为大树移植，形成一片林荫葱郁的幽林意境，林下自由地设置景石桌凳，可供歇息。

此外，如莲池、苍圹、苏铁岛，配以水边的亭桥和岛上饲养的龟、鹤，更衬托出园池植物景观的人工与自然生态的和谐性，总的看来，南莲园池的植物配置精巧细致，体现了寺庙园林的绿色艺术。唯有一点似仍可商榷的是，极目所视，皆为罗汉松的修剪造型，是否稍过多，而从历史文献看，在唐代园林中很少有如此修剪的造型，而这种造型似已成为南莲园池的一大特色（图2—34、图2-35）。

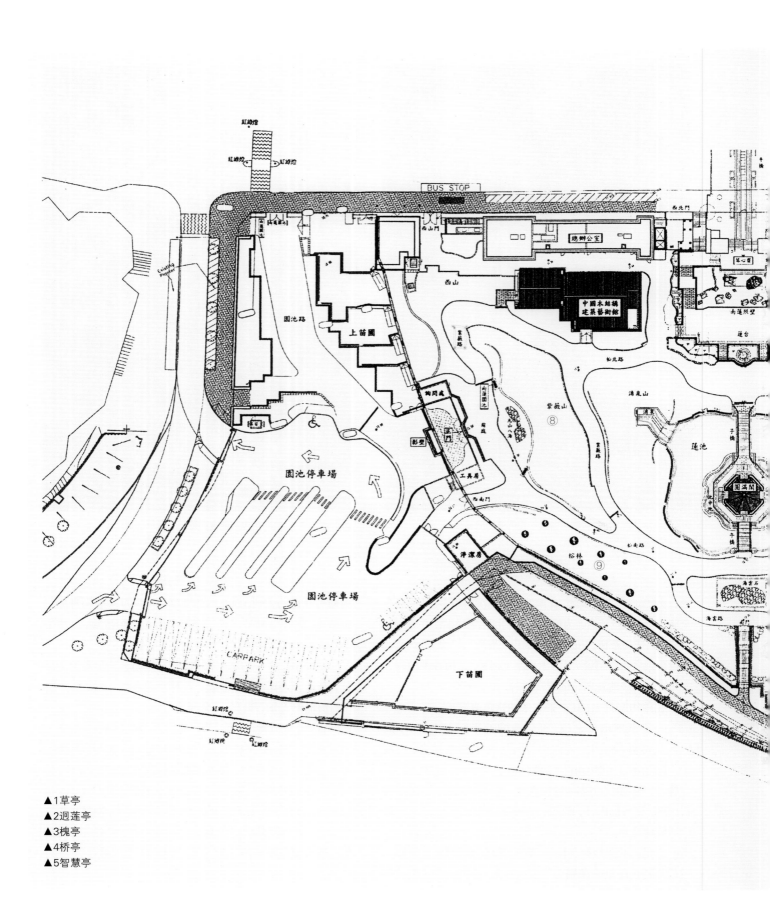

▲1草亭

▲2迴莲亭

▲3槐亭

▲4桥亭

▲5智慧亭

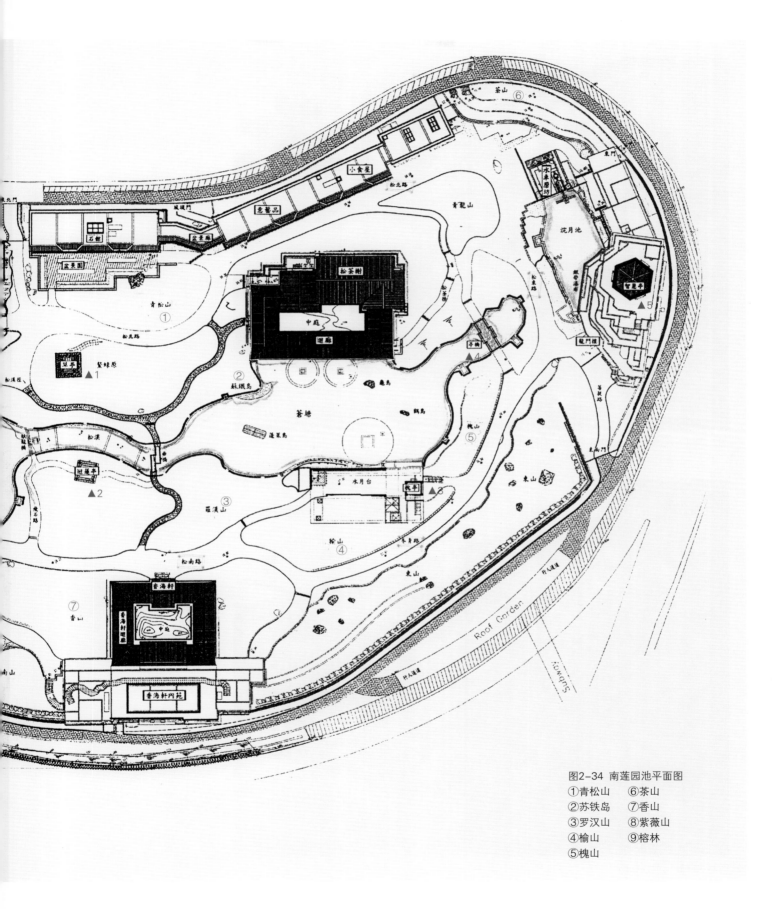

图2-34 南莲园池平面图

①青松山　⑥茶山
②苏铁岛　⑦香山
③罗汉山　⑧紫薇山
④榆山　　⑨榕林
⑤槐山

图2-35（a）　鸟头大门。用黑色的陶瓷饰物盖在门柱顶上，以护木柱头顶

图2-35（b）　罗汉松路

图2-35（c）　紫薇路篱

图2-35（d）　飞石路两旁衬以罗汉松等常绿树

图2-35（e）　水池旁的树丛

图2-35（f） 涌泉山的水、树、石的搭配

图2-35（g） 供歇息的榕树林

第三章

园林植物空间景观

冬日西湖西山水杉林地雪景

引　言

一、立意在先
- (一)开阔舒展的大草坪
- (二)浓缩自然的咫尺山林
- (三)封闭宁静的家居环境
- (四)自由飘逸的浪漫情怀
- (五)亚热带的草原风光
- (六)绿色的运动空间

二、空间划分
- (一)林缘线设计
- (二)林冠线设计

三、空间主景
- (一)植物(特色)的主景
- (二)综合主景
- (三)主景的诱导

四、树木组合
- (一)成林的组合
- (二)成丛的组合
- (三)成带的组合
- (四)庇荫树的配置
- (五)树木间距

五、色彩季相
- (一)春季季相——花期延续的配置方法
- (二)夏季季相——叶色度的分级与配置
- (三)秋季季相——秋色木的选择与配置
- (四)冬季与四季：季相的完美配置

六、其他
- (一)地被
  - 草被
  - 叶被
  - 花被
- (二)边缘
- (三)装饰

引言

园林中以植物为主体，经过艺术布局组成各种适应园林功能要求的空间环境，称为园林植物空间。

园林植物空间，既不同于自然形成的森林或草原空间，也不同于完全由人工栽植形成如防护林那样的植物空间。它是由人工利用自然植物而创造的一种美的植物环境，是用各种具有观赏或实用价值的植物，进行造景艺术布局手法，适当地配置其他园林要素而形成的。这种植物环境可供人们游乐，有益人们的身心健康，也是城市生态的重要组成部分。

植物空间与建筑空间不同。后者是人工的，一经建成之后，就固定不变，而前者则是自然的，有生命的，它会随着时间、立地条件而变化的，这种变化有时极慢，需要几十、几百年；有时则很快，只需要几天，整个空间就会出现大小、形态、色彩的不同变化，它给人的艺术感染截然不同。

如理想的松柏树植物空间的形成，至少需要百年以上；快长的杨树类空间只需10年左右；而如樱花、杏花、桃花的满树盛花时，十分诱人，但仅仅只有几天，花落叶长，其形态、色彩完全不同，空间感觉当然起了变化，因而要形成一种理想的植物空间，特别要注意其时空的变化。

植物空间的这种生命季候感，表现于千差万别的各种植物在形态上（干、叶、花、果的形状与色彩变化）、生态上（温度、湿度、土壤、气候等变化）以及神态上（刚柔、清韵、傲霜、富丽等等）的特性，因此，在配置各种植物组成各具特色的空间时，必须符合它们的这些特性，精心处理它们之间的搭配关系，才能充分表现这些特性所带来的植物艺术美。

应该说明的是，所谓植物空间并不排斥其他园林要素，如建筑物、山石、水体及其他小品类，作为植物空间的主景，但在数量上（如面积、体态）和视野感觉上还应以植物为主，否则就不是植物空间，而是建筑空间、山石空间和水体空间了。

一个优美的园林植物空间的形成，大体上需要从空间的立意、划分，主景设置，树丛组合，色彩与季相，以及地面的装饰等等艺术手法进行细致的时空方面的设计。兹分述如下：

一、立意在先

立意主要是体现设计者或造园主人的意图与目的。这是一切艺术创作的前提。由于我国的植物种类极为丰富，只要配置得当，就可获得多种多样的、表现出植物形态、生态与神态的植物空间美，今略举例数则：

（一）开阔舒展的大草坪

创造开阔而具有相当气势的植物空间主要在于空间与植物的比例关系。这是由树木的高度、草坪（空间占地）面积的大小，以及游人站立的部位而决定的。

图3-1（a）是一块公园的草坪，面积为35000平方米，立体空间草坪的宽度约130米，树木高度与草坪宽度之比约为1：10，空间感觉辽阔而有气魄。尽管这一空间的主景是一组建筑物——柳浪闻莺馆，但从占地面积及视野感觉上，仍是一个植物空间，主立面的建筑群隐藏于一个又宽又长的乔木林中，而其斜对面又有一片面积不大的枫杨林。枫杨高大粗放，集中成林，更显出一种雄伟的气势，如图3-1（b）、（c）所示。

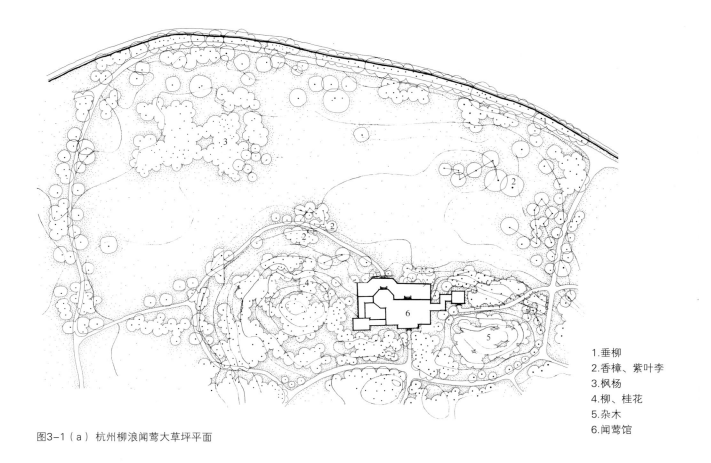

1.垂柳
2.香樟、紫叶李
3.枫杨
4.柳、桂花
5.杂木
6.闻莺馆

图3-1（a）杭州柳浪闻莺大草坪平面

图3-1（b）高大、粗壮的枫杨林

图3-1（c）空间的主景面，主体建筑隐于树林中

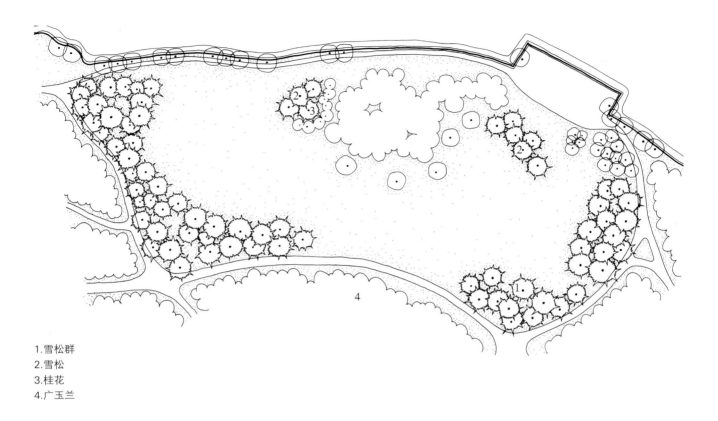

1.雪松群
2.雪松
3.桂花
4.广玉兰

图3-2（a） 由雪松组成的开阔空间平面

图3-2（b） 环抱空间的雪松群

图3-2是一个纯植物的空间，占地面积约16400平方米，地形缓缓向北面的水面倾斜，以稳重而高耸的雪松，与公园主干道旁的广玉兰构成一个展立面达150米的主景面，空间北面为一雪松与其他阔叶树构成的树林，游人立于缓坡之下，更觉雪松群挺拔而壮观。树种单纯，但很有气势。

但是，空间感觉的开阔与气势，并不完全决定于面积的大小，图3-3是一块仅4080平方米的植物空间，也觉得很开阔、有气势。一是由于空间周围的树种比较单纯，以麻栎为主，夹种少量的枫香与香樟，林冠线的起伏不大；林缘线也较少曲折，树林的栽植自然，有隐、

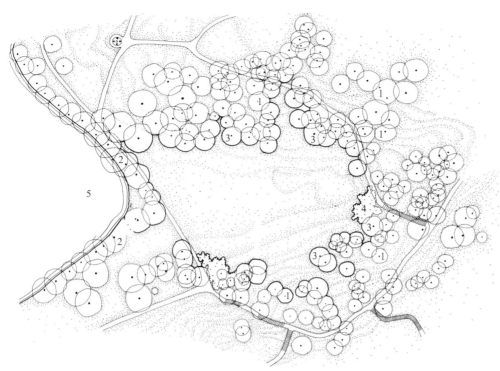

1.麻栎
2.垂柳
3.枫香
4.箬竹
5.湖面

图3-3（a） 有如绿色屏障的开阔空间平面

图3-3（b） 以麻栎为主的绿色屏障

有透，增加了空间的深度；草坪的中心部分并没有树丛，空间感觉十分简洁、完整；更主要的是最佳地利用了所处的地形环境。因这个空间是处于三面为山丘的凹地，北、东、南三面地形微微地向西部的水面倾斜，山坡上的麻栎林，树干挺直，树形高耸，随着坡地的增高，树林的高度也逐渐递增，扩大了树林的立面，形成一个高达35米的巍峨的绿色屏障，而草坪上树林的展开立面可达170米，故感觉很有气势。

以上三个实例说明，要创造开阔而有气势的植物空间，可借助于有起伏的地形，成片的纯林和其他的园林

图3-3（c） 绿色屏障之中有自然式的动物群雕

题材，如宽阔的水面，高耸而植被丰富的山丘、并保留一定宽度的空间比例；在树种选择与配置上宜树形高耸、树冠庞大，种类宜单纯，林冠线较整齐，但林缘线则宜曲折错落，有隐有透，才能显示出一定的深度，而不宜如一堵"绿墙"般，空间中心也不宜配置层次过多的树丛。这样，就能以"高"、"阔"、"深"、"整"的手法而获得开阔而有气势的空间效果。

当然，视野的开阔，有气势，多数是以草坪、树丛为主体的。如果以其他的植物相配，更可增加和提高植物空间的"畅怀"与"舒展"的感觉。图3-4~图3-6就是以少数几株树木，或栽植若干彩色地被植物，以少胜多。在过于简单的画幅上，约略设色点缀，达到增加趣味，开阔舒怀的效果。也有在地面上整个覆盖着一层茸茸的白牡丹，游人由淡紫色泡桐花冠下，远远望去，有如一片花的海洋，使人雀跃开怀（图3-7）。

图3-4 建筑群旁的一片倾斜草坪与白色的建筑物及红色的路面形成色彩的对比

图3-5 稀疏而成双栽植的海王椰子树，加上红色的地被植物，挡不住视野，却使植物空间十分舒展

图3-6 草坪空间的边缘，有红色地被及绿色的小树林，树丛，使空间感较为深远，可令人寻趣

图3-7 泡桐花冠下的一片牡丹，形成花的海洋，难道不令人为之雀跃开怀？

（二）浓缩自然的咫尺山林

杭州西泠印社西边有一块山坡草皮，占地面积5680平方米，坡顶高仅5米，为孤山余脉。斜坡的中心地段略高，横亘于草坪的中心，将山坡地分为南向和西向两个空间（图3-8a），面朝孤山路。由西泠印社的柏堂门入南向草坪（图3-8b），右侧东端为密实的竹林，沿山崖有一泓泉水，建半亭其上曰"六一泉"。西端则为稀疏的杂木林，林中隐榭——"左云右鹤之轩"。山坡上的树丛厚度仅15米，故林中轩榭隐约可见，也增加了山林的深度，疏林中错落地栽植着香樟、青桐、槐、女贞等乔木，低处铺草皮，大树下为棕榈及其他灌木。山坡的小道宽仅1米，小道则为冠幅达20余米的大树所覆盖，这就是利用高低、大小的对比，又以地被植物掩盖了小山坡的实际高度，形成一个有虚有实，又隐又透的绿色屏风，衬托出深邃的山林意境。而西

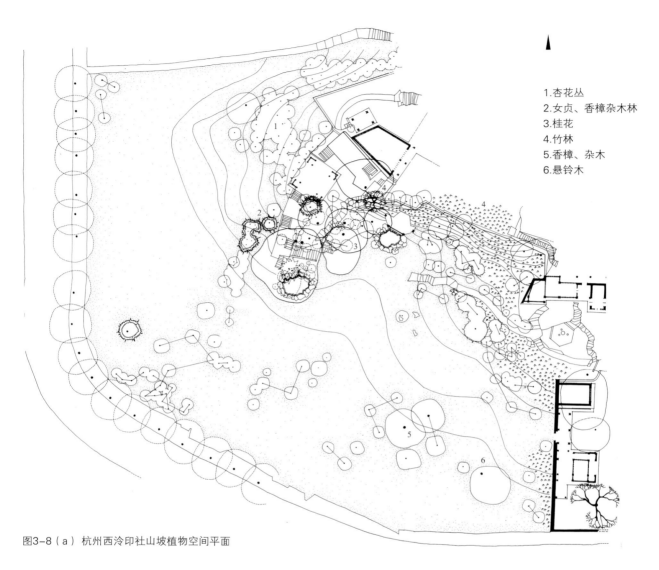

1. 杏花丛
2. 女贞、香樟杂木林
3. 桂花
4. 竹林
5. 香樟、杂木
6. 悬铃木

图3-8（a）杭州西泠印社山坡植物空间平面

图3-8（b）山坡南向植物空间

图3-9 孤山后山坡的秋色山林（陈少亭 摄）

图3-10（b） 高高的"绿屏"保持了环境的安全与宁静

图3-10（a） 以住宅建筑为主景的植物空间

图3-11 简洁而略有变化的植物空间

向草坪斜坡上则栽植着一小片杏花，杏枝斜向伸出，与坡度取得一种动态均衡，由低处仰望，树冠倾斜，扩大了杏花的展立面。目前此处虽已改观，但也给今后斜坡栽花灌木提供了一个启示。

在孤山后山的另一处斜坡地，稀疏地栽植着不到十株的无患子和枫香，产生了美丽的山色秋景（图3-9）与咫尺山林的意境。

（三）封闭宁静的家居环境

完全以植物为主的家居环境在较高级的私人别墅中是常见的。图3-10展示的是宋庆龄的上海故居；图3-11则为某宅后花园，它们的共同特点都不是面积狭小的住宅的前庭后院，而是紧临住宅的另一处十分封闭、宁静的植物空间。其配置手法都是以常绿的乔灌木组成复层林（含花灌木）错落栽植，有高有低，有前有后，栽植于空间的边缘，形成一个常年郁郁葱葱的绿色屏障，既有植物高低前后产生的树影，又有四时不同的季相变化。而其高度一般都在10至20米之间，故使人感到封闭、安全而宁静，简单、舒适而富有变化，其间还有为散步、休憩而设的坐墩、靠椅、置石等点缀其间，更增添几分宁静的气氛。

（四）自由飘逸的浪漫情怀

杭州太子湾公园规划设计的意图是使公园成为历史文化与现代文化相交融的文化休憩山水园。其植物景观要求"去细碎、重整体、忌雕凿、求气势"，以"树成群、花成坪、草成片、林成荫"的艺术手法，获得了佳丽风景。

在某些植物空间里，微微起伏的地形，自然式栽植的树林下，满铺着各色花被、草皮，间或设置几个图腾柱或一栋异域风情小屋，加强了梦幻般的植物气氛，游人至此，会不期然地产生一种自然飘逸的浪漫情怀，引发出向往山林野趣的诗情与画意（图3-12、图3-13）。

我国古代早已有这种"浪漫游"的先例。如宋代苏东坡游常州时，见到僧舍，也免不了欣赏僧舍的环境与风景，于是吟咏出"年来转觉此生浮，又作三吴浪漫游"之句。古今中外出游之人，尤其是文人墨客，当看到那种自然、优美、浓郁的绿色景观时，都不免为之动容，浪漫之情油然而生。而植物造景的客观环境往往就是游者主观情愫的诱因。当你忘却尘俗与忧虑而发出一声："呀！太美了！"的惊呼时，你的诗情画意与幻想就会喷涌而出。这不就是一种浪漫吗？这不就是一种文化情趣吗？健康生命的意义，优雅高尚的情趣，不正是我们从植物文化中探寻的一种人生真谛吗？

图3-12（a）杭州太子湾公园有图腾标志的植物空间

图3-13（b）杭州太子湾公园"花成片"（贝蝶 摄）

图3-12（b）杭州太子湾公园、有异域风情农家小屋的植物空间（黄赐振 摄）

图3-13（c）杭州太子湾公园"草成坪"（贝蝶 摄）

图3-13（a）杭州太子湾公园"树成群"

图3-13（d）杭州太子湾公园"林成荫"（贝蝶 摄）

除了这种精心设计的公园外，在其他的环境园林中，往往也有引起人们浪漫情怀的植物景观。图3-14就是在一块草坪四周种了许多木棉树，早春二月，春寒料峭，满树的木棉花染红了整个空间，使之成为一个"赤皇世界"，花大而肥厚，落英缤纷，洒满于草坪上，木棉树干挺直高耸，枝条排空，花繁叶茂，使人怎能不为它的英姿

与潇洒而赞叹?! 记得一位散文家这样描写它："木棉的火浴，则纯然是生命本质的升华，纯净的燃烧，不着些许绿意。而后，洁白的精魂，便旋舞成天地间的凛然正气。"这，就是借植物空间而引发的一种英雄人物的浪漫。

（五）亚热带的草原风光

在广州火车站附近，有一个仅1.34公顷的草暖公园，其设计原取意于唐代诗人李贺的"草暖云昏万里春，宫花拂面送行人"之句。在中心地区设计成纯粹的热带草原风光，草坪占地约为全园面积的三分之一。初建时，由于树木尚未长大，耀眼的欧式建筑比较突出，与绿色的草坪（细叶结缕草）对比鲜明。待建筑旁的树木长成后，建筑就隐约于树丛中，纯粹的热带草原风光就凸显出来了。这个植物空间的成功不仅是创造了高低起伏的地形，在高处种乔木、灌木，低处种低矮的草花，加强了高差的变化，同时，全部栽种热带植物如南洋杉、假槟榔、皇后葵、大王椰子、红桑，变叶木……，热带的植物季候感很

图3-14（a）英姿飒爽的盛花木棉树

图3-14（b）早春二月的赤皇世界

浓（图3-15）。而如图3-16是亚热带北缘地区的公园大草坪，由于公园的面积大，纳自然山林于园内，作为"草原"的边缘，草坪中仅栽植低矮的花卉，就略具有"辽阔的草原"的气势。

（六）绿色的运动空间

公园中常常有一些提供人们运动的植物空间，如一片大树林下，是老年人进行各种运动的场所（图3-17），大面积的草坪也有专供青年人玩球用的，在香港还保留着运动场地要占公园用地面积25%的英制规定，其中属于草地者也不少，如草地足球场（图3-18）、草地滚球场等。至于高尔夫球场则完全是一个开阔的绿色空间（图3-19），而马场的跑道也是宽阔的草地（图3-20）。在香港的沙田马场，不仅跑道是草地，更将跑道环绕的中心地段也建成为一个以植物造景为主的公园，这些运动场地

不论其植物种类是乔木、灌木、藤本或草本，都是绿色空间，运动需要绿色，公园更需要绿色，但其绿量及配置，值得作进一步的研究。

总之，不同的立意产生不同类别的艺术效果，而这种效果又必须通过种种具体的配置手法才能体现出来；而一个符合立意要求的植物空间，也必定是在具有生态意念与文化意念的前提下才能达到的。

二、空间划分

植物空间的立意确定以后，就要进行空间划分，而空间的划分主要由平面上的林缘线和立面上的林冠线设计来完成。由于植物的形态种类及生理生态、生命特质的丰富多样性，致使林缘线及林冠线的平面与立面构图也是常有变化的。即是说，在林缘线之内，不一定都有立体的植

图3-15（a）草暖公园初建时的草坪植物空间

图3-16 大公园中的"辽阔草原"植物空间（贝蝶 摄）

图3-15（b）草暖公园高处栽种的热带树种

图3-17 大树林中老年人在跳扇舞

物景观出现，如低矮的草本花卉并不具备太多的立面景观；在乔木树冠之下，游人也是可以进入的；而林冠线也会因季相变化，时有"空缺"并产生色彩的交替。所以，理想的植物空间划分，还需要与空间的主景设置，植物的组合布局与季相变化及空间的边缘设计和地面处理等等统一考虑。故可以说，林缘线与林冠线的设计，不仅基本上体现出立意的主题，也大体上奠定了整个植物空间设计的基础。

图3-18 大公园中的草地足球场

图3-19 以自然的树丛配置分隔高低不同的草坪空间

图3-20 香港沙田马场的绿色跑道

（一）林缘线设计

所谓林缘线，是指树林或树丛、花木边缘上树冠垂直投影于地面的连接线（即太阳垂直照射时，地上影子的边缘线），是植物配置在平面构图上的反映，是植物空间划分的重要手段。空间的大小、景深、透视线的开辟，气氛的形成等等大都依靠林缘线设计。

如在大空间中创造小空间，首先就是林缘线设计，一片树林中用相同或不同的树种独自围成一个小空间，就可以形成如建筑物中的"套间"般的封闭空间，当游人进入空间时，产生"别有洞天"之感。也可以仅仅在四五株乔木之旁，密植花灌木（植株较高的）来形成荫蔽的小空间。如果乔木选用的是落叶树，则到了冬天，这个荫蔽的小空间就不存在了。

林缘线还可将面积相等，形状相仿的地段与周围环境、功能、立意要求结合起来，创造不同形式与情趣的植物空间。如图3-21展示的四块草坪，面积均为2000至2500平方米，由于运用了变化丰富的林缘设计，其情趣迥异：

a、b均以植物形成半开敞的草坪空间，a草坪朝向另一个以赏樱花为主的植物空间，其边缘虽有一条道路作平面上的分隔，但这一个樱花空间在立面上则与a草坪空间构成为同一空间整体。也就是a空间的林缘线设计是半开敞的，而立体感觉则仍是较为封闭的；b空间是朝向鱼池，

才是真正的半开敞空间。

c草坪的地形是由北向南缓坡倾斜，但林缘线设计则呈南北长，东西接近的手法，这样就可加强地形的倾斜感；d草坪空间处于一个中心部分高，四周低的"丘顶"上，在其四周低矮的坡地上密植广玉兰，三角枫等乔木，中心"丘顶"不栽树，林缘短而完全闭合，使空间封闭而形成一块高位的"林中空地"。

林缘线的曲折，还可以增加空间的层次与景深，如图3-3（a）的林缘线设计，如果更多的曲折，而不平直的话，则空间边缘的层次会更丰富，当太阳西晒时，还可增加一定的庇荫面积。

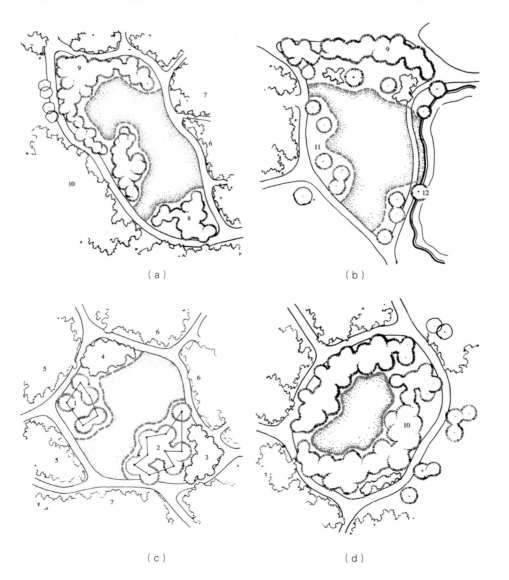

（a）　　　　　　　　　　　　（b）

（c）　　　　　　　　　　　　（d）

1.合欢
2.悬铃木
3.柏木
4.花灌木丛
5.三角枫
6.低矮花灌木丛
7.樱花
8.常绿乔木丛
9.落叶乔木丛
10.广玉兰
11.紫薇
12.垂柳

图3-21 林缘线设计实例

图3-22 杭州花港观鱼以牡丹亭建筑为中心的四面林冠线。牡丹亭的林冠线不同高度，不同冠型乔灌木配置成丰富多样的林冠线，树丛中点缀建筑物——牡丹亭，使林冠线更为生动。

（二）林冠线设计

空间的划分还需要有林冠线的设计。所谓林冠线是指树林或树丛空间立面构图的轮廓线。平面构图上的林缘线并不完全体现空间感觉，因为树木有高低的不同，还有乔木分枝点的差异，这些都不是林缘线所能表达的。而不同高度树木所组合的林冠线，决定着游人的视野，影响着游人的空间感觉。当树木高度超过人的视线高度，或树木冠层遮挡了游人的视线时，就会感到封闭，如低于游人的视线时，则感到空间开阔。

同一高度级的树木配置，形成等高的林冠线，平直而单调，简洁而壮观，还能表现出某一特殊树种的形态美。如雪松树群的挺拔、垂柳树丛的柔和等。不同高度级的树木配置，则可形成起伏多变的林冠线，在地形平坦的植物空间里，林冠线的构图不仅要求有起伏、有韵律、有重点，而且要注意四季色彩的变化，如图3-22是杭州花港观鱼

以牡丹亭为中心的牡丹园空间，从亭的四面所看到的林冠线，高低起伏，曲折有致，增加了植物空间的美。

有时，在林冠线起伏不大的树丛中，突出一株特高的孤立树，好似"鹤立鸡群"，起到标志与导游的作用（图3-23）。

林冠线设计还要与地形结合，同一高度级的植物树群，由于地形高低不同，林冠线仍有起伏（图3-24a）。而树木的快长与慢长，落叶与常绿的不同特性，都能使林冠线变化多端。这是在设计林冠线的艺术构图时，必须仔细考虑的。林冠线也体现于多层树丛上，见图3-24（b）。

除林冠线以外，树木分枝点的高低也会产生不同的空间感。在一般情况下，凡乔木下面都比较通透，但如广玉兰，幼龄的桂花树，石楠等树冠下并不通透。针叶树如雪松、金钱松、水杉等分枝点很低，游人一般不能进入树下，

图3-23（a）突出一株孤立木的林冠线

图3-23（b）从孤立木的另一角度看林冠线

图3-24（a）地形高度有差别的同一高度树木的林冠线。同一树木高度级配置，由于地形高低不同，林冠线仍然富于变化。树种：广玉兰（8.3m）

图3-24（b） 一个层次丰富的绿带。右侧一段为两层，前景为低矮、常绿、针叶的树（如五针松等），后面为高大、落叶、阔叶的树（如柳、合欢等）。左侧一段为四层左右、由低至高、由深绿至淡绿的树丛组合，表现出多层结构树丛林冠线的丰富性

图3-25 桂林园博园竹屏

除非稍作修剪。而马尾松、黑松等分枝点较高，树冠下通透，可供游人休息，庇荫。由此可见，林缘线与林冠线所产生的空间感觉，由于树木的种类、树龄、生长状况、修剪管理以及冬、夏季候的不同而差别很大，所以说，林缘线与林冠线是植物空间设计的基础。

植物空间的分隔，并不完全依赖于林冠线和林缘线，即使是一堵"绿墙"，或一壁装饰盆景的隔扇，或一架浓密的爬蔓植物花架，只要是超过了人的视平线（1.5~2m）高度，都能产生空间大小与观赏植物空间的种种绿色感受。而这种空间分隔的手法，绝不仅限于公园绿地，也普及于各种公共空间和私人家庭的室内外，而成为一种值得研究和开拓的广义的植物空间的分隔方法。

如图3-25，就是以竹屏来分隔室内外空间的一例。

三、空间主景

经过精心设计的园林植物空间，一般都设有主景，这种主景的题材、形式各不相同，但多数由具有特殊观赏价值的树木花草构成。

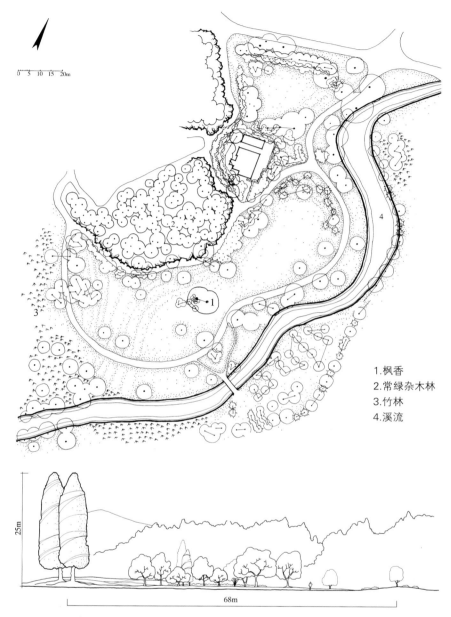

图3-26（b） 杭州灵隐大草坪主景树——枫香（1979年）

图3-26（c） 原杭州灵隐大草坪的枫香（2000年）

1.枫香
2.常绿杂木林
3.竹林
4.溪流

图3-26（a） 杭州灵隐大草坪平面与立面

图3-26（d） 原杭州灵隐大草坪的枫香的树干下部（2000年）

（一）植物（特色）的主景

杭州灵隐古寺的飞来峰下，有一个面积约8000平方米的草坪空间，周围古木参天，为七叶树、沙朴、银杏……组成的杂木林，一条小溪沿边流淌，颇具山林之趣。在这块肾形草坪的中部，地势略高，并立地栽植着两株枫香树，高约30米，树形挺拔雄伟，秋季叶红如火，俨如一对英姿飒爽的兄弟，蔚然屹立于空间的中心，构成为草坪上十分突出的主景。这两株主景树的栽植位置，不仅起着增加景深的作用，也是由空间入口逐步进来观赏它的最适距离（即树高的二、三倍）（图3-26）。

主景的设置还必须考虑环境与植物种类选择与配置的关系。

图3-27是杭州紧临西湖的一个植物空间，面积仅2075平方米，随着周边园路设计，相应地设计成以悬铃木构成的扇面形林缘线。在"扇面"的中心位置栽植了两株无患子树，高9米，树姿优美，呈伞状，干直立，色灰白，叶为羽状复叶，秋季色黄艳明亮，两株相依，株距7米，枝叶交加，向两侧水平开展，形成整体的伞状树冠，庇荫面积达300平方米，冠下高为5米，视野开阔。树下设座椅，既可庇荫，又能欣赏西湖景色，是最受游人欢迎的植物景观。

有的植物空间则是选择灌木为主景的，如图3-28是一个面积并不太大的植物空间，在空间的一面，栽植了约40株的木本绣球，自由错落地栽植成一个面阔达30米的树丛，树丛的背景是高大的常绿、落叶混交林如紫楠、银杏等。四月花开时，形成一个花团锦簇，极为壮观的主景。

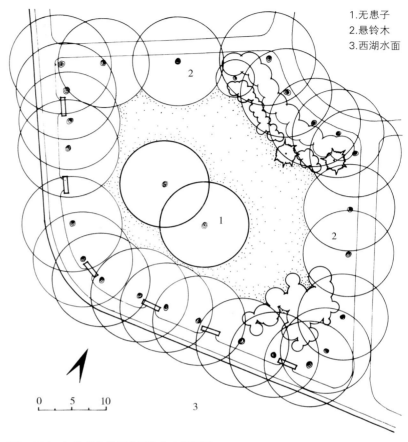

1.无患子
2.悬铃木
3.西湖水面

0　5　10

图3-27（a）杭州六公园扇形植物空间平面

图3-27（b）杭州六公园扇形植物空间主景（无患子）

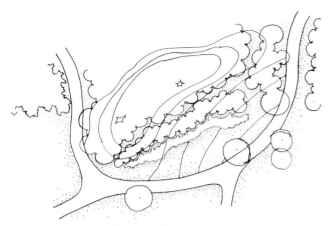

图3-28（a）以木本绣球为主景的植物空间平面

图3-28（b）盛花时的木本绣球主景树丛（陈少亭 摄）

主景树有时并不在大，也不在多，而在于具有特色。如图3-29的植物空间里，以树形极为独特、优美的旅人蕉（*Ravenala madagascariensis*）作主景，先在空间的主要位置呈不等边三角形栽植三株已够吸引人，又在其后侧相距10m左右，再种三两株作配景，充分表现那种热浪滚滚中旅人求饮的南国风情。

（二）综合主景

有些大面积的植物空间主景，不是以单纯的植物为主景，而是以亭子、假山以及四季有花开的大树丛综合组成的一块小园林为主景。这个主景可游、可憩，四季都有不同的景观可赏，是谓综合性的主景，如图3-30所示。也有的是以单独的建筑物如亭子配合几株自由环植

图3-29 马来西亚吉隆坡的旅人蕉主景树（这种旅人蕉在香港、广州、海南等处也是常见的）

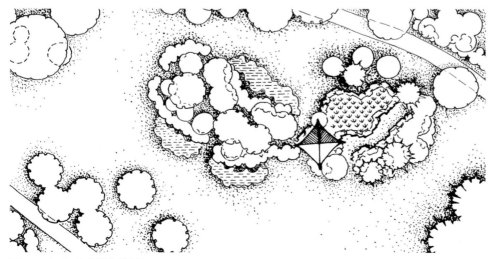

图3-30（a）综合性主景平面

的假槟榔构成小主景，以不同于植物绿色的其他建筑色彩对比形成空间里十分突出的主景，这是常见的一种植物空间主景，简洁、明快、实用（图3-31）。

（三）主景的诱导

在研究植物空间的主景时，还有一种很有趣的情况，即空间的主景和主体，有时并不是同为一体的。

如杭州花港观鱼的牡丹园空间，牡丹花栽植于一块小丘坡上，以宽不及1米的小路，将这一小丘分成10余块小区，栽植着极为丰富的各色牡丹品种，便于游人就近细赏，而在小丘的最高处，建有一个重檐八角亭，从各方来的游人都可看到它，相当突出，亭已成为空间内十分耀眼的"主体"。但游人来牡丹园，大概都不是为此亭子而来，而是来看牡丹花的，自不待言，牡丹花才是主景。虽然亭与花是一个综合的小园，但亭子只是起导游的作用，并提供暂憩的场所，而牡丹花才是真正的主角（景）。所以，在同一个空间里，有时主景和主体是有区别的。当然，如果为了普及牡丹的知识，提高牡丹的文化含量，将来在亭子里设置一些有关牡丹科学和文学艺术的展览内容，甚至为此而扩大建筑物，则这些建筑物（或亭子）也就是主景的一部分，那就另当别论了（图3-32）。

图3-30（b） 综合小园林主景

图3-31 简洁、明快、实用的主景之一侧

图3-32（a） 杭州花港观鱼公园牡丹亭附近景观（陈少亭 摄）

图3-32（b） 杭州花港观鱼公园牡丹园主景面

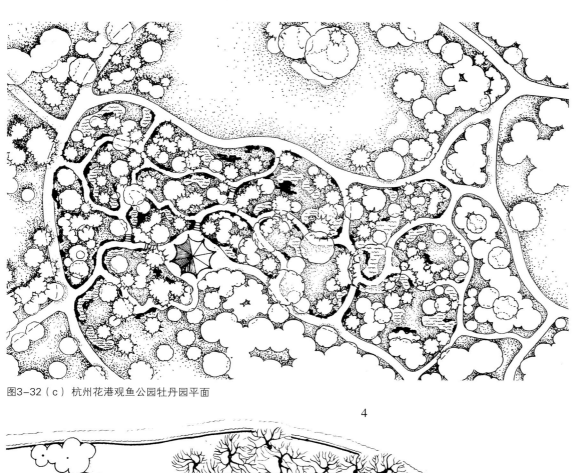

图3-32（c）杭州花港观鱼公园牡丹园平面

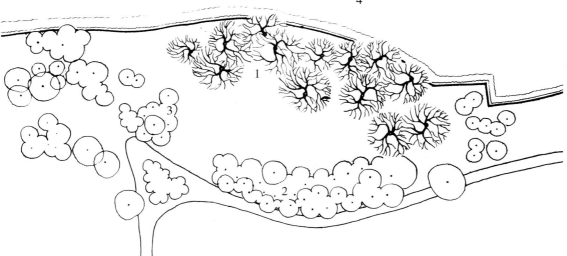

1.十三株柳树
2.密实的隔离林
3.花灌木丛
4.里西湖

图3-33（a）杭州花港观鱼公园柳林空间

又如花港观鱼公园的另一个植物空间，面积2800余平方米，位于公园的东北面，北临西里湖，南临公园主干道，以紧密结构的树带与主干道隔离，形成一块十分宁静的草坪空间（图3-33）。空间的地形微微向北岸倾斜，十三株垂柳疏密相间，自由错落地布置于岸边，构成一处浓荫而又自然的休憩场所。

空间的植物种类并不丰富，除隔离林外，就只见柳树，林冠线与林缘线均较简洁，色彩也并不鲜艳夺目，却颇引人入胜。因为空间的地形是南高北低，呈缓坡向西里湖倾斜，从湖边柳林的间隙看去，苏堤横斜水面，堤树

图3-33（b）杭州花港观鱼公园柳林空间

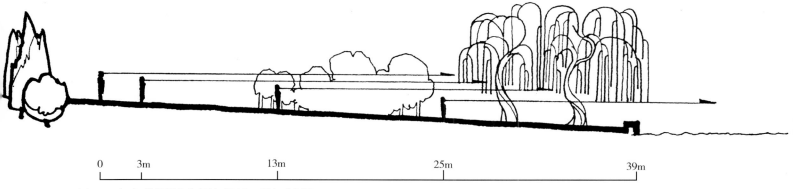

图3-33（c）杭州柳林空间的"引人入胜"分析图

之间隐约可见"三潭印月"，西边可看到刘庄建筑，回廊曲折，与草坪空间遥遥相对；正北面为北山一带风光，"水外有水"、"堤外有堤"之景，尽收眼底。入秋时分，苏堤上的重阳木，红叶丹丹与远山蓝绿色的树木相衬，更增加了视野的景深。保俶塔亭亭玉立于天际线间，西山疗养所的红瓦绿墙，隐约点缀于万绿丛中，成为欣赏西山、苏堤一带的最好场所。

这些景色并不是一进入草坪就可见到的。当游人从东、西入口进入植物空间时，只是被水边浓荫覆盖的十三株垂柳所吸引，自然而然地向柳林走去，游人慢慢接近水面，视野逐步展开，步移景异，直至岸边，才窥见全貌。这十三株垂柳虽不构成主景，却起了"引人入胜"的作用。由此可见，这一个植物空间的主体和主景并不是同一体的。以上情况都是在设计植物空间主景时需要仔细推敲的。

有些事物就是这样，一些看来"理所当然"或很平淡的事，如进一步赏析，就可能发现其中"另有别情"。一个园林设计的好坏，往往是从十分细致，深入的赏析与研究之中有所得，才能创作较为优秀的设计作品来，植物景观的设计尤其如此。

四、树木组合

树木花草的组合是构成植物空间的主体，尤其是乔灌木的组合，其数量的多少，种类的选择以及其配置方式等，又依植物空间的面积、地形、环境、立意及功能要求等而定。

（一）成林的组合

自由地栽植一片单一的、高大的树种，形成具有一定面积的浓荫空间，就可以成林。林有疏密之分。一般地说，密林是紧密结构的栽植，其郁闭度需达到90%左右，浓荫、干多；疏林的树木结构较为松散，树木栽植有疏有密，其郁闭度总的能达到60%~70%也就可成为疏林。但园林中疏林与密林并不一定如林业上的造林那样有严格的技术标准，而是根据常人的感官及使用和观赏效果，作一个植物艺术形象的界定而已。如图3-34是一组园林中表现春夏秋冬四季季相的成林配置，图3-34（a）、（d）为疏林，（b）、（c）为密林，它们给游人的感觉是有明显的疏密不同。

图3-34（a） 虬枝乱舞的桃花林，好像是在跳着满园春色的云裳舞（春）（朱丹 摄）

图3-34（b） 绿荫如盖的松林，呈现出一派炎夏消暑的清凉世界（夏）

图3-34（c） 雄伟挺拔的银杏秋色树，犹如一片耀眼的金黄色晚霞（秋）

图3-34（d） 清秀挺直的水杉林树干衬映着盛花时的山茶花，体现出冬日可爱的阳光（冬）

图3-35 香港某庭院的一片疏林

图3-36 浙江某寺庙旁的"小树林"

图3-35是位于植物空间边缘的仅有11株假槟榔的疏林，林下部分地段栽植地被植物，简洁疏朗，有疏有密，配置适度，表现出南国风光的情趣。

所谓"三五成林"，讲的是一种"林"的意境，取"以少胜多"之意，犹如园林中的"一拳代山"，"一勺代水"一样，赋予一种人为主观的艺术思维与想象。图3-36是由仅仅6株马尾松组成的"林"型。树干细小而高耸，直立如林，树冠并不开展，但有高有低，除树根部分有低矮灌

木"护基"外，没有配置其他植物，树种的单一，树干的独立，布局的自然，构图的均衡，形成了一种"三、五成林"的意境，表现出其"独立特行"的韵味，可惜的是太缺少环境的陪衬了。

如上述立意一节所述，利用地形的起伏，并以小石、低矮植物、小径等相配，形成高低、大小的对比，就可创造"咫尺山林"的成林组合。

成林树木的选择因种类或品种不同，其艺术效果迥异其趣。如有的选用低矮的棕榈树，小巧玲珑（图3-37a）；有的选用粗榧（*Cephalotaxus sinensis*），这是一种我国特有的裸子植物，常绿，呈小乔木或灌木状，叶形特殊，干褐色，三五株配置于路旁，林下配以高、低石两块，极显高大丛林的意境（如图3-37b）。有的则选用高大

图3-37（a）广州园林中的一片棕榈"小林"

图3-37（b）北京植物园的粗榧树丛

图3-38 北京清华大学近春园的白杨林

图3-39 北京天坛公园柏树林中的丁香林

的毛白杨,气势雄伟(图3-38);有的则在一片苍松翠柏的古木林中间,增添一片低矮的花灌木,不仅显示出苍古植物空间中的盎然生机,而且也为常绿不变的柏木树林增添了季相的变化(图3-39)。

总之,植物空间要创作"林"的意境,树种一般宜选用高耸、干挺的高大乔木,种类不宜繁,数量也不一定太多,最少10株左右,自然栽植,已可郁闭成林,如能借用或创造周围环境中的小丘、溪流、山石、小品,更可增加山林野趣。

(二)成丛的组合

成丛,是城市园林中最普遍的植物配置方式,它可以是单一树种的组合(图3-40),也可以是多个树种的组合(图3-41),其树种的选择,数量与间距,主要根据立意的要求,也包括使用功能和审美要求,并结合周围环境而

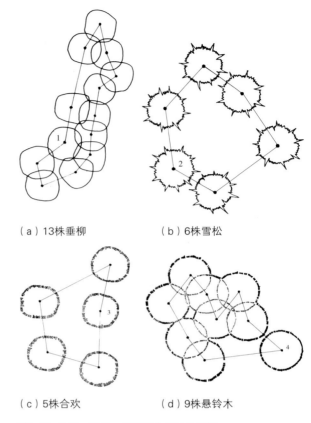

(a)13株垂柳　　　(b)6株雪松

(c)5株合欢　　　(d)9株悬铃木

图3-40 这是一组单一树种组合树丛的实例

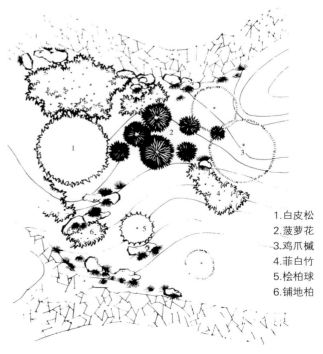

1.白皮松
2.菠萝花
3.鸡爪槭
4.菲白竹
5.桧柏球
6.铺地柏

图3-41 杭州花港观鱼牡丹园的一个多个树种组合的树丛

图3-42（a）　有绿色背景与红色中景配合的二株棕榈科植物的组合

图3-42（b）绿丛前后簇拥着的红枫（孤立木）

图3-42（d）　水边的一株广玉兰树下，栽植着一片低矮的山茶花，丰富了树丛的冬景

图3-42（e）　一株盛花的榆叶梅，以常绿的松柏树丛为背景，栽植于园路交叉口，作为道路的对景，园路旁飘拂的垂柳枝条，正好构成框景

图3-42（c）　深绿的广玉兰与灰绿色的意大利芦苇衬映着的孤立木红枫树丛

图3-43　以各种深浅绿色的高大乔木，环绕着小山坡上的一小片红枫林

定。尤其是多个树种的组合较为复杂，要注意不同树种在不同季节的形态、色彩的搭配关系以及层次背景的艺术构图等等。

下面是一组突出孤立木的树丛组合实例（图3-42）：

多种类树丛的组合比较复杂，有的是构成"万绿丛中一点（片）红"的景观（图3-43）；有的是以红、橙、黄、绿各色植物，高高低低地搭配成景，从不同角度看，产生不同形式的景（图3-44）。

图3-44（a）突出红枫与羽毛枫相配的树丛侧面　　　图3-44（b）突出红、橙、黄、绿诸色而形态相似的多种树丛的组合

图3-44（c）以杜鹃、牡丹、红枫及其他配景树组成的春色树丛

（三）成带的组合

这种组合主要用作背景、隔离和遮挡。单一树种的带状组合，常常是高篱形式，犹如一堵"绿墙"；多个树种的带状组合，常常是多层次的，具有一定厚度。如在杭州花港观鱼公园内前面述过的柳林空间与主干道的隔离树带，其植物配置：

第一层为蕉藕，高1.2米，间距0.5米；

第二层为海桐，高1.5米，间距1至1.5米；

图3-45 盛开的碧桃以垂柳为背景形成典型的"桃红柳绿"的景观

第三层为桧柏,高3米左右,间距2米,分枝点低;

第四层为樱花,高3米,间距2.5至3米。

树丛的行距为1至2米,结构紧密。从草坪空间看去,开红花的蕉藕,以翠绿的海桐和暗绿的桧柏为背景,从主干道看去,春季樱花开时,仍以桧柏为背景,高耸、密植的桧柏起着两边衬托的作用。

河岸边的或路边的成行柳树,常常作为空间内各色花木的背景(图3-45),或者是路旁的带状花木以对比色的乔木作背景(图3-46),有些带状的背景树,常常就是隔离树(图3-47a)。而如图3-47(b)前景为低矮的鸡爪榕植篱,呈黄绿色,栽植于低处,其后面有一炮仗花架,位于植

图3-46(a) 路旁带状的黄色连翘花,以高大浓荫的油松树丛为背景,形成鲜明的对比

图3-46(b) 带状栽植的垂丝海棠,以并不成带状的高大常绿的广玉兰为背景,也显出景观的活泼、起伏(贝蝶 摄)

图3-47(a) 浓密结构的乔灌木隔离树丛——杜鹃、花叶艳山姜及大乔木共三至四层

图3-47(b) 公园的一角,以黄绿色的鸡爪榕篱与其后面的红色的炮仗花架形成色彩鲜明的对比

篱后面的高处，早春二、三月花开时，橙红色的炮仗花与黄绿色的鸡爪槭形成美丽的色彩对比。

带状树种的选择与配置，需注意以下几点：

（1）树种单纯。如果用不同的树种，则要求其树冠的形状，高度与风格大体一致。在大乔木下再配置绿色度与之相近的灌木或小乔木。如背景树为一大片树林时，其内部可以混植冠形、高度与色彩不同的树种，但不宜高于总的林冠线，林缘线也不宜繁琐曲折，以防喧宾夺主，造成杂乱之感。

（2）结构紧密。背景树最好形成完整的绿面，以衬托前景。背景树呈带状配置时，株距可缩小些，或呈双行交叉种植。如常用的背景树——珊瑚树，株距有时不及1米，桧柏仅2米，如果背景树不是带状，而是成林、成片配置时，其林缘线树木间距小，已经起到背景的衬托作用时，则树林内部可采用稀疏结构，便于树木有更广阔的生长发育空间，但并不妨碍其背景作用的整体效果。

（3）高于前景树。这是不言而喻的，但宜选择常绿、分枝点低、绿色度深，或与前景植物对比强烈，树冠浓密，枝繁叶茂，开花不明显的乔灌木；如珊瑚树、桧柏、雪松、广玉兰、垂柳、海桐等，并依据其前景树和周围环境的种种具体情况综合考虑。

（四）庇荫树的配置

树木庇荫是园林植物景观设计中必须考虑的生态问题，尤其是在一些南方的园林更为重要。

作为庇荫树，一般要求树冠庞大，冠下高1.5至2.5米，枝叶浓密，叶片大，透光性小，基本无病虫害。特别是树形与庇荫效果关系较大，圆球形、伞形的树冠，庇荫面积大，效果好，庇荫时间长，直立形、圆锥形树冠虽然也可利用其侧方庇荫，但一般庇荫时间不长，不宜作为庇荫树。幼龄的雪松呈圆锥形，基本上不庇荫，但三四十年后，稍加修剪，也可庇荫（图3-48）。

我国常见作为园林庇荫树的有刺槐、垂柳、悬铃木、无患子、枫杨、香樟、枫香、榕树、七叶树、麻栎、珊瑚朴、石栗、凤凰木、合欢等等。

孤植庇荫树的四周宜开阔，在其庇荫范围内（即正面和侧面的庇荫范围）最好是不种或少种灌木，以免占用庇荫面积，遮挡树下庇荫中游人的视线。如果是一个庇荫的树丛，则其株距应以相邻树木侧方庇荫最大范围为准，减少树影过度重叠，提高庇荫的经济性；但树叶稀疏的树

图3-48（a） 干下高达2.5米左右，为防止侧方阳光照射（西晒），也可栽植一株小乔木遮挡，以保证更长的庇荫时间

图3-48 雪松的庇荫（b） 在雪松树冠的边缘设置座椅

种，则一定要使树影重叠。

成林或成丛布置的树木林缘线，如果是曲折的则较平直的林缘线产生较多的庇荫面积，因为它可以增加侧方庇荫的时间与面积。但是也视树丛组合的朝向而定，为防止西晒，一般以南北长，东西短的树丛组合的庇荫面积大。

关于侧方庇荫的问题，在杭州公园里于1963年7月的一天于上午9：00至10：30，下午3：00至4：30对一株高7米冠幅3米，冠下高仅1米的广玉兰测定，其侧方庇荫面积可达6平方米，所以，树丛的侧方庇荫也是不可忽视的。

（五）树木间距

栽植的距离是树木组合的重要问题。一般是根据以下原则确定的。

1. 满足使用功能的要求

如需要郁闭者，以树冠连接为好，其间距大小依不同

树种生长稳定时期的最大冠幅为准。如需要提供集体活动的浓荫环境，则宜选择大乔木，间距约5至15米不等，甚至更大，可形成开阔的空间；封闭的空间则小一些，如设置座椅处间距3米左右即可。

2. 符合树木生物学特性的要求

不同的树种生长速度不同，栽植时要考虑树种稳定（即中、壮年）时期的最大冠幅占地。尤其要考虑植物的喜光、耐荫、耐寒等生长习性，不使相互妨碍其生长发育，如樱花的树干最怕灼热，其间距宜小，可以相互遮阴；桃花喜阳，间距宜大些，附近不能有大树妨碍其正常的生长发育。

3. 满足审美的要求

配置时力求自然有疏有密，有远有近，切忌成行成排。考虑不同类型植物的高低、大小、色彩和形态特征，求得与周围环境相协调。

4. 注意经济效益

节约植物材料，充分发挥每一株树木的作用。名贵的或观赏价值很高的树种，应配置于树丛的边缘或游人可近赏的显著位置，以充分发挥其观赏价值。

根据上述原则及实地调查，园林植物空间的树木间距可以下述数字作参考：

阔叶小乔木（如桂花、白玉兰）	3至8米
阔叶大乔木（如悬铃木、香樟）	5至15米
针叶小乔木（如五针松、幼龄罗汉松）	2至5米
针叶大乔木（如油松、雪松）	7至18米
花灌木	1至5米

总之，各种植物种类繁杂，生物学特性及形态特征多种多样，立地条件千差万别。尤其是我国幅员辽阔，地区差异极大，北方在温室中才能生长的盆栽扶桑，到了广州、海南一带则可长成比围墙还高的大树，因此上述树木间距虽属长江流域华中一带的实地调查，也只是一个大体的参考而已，主要是根据立意要求，因树而异，因地制宜，灵活运用。

五、色彩季相

不同的植物具有不同的景观特色，其干、叶、花、果的形状、大小、色泽、香味各不相同，构成了丰富多彩的植物景观，而影响园林色彩最明显的则是植物的花与叶。

一年中春夏秋冬的四季气候变化，产生了花开花落、叶展叶落等形态和色彩的变化，使植物出现了周期性的不同相貌，就称为季相。

植物季相的表现手法，常常是以足够数量的一种或几种花木成片栽植，形成"气候"，给游人以强烈的艺术感染，也符合中国人的一种传统爱好，即在某季节到某某处去欣赏某种特殊的花景或叶景。如北京人在春夏之交去中山公园看牡丹，秋天去香山观红叶，杭州人在秋天去满觉陇看桂花，到冬天去孤山、灵峰赏梅花等。

凡是一处经过细致设计的园林，都应考虑到植物的季相，不论是公园、私园，甚或一般环境中的园林，也不论其面积的大小，配置植物时，都要具有"季相景观"的意念。——或单株，或数株，或成丛、成林，或装饰地面及空间的边缘……这是中国园林植物景观形成的一个特色。

季相景观的形成，一方面在于植物种类的选择，（其中包括该种植物的地区生物学特性）；一方面在于其配置方法，尤其是那些比较丰富多样的优美季相。如何能保持其明显的季相交替，又不至于偏枯偏荣（偏荣主要是指那些虽有季相，但过于单调而言）；更为重要的是在于栽培、养护、管理，一定要保持植物能正常地、健康地开花、长叶、结果。否则，季相设计再好，仍然不能获得理想的景观效果。

（一）春季季相——花期延续的配置方法

园林里的春天，百花盛开，姹紫嫣红，表现出一种万物复苏、欣欣向荣的季候景象。如果仅以单季特色的配植方法，其观赏效果虽然显著，但在一年当中的花期和叶色期毕竟有限，一般最长也不过一、二个月，其余时间则很平淡，甚至有偏枯的情况。因此，要利用各种植物不同的开花期和色叶期，精心搭配，使总的花期延长，以弥补偏枯时间过长的缺憾。一般可采用以下的配置方法：

（1）以不同花期的花木分层配置。以杭州地区为例。如以杜鹃（花期四月中旬至五月初）、紫薇（盛花期六月上旬至六月下旬）、金丝桃（花期六月初至七月初）、菠萝花（花期八月下旬至九月中旬）与红叶李、鸡爪槭等分层配置在一起，可延长花期达半年之久。分层配置时，要注意将花期长的栽得宽些、厚些，或者其中要有1~2层为全年连续不断开花形成较为稳定的花期品种（如月季）使花色景观较为持久。也可以采用花色相同而花期不同的花木，连续分层配置的方法，使整个开花季节形成同一花色逐层移动的景观，以延长花期。

如果将花期相同而花色不同的花木分层配置在一起，则可在同一个时间里的色彩变化丰富。但这种配置方法多应用于花的盛季或节假日，以烘托气氛。

（2）以不同花期的花木混栽。混栽时，注意将花期长的、花色美的花木多栽一些，使一片花丛在开花时此起彼伏，以延长花期。如以石榴、紫薇、夹竹桃混栽，花期可延长达五个月。

又如梅花的花期很短，盛花期不到二周，需要将其他花期较长或在其他季节开花的花木与之混栽，如春季开花的杜鹃、夏季开花的紫薇等，使之在三季均有花可赏；初冬季节则以草花、宿根花卉（如各色菊花）散植于梅花丛中，均可克服其偏枯现象。

（3）以草木花卉补充木本花卉的不足。宿根花卉品种繁多，花色丰富，花期又不相同，是克服偏枯现象、延长花期的好办法。

比如樱花，盛花时十分诱人，可惜花期仅一周左右。如果采用草本加木本的植物配置方法，则可基本上克服偏枯现象。如下例：

第一层：孔雀草，高0.5米，宽1米；第二层：万寿菊，高0.5至1米，宽1至1.2米；第三层：扫帚草，高0.8至1米，宽0.3至0.4米；第四层：樱花，高1.5至2米 宽5米（与桂花夹种）；第五层：紫楠，高10米（与银杏，枫香夹种）。

以上五种植物分层配置，其长度可根据具体环境确定，一般以二三十公尺较为壮观。当樱花谢落时，有万寿菊在其前面遮挡，万寿菊在6至8月开黄花，此时有一行行的绿色扫帚草作背景。作为主景的樱花，数量多，厚度大，并有常绿和桂花和它错落栽植，背景采用常绿的紫楠，其中又夹种银杏，枫香可点缀秋色，从而获得三季有花色和叶色、冬季常青的景观。

如果在十分宽阔的植物空间的边缘或偏僻之处，为了突出表现樱花的一季特色，无需采用宿根花卉时，则可将樱花栽植于一层厚厚的常绿海桐和垂柳之间，樱花开放时，远远看去，犹如一片浮云飘忽于绿丛之上，效果殊佳（图3-49）。

下面是一组春季季相的实例，如图3-50至图3-54所示。

春季季相不仅体现于花，也体现于叶，或者是花叶共荣，如图3-53。

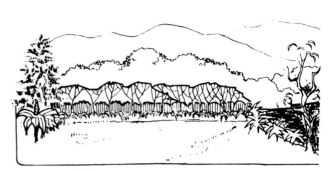

图3-49 以樱花为主的分层配置示意

图3-50 春季花卉季相（a） 一片林冠线略有起伏的樱花林，位于植物空间的边缘，左侧有落叶大乔木，树冠高于樱花林，可作框景

图3-50（b） 孤植单瓣的樱花树，枝叶疏疏，花瓣淡粉色，以常绿的树木为背景，却显出一派清雅而虚淡的娇矜

图3-50（c）　结构紧密的重瓣樱花林，盛花怒放，春草新绿，呈现出一派欣欣向荣的春的气息

图3-50（d）　重瓣樱花近景

图3-51（a）　枝条向上挺直，花色粉红而繁茂的碧桃，以枝条下垂、叶色淡绿而疏朗的高大垂柳为背景，形成向上与下垂、繁茂与稀疏、红色与绿色对比强烈的典型的"桃红柳绿"的春季季相

图3-51（c）　单株栽植的碧桃，被周围的绿色植物环绕，更显突出

图3-51（b）　自由栽植的碧桃，以一株黄杨球为前景，背景则为深、浅绿色的竹林与油松，构成前低后高、红绿相间的季相

图3-51（d）　以不同花色品种的碧桃，构成前后相映，花色浅深相交的一幅山花烂漫的画幅

图3-52（a） 以泡桐为背景的牡丹花田

图3-52（b） 山林下的牡丹与杜鹃混交

图3-52（d） 盛花时的白玉兰——北京

图3-52（c） 密林深处的杜鹃花

图3-53（a） 以杜鹃花为下木的红枫（正片）

图3-53（b） 在一片红枫树林下，栽植了一片红彤彤的郁金香，成为一个"红色的海洋"

图3-53（c） 红枫林上为高大的常绿乔木，林下则是青草一片，使红枫更加突出

图3-54 三五成林的鸡爪槭，叶呈红紫或橙红色，枝干呈黑褐色，叶色中勾画出树的形姿

（二）夏季季相——叶色度的分级与配置

园林里的夏季首先需要的是浓荫蔽日，翁翳葱葱，在游人经常活动和停留时间较长的地段，应以树姿优美的庇荫树为主，在其正方或侧方的庇荫处少栽灌木，保留多一点庇荫休息的面积，尤其是游人必经的主干道旁，最好种植乔木遮阴，如图3-55a、b在建筑物旁栽种的梓树（Ca-

图3-55（a） 树姿优美的梓树盛花期

图3-55（b） 梓树盛花期的细部

talpa ovata G. Don），其盛花期为初夏的五月，于春季桃红柳绿，百花争妍斗艳的妖娆热闹气氛之后，呈现出另一种格外浓荫清新的绿色空间，给游人以异常淡净而舒展的感受。

夏季的植物季相主要是叶子的绿色，但叶片的绿色度有深浅的不同，在色调上也有明暗、偏色之异。而这种色度和色调的不同是随着四季的气候而变化的。如垂柳初发叶时为黄绿，逐渐变为淡绿，夏秋季则为浓绿。栾树、香樟、臭椿、三角枫等，随着季节的变换，叶色由浅而深，又由深而浅，有时在发叶或换叶时呈红色。而悬铃木，加拿大杨、麻栎等，则在落叶时变成金黄色。

而且，同一树种由于土质、温度、湿度等不同，其叶色也有差异，例如栀子花的叶色在正常生长时呈暗绿色，但在缺铁的土壤中生长，则呈黄绿色。

色度级别	色调	类别及代表树种
一	淡绿	落叶树的春天叶色,如柳树
二	浅绿	阔叶、落叶树的叶色如悬铃木
三	深绿	阔叶常绿树的叶色,如香樟
四	暗绿	针叶树的叶色,如桧柏

树叶绿色程度与光线的关系也很大，树叶受光充分时，感觉色浅，反之，感觉色深。光泽亮的叶片，其绿色感较光泽弱者深，如茶花与桂花的叶片为同一绿色度，但感觉前者较后者深。这是因为见光部分有反射作用，在亮光的对比下，加强了暗色部分的对比，所以显得暗。而无光泽的叶片则对比不强烈，则显得浅。总之，植物生长的外环境，对叶片的绿色度都可能有影响，但不同树种本身的绿色叶片原有色度则是基本的、稳定的，为了景观配置的需要，可将叶片的绿色度分为以下四级：

作叶色配置时，一般应强调对比，以色度差别大者相配为好。如用银杏与桧柏相配，叶色对比明显。但将柳与香樟相配，虽然叶色相近，但树形迥异，效果亦好。如将柳树与银杏相配，其叶色度相近，但柳树枝叶疏朗、银杏枝叶紧密，因而感到后者体量较重，色较深。这是因为叶子紧密，在光照之下，显得阴影多，加强了色度感的缘故。又如铺地柏与五针松的叶色度虽然相近似，但前者的树姿是由地面向上伸展，后者的树姿则是枝叶低垂，呈水平开展。这种姿态的差异，可使游人对叶色的欣赏转向对姿态的欣赏。故在叶色配置时，除一般原则外，还要考虑到植物的这些特殊性。

以不同色度级的叶色与花色，进行不同高度的乔、灌木逐层配置，可形成色彩丰富的层次。如图3-56为一个深绿、浅绿、鲜红、深红的多层次树丛，树丛中有小道穿过，小道两旁先以书带草和鲜红的杜鹃花覆盖着山石及地面，杜鹃花的后面为深红色的鸡爪槭，两旁又以深绿色的柏木与白皮松作为衬景，最后面露出一点浅绿色的枫香，色彩与形态配置恰当，获得了较好的艺术效果。这种不同花色、叶色的乔灌木分层配置，是园林中常用的配置方式，而且多用于道路对景、草坪边缘、大树丛的前缘等主要位置。

以对比色或色度级差大的植物进行色彩分层配置时，要注意到无花时或叶色未变时的色彩，因为这段时间相当长。一般的花灌木开花期仅7至14天，绝大部分时间为绿叶

期和落叶期。又如羽毛枫的变化更为特别，在杭州地区，三、四月为红色，入夏变为绿色（图3-57），入秋又变为红色，冬季则全部落叶，配置时要仔细考虑这些复杂的色彩变化。同时要注意高度的变化，一般是由低到高，相邻层次有一定的高差。由于透视的关系，前几层高差宜小，后几层高差宜大，使各层色彩明显。

下面是一组夏季季相的实例（图3-58~图3-61）。

夏季季相除了叶色之外，有些花色也是十分艳丽夺人的，如岭南的凤凰木，五月花开时红艳如火。从3月至6月在我国南北方逐渐开花的藤本植物紫藤，是常见的夏季季相植物，它的栽植方式多样，不仅可攀于架上、缘附山岩、还可濒临水旁、直栽地上甚或修剪整形如乔木庇荫，花为总状花序，紫色或白色，品种多，花序长可达20余厘米，生长迅速，寿命长，适应性强，并有一定的抗有害气体功能，是十分理想的夏季季相优良树种。

图3-56　多层次、多色彩的树丛

图3-57　季相变幻的羽毛枫

图3-58　栽植于路边的黄刺玫，花鲜黄色、花繁茂而花期长（5至6个月），抗性强，是初夏开始的夏季季相

图3-59 芭蕉下木栽变叶木，更显夏日精神

图3-61（a）盛夏过后，荷池变色，秋柳却仍然显示出其清凉本色

图3-60（a）初夏，栾树的盛"花"（苞片）期，满树金黄

图3-60（b）初夏的栾树盛花期（苞片）北京植物园

丰花月季，花繁而持久，适应性强是宜于普及的一种夏季季相树种。栾树是少有的初夏开花的大乔木，主要以其金黄色苞片布满树枝，再加上其干枝潇洒，盛花时，极为壮美，入秋叶色又变为金黄色，是夏、秋二季的优良树种。

图3-61（b）入秋，白蜡的叶色是一片金色，笼罩着整株树的枝干

（三）秋季季相——秋色木的选择与配置

要说植物季相的美，春天虽然是百花争妍，五彩缤纷，是希望的象征，常常给游人一种欣喜、雀跃的精神美感；而秋天的季相美则别具诗情画意，往往给游人一种沉思，深情的意象之美。在风景园林中的红叶已成为秋天的象征，也是一年季候变化中的一道晚霞。如北京香山的黄栌、苏州天平山的枫香，以及杭州园林里那数不清的片片红叶林（青槭、鸡爪槭、枫香、三角枫、五角枫等）以及那终年红叶的红枫等等，都能给游人以“光照夺人目，落日耀眼明”的极为绚丽多姿的自然秋景的享受。

天气的秋，常给人以肃杀、萧条之感；人生的秋，也常使人慨叹自己的衰老；而诗人们的悲秋之句，更会带给人们一种“无可奈何花落去”的咏叹。然而，唯有秋能给人们带来丰收的喜悦，人生的秋，更是成熟，稳健的标志。

秋季因风景园林季相优美而很受游人向往，赏红叶是我国民间的一种传统习俗和享受大自然特殊审美情趣。古往今来，无论男女老少，到了秋季，都喜欢去欣赏红叶。如北京的香山每年都主办红叶节，人们不仅欣赏红叶，还要吟咏红叶，故留下了不少脍炙人口的红叶名篇；摄影家们也抓住时机留下红叶倩影，而画家们更是将红叶染绘成一幅幅精彩的画面。音乐家也谱写了一首首动听的红叶赞歌……

红叶迎秋，秋天的红叶被凝固在人们的心头、照片、画幅、诗篇与乐曲上，久而久之，赏红叶竟成了一种文化现象，而红叶也被赋予艳丽、清纯、潇洒、多情的人格特征。从风景名胜区中的红叶山、红叶林，到寻常百姓家的一株红叶树，甚至一片红叶子，都能入诗入画，入情入境。唐代诗人杜牧的名句：“停车坐爱枫林晚，霜叶红于二月花”也可寓意为秋色有时会比春景还要美。秋，的确是美好的，人们喜爱秋的意蕴，欢庆秋的硕果，欣赏秋的景色。而红叶更是园林植物季相所追求的一种优美景观。

园林秋色景观的形成，首要的是选择树种。比如香山红叶之所以生长得红艳如血染，是由于香山一带的地形、土壤和环境都适合于黄栌的生长；如果将黄栌种在城市公园里，则不及香山的红叶美。故必须了解不同色叶木的生态习性与环境条件，创造一定的小气候环境，才能达到预期的效果。如果树种选择不当，或气候不相宜，则红叶可能不红，在引种外来树种时，尤宜注意，现将南北方最常见的色叶木列表如下：

常见色叶木一览表

树种名	叶形特征	叶色				红（黄）叶期	红叶天数	备注
		春	夏	秋	冬			
银杏	单叶扇形	绿	绿	黄	落	10月中至11月初	18天左右	北方地区
槲	互生、倒卵形	绿	绿		落	10月中至10月下	18天左右	北方地区
楸	对生、三角状卵形	绿	绿	黄	落	10月上旬至11月初	20左右	北方地区
元宝枫	对生、掌状五裂	绿	绿	红、黄	落	10月下旬至11月上	21	北方地区
柿	互生、椭圆形	绿	绿	暗红	落	10月中至10月下	16	叶落后、橙色果挂枝头
黄栌	互生、圆形	绿	绿	大红	落	10月中至11月上	21	北京地区
火炬	奇数羽状复叶	绿	绿	鲜红	落	10月中至11月上	20左右	北京地区
白蜡	对生，奇羽复叶	绿	绿	黄	落	10月中至10月下	14	北京地区
楷树	互生，偶羽复叶	绿	绿	黄	落	10月中至11月中	20	北京地区
地锦	互生广卵形、三裂	绿	绿	橙红	落	10月上至10月下	21	北京地区
无患子	偶数羽状复叶	绿	绿	黄	落	11月上至12月初	25至30	沪杭一带
重阳木	互生，掌状复叶，椭圆	绿	绿	棕红	落	10月中至11月中	30	沪杭一带
枫香	掌状大三裂	绿	绿	红黄	落	11月至12月初	30	沪杭一带
三角枫	掌状叶三裂	绿	绿	黄红	落	10月下至12月上	20	沪杭一带
乌桕	互生，菱形	绿	绿	红	落	10月下至12月上	20	沪杭一带
红枫	掌状	红	红	红	落	12月上旬落叶	三季	沪杭一带
鸡爪槭	掌状浅裂	棕红	绿	红	落	12月上旬落叶	三季	沪杭一带
红叶李	卵形	深红	深红	深红	落	12月中旬落叶	三季	沪杭一带

图3-62 北京西山秋色——红叶山

至于色叶木的配置，远赏者如风景区多成林栽植成红叶山（图3-62）、红叶林，而在一般城市园林中既可成林，也可成丛，或栽植于路旁形成红叶径，或孤植于入口、道路转角、大草坪上，由于色叶木一般多是落叶树，配置时特别要注意以下几点：

一是树形选择。高大乔木或小乔木姿态优美的色叶木如枫香、银杏、红枫等均可以孤植，但灌木状的黄栌、火炬树等一般只宜成林，成丛栽植，才能形成"气候"，集中表现色彩的美。但亦有个别的将一二株黄栌孤植于一片绿林之中，如图3-63产生了"万绿丛中一片红"的效果。图3-54是五株鸡爪槭成丛栽植，鲜橙色叶片与黑褐色的枝干也能表现出一种群体美，突出着春天里的秋色美景，光艳夺目，美中不足者是在树丛中夹杂一个高大的杂色花盆，给人以"多此一举"之感。

二是要注意背景。才能突出色叶木的色。如图3-64是在一片常绿的油松、桧柏林中栽植了一株黄栌，这株黄栌是经过整枝，树姿尚称优美，又位于道路的转角处，树下散置若干石块可供"歇脚"，于是，它就扮演了"欢迎使者"的角色。

火炬树的树形枝桠状，但叶色叶形均美，图3-65（a）是以绿林为背景，图3-65（b）是以天空为背景，对于近赏都起到了一定的作用。如果不是密密的绿林，而是一般零乱的树木，效果就会差一些。

三是除了背景之外，还要有其周遭环境或树木的衬托。

如图3-66是在一株黄栌的两侧衬以桧柏，红绿相间，突出了黄栌的姿色。

组成红叶径是园林中常用的方法，可以使游人深入红

图3-63 北京西山的黄栌

图3-64 单株黄栌植于平地道路拐角处

图3-65（a）火炬树以绿色树丛为背景

图3-66　黄栌秋色（何绿萍　摄）

图3-65（b）火炬树以天空为背景

图3-67　小山坡的银杏秋色

叶林中去欣赏和领略秋色的美（详见第五章）。

　　此外，如欣赏秋色树中高大潇洒的树冠，或频频飘落于地的色叶片等等，都可在植物造景中平添各种各样的秋色情趣。下面是一组不同树种，不同配植方式的秋色照片，可供参考（图3-62～图3-71）。

图3-68 北京园林中的秋色树种——槲树

图3-69 枫香的秋色

图3-70 红枫的秋色 （b）在同一株树上，由于方位不同，在同一时间内产生红、花红，黄、黄绿等不同的叶色

图3-70 红枫的秋色 （a）以绿色衬托的红叶

图3-71 以天空为背景的黄栌秋色（种在山坡上）

除了秋色叶之外，还有秋色果也是赏秋的对象。正当北京郊外红叶满山的11月初，在西山的一株金银木，叶已全部落光，红亮亮的小果子却挂满枝头，真给人以垂涎欲滴的诱惑，而此时的北京中山公园内的一株金银木，则果已出而叶未落，又是别有一番情趣。可见小气候的不同，也会产生秋色季相的差异。

（四）冬季与四季：季相的完美配置

冬季的园林植物景观，除了常绿树之外，落叶树则以其枝干姿态观形为主，但也有观花、观果者，如凌寒而开的梅花，腊梅花，以及初冬的金银木果，火棘果等等，尽管这些冬景树木或不如春，秋景诸多植物的形色那样丰满、艳丽，但它们所表现的神态，却往往给人们以更为难能可贵的、深层的刺激与诱惑，而引发出无限的诗情画意，以致使历代描写冬景植物的诗篇都难以全计。

如人们常吟咏的梅花就有诗人戎昱的"一树寒梅白玉条，迥临村路傍溪桥，不知近水花先发，疑是经冬雪未消"。将寒冬的白梅比作白雪一样的纯洁可爱；而"一花香十里，更值满枝开，承思不在貌，谁敢斗春来"，是诗人由衷地发出了对腊梅花芬芳而勇敢的赞叹！至于雪中的植物冬景，则更是别具情趣。

如前所述，城郊或大的风景名胜区内一般的植物季相为一季特色景观。而城市公园是游人经常利用的文化休憩场所，总希望在同一个景区或同一个植物空间内都能欣赏到春夏秋冬各季的植物美，以增加不同时间游览的情趣（图3-72~图3-78）。

下面介绍杭州市花港观鱼公园内一个四季季相都很明显、优美的成功实例（图3-79、图3-80）。

图3-72 生长稳定期的槐树冬姿

图3-73 只有在冬季才能欣赏到的栾树舞姿

图3-74 立于雪地上的水杉林冬景（陈少亭 摄）

这个空间面积为2150平方米，全部由植物组成，为一个较为封闭的空间。地形由西北向东南倾斜，但成片的草坪中，略有起伏。主景为自由栽植的五株合欢树丛，位于西部空间的最高处。主景树的对面是九株悬铃木，其背后则是一片柏木林。空间南部边缘的路旁栽种樱花；空间北面则是由低到高栽植着一个不规整的密集的春花为主的隔离树丛，整个空间显得安静、简洁而优雅。其植物景观的

图3-75（a）初冬的金银木全株——北京西郊　　图3-75（b）初冬的金银木果与叶——北京市区

图3-75（c）初冬的金银木果晶莹可爱——北京西郊

图3-76（a）初冬的火棘，与油松红绿相映（北京）　图3-76（b）深雪中的火棘果——杭州（陈少亭　摄）

图3-77 雪压红枫——杭州（陈少亭 摄）

图3-78 晚冬二月的重瓣梅（陈少亭 摄）

图3-79 某植物空间的季相 （a）主景树——五株合欢树丛

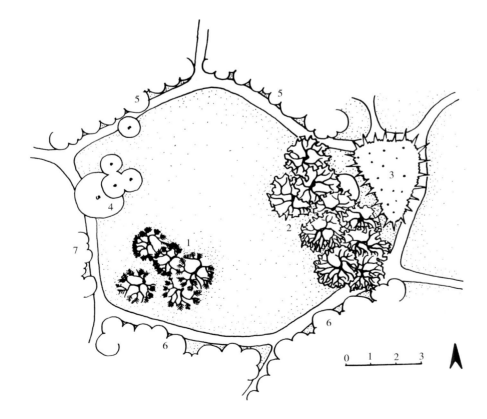

图3-79（b）平面图
1.主景树合欢（5株）
2.悬铃木（9株）
3.柏木（10余株）
4.白玉兰及花灌木
5.复层春色花灌木
6.樱花
7.三角枫

0 1 2 3

119

图3-80（a） 春桃下的郁金香地被

图3-80（b） 路旁（空间南部边缘）的樱花

图3-80（c） 冬景——一片柏木衬映着悬铃木树干

特色在于：

（1）植物的色彩丰富，季相明显。春季有白花的白玉兰、珍珠梅，黄花的迎春花，粉红花的樱花，红叶的鸡爪槭；夏季有嫣红的紫薇花，淡红的合欢花，黄色的金丝桃花以及白色的广玉兰花；秋季则以红叶的三角枫和橙棕色叶的悬铃木为主；冬季有翠绿的柏木，树丛之前还配有各色草花。

（2）植物配置得宜，主次分明。充分地利用了地形，将姿态开展如伞状的合欢树丛配置于空间的最高处，自然地成为控制空间景观的主宰，与之相对的低处则栽植体量稍大的悬铃木树丛，以免因其庞大而削弱了主景树的吸引力；北面为林冠线较为平直的花篱，此处树木虽稍嫌杂乱，但并不有碍整体效果；三月里，空间南部的樱花开放，与北面的花篱，遥相呼应，因为配置恰当，植物的色彩丰富而不杂乱。

（3）植物季相明显，注意了前后景的变化。春夏之交，合欢树红花盈盈；当秋天合欢树叶落了以后，其背景就出现了一片红叶林——鸡爪槭、三角枫，与空间东部的悬铃木（秋天叶黄）遥相辉映。待悬铃木叶落，其背后就出现了一片苍翠的柏木林，衬托着雄姿挺立的白色悬铃木树干，从而克服了冬季空间枯寂、凋零之感。

像这样在同一个植物空间里体现四季季相的配置方法，并不一定要求在公园里的每一个植物空间都这样做。否则，相类似的季相重复出现，反而显得乏味。特别是在较小的范围内，如将各季开花的植物繁多地配置在一起，势必显得杂乱不堪。因此，通常游人们要求的"四季花开不断"，往往是指一个比较大的范围或一个公园内总的植物景观而言。进行植物配置时切记要从全局的整体效果来考虑季相的问题。

六、其他

（一）地被

地被是指以植物覆盖园林空间的地面。这些植物多具有一定的观赏价值及环保作用。紧贴地面的草皮，一二年生的草本花卉，甚或低矮、丛生、紧密的灌木均可用作地被，它和地植物学中以植物群落覆盖一个地区的植被是不同的。

草坪及地被植物是绿色或彩色的生物，与混凝土构成的城市建筑群相衬托，使固定不变的建筑物富有生气，增加人工环境中大自然的魅力；它又好像是城市的"底色"，对城市杂乱的景象起"净化"、"简化"的统一协调作用。而园林植物空间的草皮，有时也就是空间的主体，以其地形的高低起伏，灵活多变的边缘栽植以及草坪上的种种装饰而构成十分诱人的绿色空间。

草皮还可以固土防尘，调节小气候，据杭州市植物园在夏季的测定，炎热的七月在公园草坪上的日气温比城市柏油路面的日气温低2.3~4℃，而相对湿度却增加2.8%，草皮对光线的吸收与反射都比较适中，有利于保护眼睛。但是由于草坪的耐践踏力有限，在人流集中的地方或游人必经之道，不宜采用草皮，小径则可采用草坪中嵌步石的方法。尤其是在南方一些城市，园林中首要的是有树木遮阴；或者北方一些严重缺水的城市，由于草坪的耗水量太大，均不宜如"城市底色"那样全部铺设草坪，以多栽植树木花草来增加城市的绿色为好。

优美的园林植物空间的地被，一般有三种：

（1）草被：以紧贴地面的草种铺地，其中又有红草与绿草之分。而绿草中常用的草种有早熟禾（*Poa annua*）、高羊茅（*Festuca arundinacea*），均属冷季型，其中品种也较多，如高羊茅因很耐寒，绿色期高达300余天，故近年发展很快；黑麦草（*Lolium perenne*）、野牛草（*Buchloe dactyloides*）、狗牙根（*Cynodon dactylon*）适应性强，尤以北方常见；而结缕草（*Zoysia japonica*）、地毯草（*Axonopus compressus*）均属暖地型，在南方栽植较普遍，其中尤以细叶结缕草（*Zoysia tenuifolia*）色鲜而叶细，绿色期可冬夏不枯，在华北中部亦可达150天以上，俗称"天鹅绒草"，曾被广泛运用，但由于易出现"毡化"现象，外观起伏不平，已逐步被外来的优质草种代替而有所减少（图3-81）。

图3-81（a）以红绿草组成纹样的草被

（2）叶被：以草本或木本的观叶植物满铺地面，仅供观赏叶色、叶形的栽植面积称为叶被。它和草被虽然同是以叶为主，但草被有的可以入内践踏，（少量的或短时间的），故以宏观观赏为主，体现一种"草色遥看近却无"的景观。而叶被的植株一般较高，以叶形叶色的美产生既可远赏，亦耐近观的观赏效果。

在南方，叶被植物十分丰富，如红桑（*Acalypha wikesiana*）、变叶木（*Codiaeum variegatum*）、彩叶草（*Coleus* blumei）、花叶艳山姜（*Alpinia zerumber*）、紫苏（*Perilla frutescens*）等均可作地被（图3-82）。

（3）花被：通常是以草本花卉或低矮木本花卉于盛花期满铺地面而形成的大片地被。由于这类植物的花期一般只有数天至十数天，故最宜配合公共节日（如"五一劳动节"、"十一国庆节"等），或者是就某种花卉的盛花期特意举办突出该花特色的花节，如牡丹花节、杜鹃花节、郁金香花节、水仙花节……即使是同一种类的花，由于品种不

图3-81（b） 清华园中的二月兰地被

图3-82（c） 海芋叶被

图3-82（a） 红桑叶被

图3-82（b） 变叶木（洒金榕）叶被（黄色）

图3-82（d） 彩叶草植被

同、花色不同，也可以配置成
色彩丰富、灿烂夺目的地面花
卉景观，如能根据其他灌木，
乔木的花期，如樱花、梅花、桃
花……则在一年之中，就使整
个园林植物空间连绵不断散发
出花卉的芳香，展示出艳丽的
花姿花色（图3-83）。

（二）边缘

植物空间的边缘，不仅
是空间界线的标志，也是组
成空间景观的重要因素，同
时又是一种空间的装饰，其
树种的选择及配置均需根据

图3-83（a）红枫与金叶过路黄（金钱草 *Lysimachia nummularia*）为地被，色彩艳丽，树影如画

图3-83（b）圣诞花地被

图3-83（d）郁金香花被（王胜林 摄）

图3-83（c）雪松下的杜鹃、书带草花被（陈少亭 摄）

图3-83（e）洋水仙花被（朱丹 摄）

空间的立意、划分、主景，树丛组合以及季相等设计，不宜整齐划一地环绕空间一周，一般宜疏密相间，曲折有致，高高低低，断断续续，依其使用与景观相结合的原则，更或与其他小品等组合而成。

房前屋后的小空间，在宅旁的一侧，可以较整齐地栽植较高的隔离树，在有窗口的视线范围内或屋角则栽植低矮的花灌木；较大的园林空间边缘可以不同种类的植物多层分植成有一定起伏林冠线的树丛，更具观赏价值；更大的园林空间，可利用周围环境的树林或山景作背景，栽植带状花木林，盛花时，与背后的绿林相衬托，增添了季相的景观，如图3-84（a）所示；有的私家植物空间，要求具有种种防护作用，则可沿边栽植高大树木，林下配以常绿，叶密或有刺的树木构成紧密结构的树带，如图3-84（b）所示；而有的空间边缘已有围墙者，也可栽植具有观叶、观花价值或常绿的树丛，打破边缘墙壁的呆直感，使空间更有生态的装饰效果，如图3-84（c）所示。

图3-84（a）绿林衬托的花木丛（贝蝶 摄）
利用周围环境的山景与树林为背景，栽植一条带状花木（樱花）林，春季季相十分突出

图3-84（b）上下双层次结合的围护树带
要求保护私密性的空间边缘，以常绿、叶密的乔灌木，构成紧密结构的树丛

图3-84（c）掩饰墙面的常绿树
已有围墙的空间边缘，可栽植具有观叶或观花价值的树木——棕榈、棕竹（或杜鹃等），打破墙垣的呆直感，又具生态的装饰效果

（三）装饰

园林植物空间的地面，（尤其是较大的空间地面）大多铺以草皮，有时或会显得过于单调，这就需要进一步设计或加以"装饰"。

"一坦平原"与"略有起伏"其景观效果是不同的，如能设计一些"微地形"，稍加"细物"点缀，则空间感就会显得丰富而耐赏。

常见的一种装饰是置石，将一块或数块自然石（或人造石）半埋于略有起伏的草坪上作为点缀，或如"山的余脉"，或有其他寓意，而可观可息。有的空间入口部分，立一"名称石"；有的与植物结合成景；有的与雕塑相配，设一组石群，让游人去揣想、琢磨其寓意等等（图3-85）。

图3-85（a） 草坪上的孤置石，形如鳄鱼"浮水"

图3-85（b） 植物空间的"名称石"

图3-86（a） 草被上自由栽植的地仙

图3-86（b） 春季，草皮返青，二月盛花的木棉花散落满地，造成"落英缤纷"之美景

图3-86（c）铺装地面上的绿块

图3-86（d）以书带草作地被，上栽"地栽藤萝"伴以红枫，亦是很美的装饰

草被上栽植各种不同的观花植物更可加强空间的生态气息和色彩景观。秋冬之交，草坪枯黄时，以地栽或盆栽的宿根花卉，组成花篮装饰地面，甚或树林下的落花，亦可获得短暂的"落英缤纷"的美景，而草被上的鸟群，更是空间内难得的生物景观。因此，以各种方式来增添空间的生态景观是十分重要而较为简易可行的事，但必须加强养护管理，才可获得理想的效果。即使在有些建筑空间的地面，也要尽量增加绿色地面，如在铺装地面栽植各种形状的草皮或色块，也是一种很优美的生态装饰（图3-86）。

第四章

园林水体的
植物景观

西湖初秋游人醉　桂子飘香荷未残

引　言

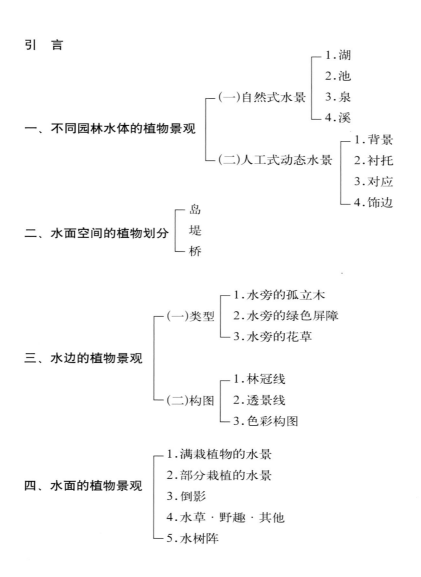

一、不同园林水体的植物景观

(一)自然式水景
1.湖
2.池
3.泉
4.溪

(二)人工式动态水景
1.背景
2.衬托
3.对应
4.饰边

二、水面空间的植物划分
岛
堤
桥

三、水边的植物景观

(一)类型
1.水旁的孤立木
2.水旁的绿色屏障
3.水旁的花草

(二)构图
1.林冠线
2.透景线
3.色彩构图

四、水面的植物景观
1.满栽植物的水景
2.部分栽植的水景
3.倒影
4.水草·野趣·其他
5.水树阵

引言

在自然风景名胜区或城市环境、园林中，大多数都有各式各样的水体，这些水体，或是借助于大自然的江河湖海；或由园林中挖池、引泉而来；或完全是人工设计建造的各式喷泉，随着这些水体的环境条件与设计意图而产生丰富多彩的、优美独特的园林水景。

利用江河湖海的，有的气势雄伟、汹涌澎湃、咆哮如虎，有的蜿蜒如青罗带，山翠如碧玉簪、鱼鹰竹筏漫游，有的则一平如镜，水光潋滟，薄雾轻纱如杭州西湖（图4-1）。

园林中的湖池溪泉，其形态与水态则更为丰富，大的广阔得可以划船、游泳、滑冰，小的只及1平方米的泉池，仅可养鱼静赏；有的五光十色，波光粼粼，有的则碧潭深影，清澈见底。

至于在城市各种环境中设置的人造喷泉则更是丰富多样，活泼多姿，常见的有名目繁多，如音乐喷泉，彩色喷泉，间歇喷泉以及壁泉、涌泉、溢流、泻流、管流、水帘、叠水等等，但是，各种水体，不管做主景，还是作配景，大多需要借助植物和山石、园路建筑地形等其他园林要素来创造更为斑斓美丽的水体景观。

一、不同园林水体的植物景观

（一）自然式水景

1. 湖

从风景游览的角度来看，大的如镜泊湖、太湖、洞庭湖、新疆天池、昆明滇池、武汉东湖……小的湖则散布于各地园林，数不胜数。但大湖中游人最集中，最著名的莫如被称为"天堂"的杭州西湖。西湖之美，固然美在其自然山水之形胜，但其自然的植被，尤其是千百年来人工栽植的植物群落使西湖更加美丽动人，生机勃勃。

西湖总面积有5.6平方公里，三面环山，一面临城，其植物景观主要依靠西山、北山和南山的原有植物、加上新中国成立后在沿湖造林及造园时所栽植的各种观赏植物，形成了十分丰富的植物群落，异常优美。而这时所栽植的植物种类也多少因袭了古代的传统。

早在唐代，在杭州任过刺史的诗人白居易就观察到西湖的植物景观是"绕郭荷花三十里，拂城松树一千株"。颇有气势，而这种气势并没有影响西湖的秀丽，因为西湖面积大而周围的山峦则是层次重叠、深远而低平，植物只是在它柔美的外表披上很大方的绿装；而仔细近看，则植物品种多样，景观丰富，湖中除了荷花以外，还有"菱花开古镜"、"笛声依约芦花里"、"菰蒲无边水茫茫"。但西湖里仍以荷花为主，达到了"荷花似醉"的程度，这不仅寓意着西湖边有一个酿造官酒的曲院，而且表达了这千顷万波的绿叶红莲的香艳、迷人之内涵。

同时，西湖又处在四季分明的温带北缘，植物的季相变化较大，所谓"春来濯濯湖边柳"，"堤上桃花水亦香"，特别是宋代诗人杨万里将西湖夏秋冬三季的植物景观绘形绘色地说到了最恰当处：夏天是"接天莲叶无穷碧，映日荷花别样红"；秋天是"梧叶新黄柿子红，更兼乌桕与丹枫"；冬天则"只言山色秋萧索，绣出西湖三四峰"。虽然是秋天的萧索，但也只露出西湖群峰的一二，其他仍被常绿的树木披上了绿装（图4-1）。

2. 池

杭州植物园的山水园是与"玉泉观鱼"景点结合的一处园林式的植物引种区，利用原有稻田设置了一个1.5公

图4-1（a） 薄雾轻纱中的杭州西湖角

图4-1（b） 初冬西湖

图4-1（c）杭州西湖三潭印月远景

图4-1（d）映日荷花

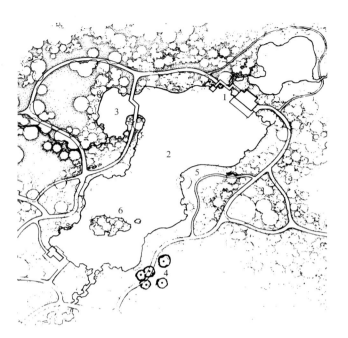

图4-2（a）杭州植物园的山水园平面
1.水榭；2.大水面（主体水面）；3.小水面；4.五株樱花；
5.伸向水面的小草坪；6.小岛增加了池面的景深

顷的水池，其西北为树木园，东面为槭树杜鹃园，西南有小溪将玉泉水引入池中，西北设低平的桥堤将水面划分为大小悬殊的两个水面，小水池面积不及整个水池的六分之一，沿岸全部覆盖地被植物，池中多水草，周围种大树，保留一个幽静的水面空间，与开阔的大水面空间形成对比，而桥堤则成为两个不同空间的分界线，如图4-2（a）。

在水池偏西南处，设一小岛，面积约180平方米，西岸为游览"玉泉观鱼"景点的入口处，游人较多，东岸建亭廊水榭一组（图4-2b）小岛就成为水榭西望的透视终点，岛上的植物配置对整个水池起着聚景、分隔和加强景深的作用，栽植了黑松、红枫、合欢、夹竹桃、杜鹃等乔灌木，树种之多，几乎成了一个小"标本园"，颇嫌杂乱。但水池整体的植物景观是优美的，主要在于水池四周的植物配置很成功，其配置方法可以作为一般自然式水池植物配置的范例。

（1）植物不是环绕池边一周栽植，而是有的紧临水际，有的距池岸较远，有的以低平的草坪伸入水面；树丛

图4-2（b）位于林深水际的重檐亭

配置有疏有密，池边道路忽而临水，忽而转入树丛中，忽而跨入水中(桥)表现出若即若离，弯弯曲曲，步移景异的游览水景园的情趣。

(2) 为了分散此处游人过于集中的情况，在水池周围设置了三块较大的草坪，西北面的一块靠近山外山菜馆，供来此就餐的游人利用；一块在玉泉山下，周围配置常绿乔灌木，形成"林中空地"，环境安静；另一块为东南面的槭树杜鹃园，作一般游览用，也可在此细赏杜鹃与槭树的植物季相景观。

(3) 整个水池区的四季季相也很丰富，在水边，树下，草坪边缘，满处都栽植杜鹃作为基调，以多取胜，在杜鹃丛中也点缀一些冬、春季开花的梅花、樱花、山茶花、玉兰等以体现"万紫千红总是春"的景观；夏季则只在枫香及常绿阔叶林的背景前，栽植数株紫薇和二三株合欢，重点突出以荫取胜的夏景；而各色品种的槭树园自然成为红、黄叶色变幻、延续的秋景。同时，红枫旁避开红色花叶的植物，而选种白色的毛白杜鹃等，故形成了不同色调的对比。

(4) 水池西南岸配置了五株樱花，是结合周围的地形、道路而创造的优美植物景观的实例，如图4-2(c)。在水池西南小亭旁，有香樟、八角枫等乔木的枝干作框景，"远望"五株樱花成丛、明亮爽朗；而从另一处看，五株樱花略呈人字形排列，近观其展开立面，有"成林"之感；从另一角度看，由于两旁的常绿树隐约遮挡，形成夹景，可集中欣赏单株樱花的姿态；一条园路穿过五株樱花丛中，由于樱花树冠的冠下高仅1.8至2米，正覆盖于游人的头顶

上，又形成一条绮丽的"花中取道"之景。故五株樱花的平面设计，看似平常，但由于考虑到环境的种种条件，竟获得了意想不到的优美景观。

另一个分类区的水池，池岸全部用湖石堆砌，配置书带草及各种花灌木，池中栽植睡莲，荷花等水生植物，水池四周除一水榭外，以各种乔灌木，树种有马尾松、水杉、水松、落叶松、樱花、珍珠花、桃花、棣棠、红枫、枫香等，构成极为美丽的春景和秋景，如图4-3所示。

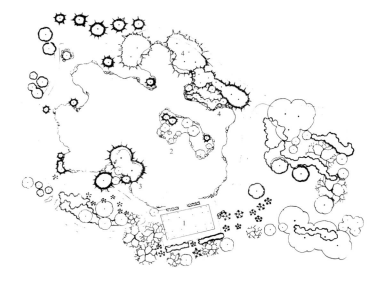

图4-3（a）杭州植物园水池平面图
1.水榭；2.水池；3.樱花；4.落羽松、羽毛枫等

图4-2（c）水池全景及池旁的樱花全景

图4-3（b）杭州植物园水池荷花——夏色

图4-3（c）水池旁的落羽松、羽毛枫——秋色

图4-3（d）杭州植物园水池主景——春色

3.泉

    以泉水涌出而形成的池为泉池，在中国古园林中多数为方形，池中养鱼，与建筑物的规则线条和游人的赏鱼兴趣相结合，其旁少有植物。但图4-4则是一个方形水池，池旁栽满了蕨类及其他耐水湿的植物，绿化的生态气氛十分浓郁。

    图4-5是杭州西泠印社的一方小泉池，泉池水面仅1平方米左右，池深也不到1米，位于园内交叉路口，池北石壁上刻有"印泉"二字，以示西泠印社是文人荟萃在这里研究金石之学。池旁砌石，夹种书带草，池周种有浙东四季竹，四季常绿，简洁雅静，颇具文人雅士们所喜爱的山林意趣。

4.溪

    流出于山峡的溪涧两旁，一般都是水草丰茂、溪上有

图4-4 方形水池旁的植物

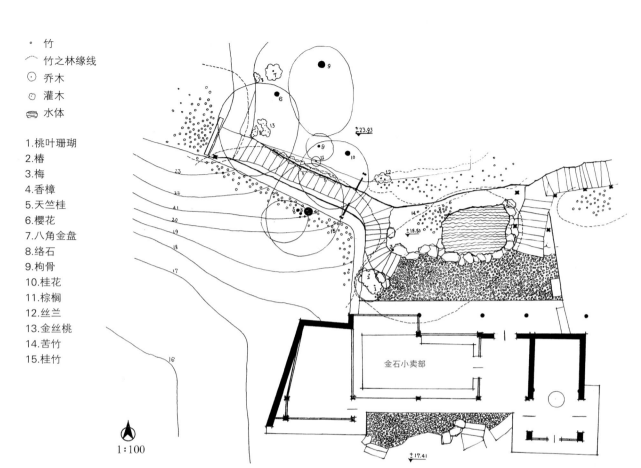

· 竹
⌒ 竹之林缘线
⊙ 乔木
◎ 灌木
▱ 水体

1.桃叶珊瑚
2.椿
3.梅
4.香樟
5.天竺桂
6.樱花
7.八角金盘
8.络石
9.枸骨
10.桂花
11.棕榈
12.丝兰
13.金丝桃
14.苦竹
15.桂竹

金石小卖部

1:100

图4-5（a）水泉池平面，杭州西泠印社"印泉"

图4-5（b）生态气氛浓郁的泉池（田青 画）

树荫,溪中有砥石的天然水景。如杭州的"九溪十八涧"是一条沿着山道蜿蜒曲折的溪涧,长达6公里,溪涧两旁山峰重叠,山上植有枫香、香樟、马尾松等林木,坡上种茶叶。溪之两旁,水草丰盈,溪中置步石、砥石,溪水冲击,淙淙水声不绝于耳。清代文人俞曲园曾作诗曰:"重重叠叠山,叮叮咚咚泉,高高下下树,弯弯曲曲路"将这一条大自然的溪涧之美,形容得惟妙惟肖,有声有色。

在人工建造的园林中,同样可以建造自然式的溪涧,如图4-6所示的一组照片中,有的利用地势,两旁栽植粗放的灌木或草类造成"叠水"式的溪流,颇具野趣;有的在两旁栽植各色开花灌木成为"花溪";开花时,花影重叠,色彩丰富;有的突出溪旁叠水,溪中栽植水草,可登临细赏。有的在溪涧旁栽植炮竹花,修长的枝叶花朵,垂向流动的溪水中,显示出一种大自然的水体与植物融合的动态,增加了园林的生态美(图4-7a)。

还有一种直通较大的河湖的港池,流入园林的一段,稍加植物配置,即可成景,或种高大乔木浓荫蔽日;或花木密植掩映隐逸;或开阔自然,野趣横生;或叠石对应,宁静飘逸,都极具自然的水趣(图4-7b、c、d)。

此外如大连森林动物园利用原有的一条小河谷底建造了一条弯弯曲曲、溪水淙淙、五彩斑斓的花溪,溪流两边铺满了由瓜子黄杨、金叶女贞、一串红、红叶小檗以及各色矮牵牛等植物组成的地锦式色块地被;溪岸则是叠石垒,溪中砥石使水流产生丰富的激流,涓流等多种水态;

图4-6(a) 利用地形,土、石驳岸结合,任野草生长或人工栽植的草类形成的溪流

图4-6(b)杭州"九溪十八涧"的一段水景

图4-6(c) 栽植着高低不等的花木如玉兰、樱花、杜鹃、贴梗海棠等的花溪

图4-6(d) 垒石驳岸,灌木水草点缀的溪流

图4-7（a） 溪涧激流旁栽种的炮竹花，增加了　图4-7（b） 小港两岸密植高约2.5至3米的木芙蓉形成一条极为隐蔽的花港
园林的生态美

图4-7（c） 章丘市百脉泉公园的溪流，全部处　图4-7（d） 将原有小溪纳入园林中，稍加种植，却仍保留了原来的几分野趣（杭州）
于大树的浓荫之中

溪上斜桥横渡；花被之中更有平坦的小路或缓坡石级蜿蜒
其侧，游人漫步小径，宛若仙境。人们不能不赞叹这种利
用大自然，创造"大自然"的构想。如此大规模的人工溪谷
风光在我国大概尚不多见，它是自然的风景资源，但又是
人工装饰的园林，它不占用良田平地，却为人们建造了
一处环境清洁、优美，色彩绚丽夺目能令人振奋精神，

陶冶情操的游览胜地（图4-8）。

　　由此说明，在有条件的地方建造园林时，其水景的设
计还要注意与园林整体的其他要素如地形、山石、植物、
建筑小品等综合考虑。因为，这条溪流似乎是原来山谷或
河谷之底，地势很低，其植物配置可以用不同色彩的低矮
花灌木，各色花卉等与水流、石块、步道、汀步等，组成一

图4-8 大连森林动物园谷地花园

幅地上的彩画犹如组成一幅色彩斑斓的锦绣，而为了能全面地欣赏到这个地上的雕塑与彩画，因而在溪流之上架了一座桥，游人停留桥上，俯视两边水景，必然为之惊艳、赞叹不已而流连忘返，堪称园林水景之精华。

（二）人工式动态水景

人工式动态水景一般以欣赏水体、水态本身为主，但必须注意其周围的植物景观设计，才能构成完美的水景，主要有以下几点：

1. 背景

图4-9（a）是香港遮打花园的系列喷泉群，由于有多层植物的绿壁作背景，使喷泉的透明度更为醒目，而喷泉的跳跃更为生动；图4-9（b）是台湾某公园的一处喷泉雕塑群，由于有大片森林作背景，再加上浅灰色建筑墙面的封闭空间感，就形成了一处非常深远而宁静的休息空间。

2. 衬托

一条梯级式的叠水流，左侧有花叶艳山姜（*Alpinia zerumber* Var.）作背景，右侧为人行的宽大台阶，在水际置鲜红色的圣诞花盆，不仅增加了红、绿色植物与透明水体的对比，使水景更为精彩，而绿色的背景与红色的点状花盆带，又可作为流水与道路区别的分界线（图4-10a）。

在一个层叠式的四层叠水底盘上，以丰富多彩的草本花卉相衬托，更加突出了主景水体；而常年可以不同花色更换的草花更使水景具有多变与常看常新的感觉，如图4-10（b）。

图4-9（a）香港遮打花园的喷泉群，以植物绿壁为背景

图4-9（b）台湾某公园的喷泉、雕塑空间，以深远的"城市森林"为背景

图4-10（a）多层植物相衬映的叠水梯级

图4-10（b）鲜艳的暖色花卉衬托的四层叠水盘

图4-11 香港演艺学院园林水景

图4-12 水帘亭池边的花带饰边

3. 对应

但植物要与主景水体的形式相配合，如图4-11是一个蛇曲形的叠水层，在池边外，相应地设置了一条曲线形的绿带，使二者构成一个相应而完整的景观。如果没有绿带，则水带就会显得单调一些。

4. 饰边

香港公园的水景园是一个长条的系列喷泉群，一端为水力充沛的喷泉柱，另一端是一个水帘亭，二者之间有一长约30米，宽约5米左右的浅叠水池相连接，在这个浅叠水池旁各设置了一条以艳丽的圣诞花，各色大丽花的低矮花带，在图4-12中这条花带的作用，一是丰富了整个喷泉群的色彩，二是吸引游人近观浅叠水池底的涓涓细流，三是增强了主景的透视效果。试想，如果没有这两条花带，即使主景很美，在色彩与景观上也会略显逊色的。

二、水面空间的植物划分

水体中常常设置堤、岛、桥作为划分水面空间的重要因素，而堤上、岛中、桥头的植物配置，则是划分水面空间的主要题材和手段。杭州的苏堤、白堤上栽植着大量的树木花草，成为西湖水面上的两道绿色"浮廊"，将西湖划分为大小，形状各不相同的五个湖面——外湖（即西湖）、北里湖、岳湖、西里湖及小南湖，西湖中的孤山、三潭印月、

湖心亭和阮公墩等大小岛屿，更是将湖面划分成富有不同情趣的水面空间（图4-13a、b）。

北京颐和园的水面划分，如图4-13（c）、（d）所示。虽然大体上是仿杭州西湖，由于南北方气候不同，植物种类有差异，颐和园的西堤，远望亦如杭州苏堤之秀美，近观则风格亦有不同。如杭州水边的大叶柳，向水性极强，枝

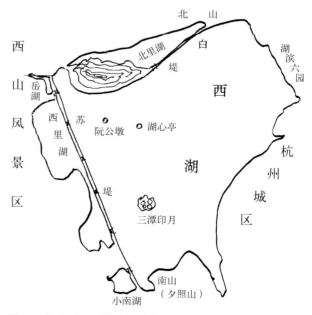

图4-13（a）杭州西湖水面划分

图4-13（b）从北山看西湖全景，白堤如绿色"浮廊"

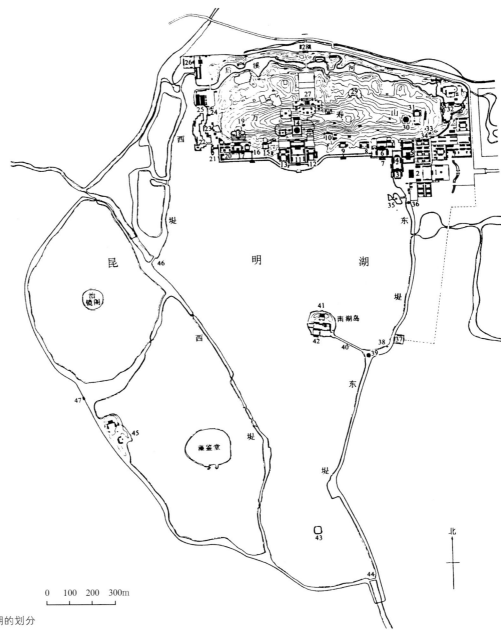

图4-13（c）北京颐和园昆明湖的划分

图4-13（d）北京颐和园西堤

1.展览馆、长廊　　12.旭桥　　18.一道桥　　24.亭子
2.清真食堂　　　　13.翠桥　　19.太平门　　25.牡丹园
3.公园革委会　　　14.芳桥　　20.和平新村门　26.花房
4.友谊厅　　　　　15.白桥　　21.轮渡　　　27.花架
5.览胜楼　　　　　16.菱桥　　22.售票处　　28.动物园
6.翠虹厅　　　　　17.二道桥　23.玄武门
7.翠洲舞台
8.月季园
9.宝塔
10.万人游泳池
11.翠洲门

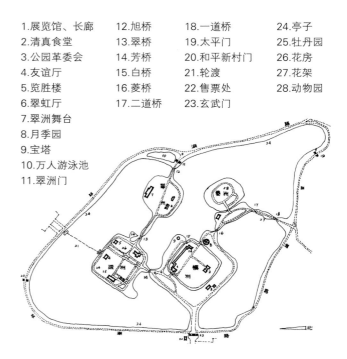

图4-14（a）南京玄武湖平面

1.先贤祠　　　5.卍字亭（已毁）
2.闲放台　　　6.花鸟厅
3.开绸亭　　　7.御碑亭
4.亭亭亭
（虚线为道路）

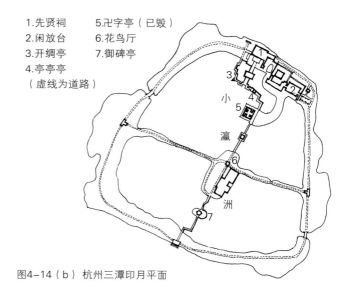

图4-14（b）杭州三潭印月平面

干常可伸入水中，横斜水面；而北京的垂柳，枝干基本上是斜向空间，而以枝叶条条下垂的，二者姿态不同，故重要的是树种的选择，但在某一具体环境，或小气候条件下，在北方或在南方要创造一段时间一种特殊环境下的"不是江南，胜似江南"的植物景观，也不是不可能的。

　　南京玄武湖，其水面划分比较均等（图4-14a），也可以用植物造景的方法产生与纬度相近的杭州西湖完全不同的空间景观特色。故不论岛屿的大小，堤、桥的长短，都能以植物造景的手段来加强水体的景致，扩大或遮挡水面空间，增加水上游览的趣味，丰富水面空间的色彩，甚至影响到水景的风格。

　　岛是设置水体景观的重要元素之一，它可以加强水面空间的景深，而岛的内部更可以由植物来组成丰富多彩的园林景观。例如杭州西湖的三潭印月是西湖偏南面的一个岛屿，总面积约7公顷，以堤构成具有内湖的园林空间，又以不同高低的树木分隔成内外湖，图4-14（b），内湖中有东西、南北两条主路（堤）成十字交叉将岛屿划分成"田"字形的水面空间，东西堤上种有大叶柳、木芙蓉、紫薇等乔灌木，有疏有密、高下有序，犹如帘幕般把内湖又分隔成南北两部分。而南北主路两旁栽植的香樟、无患子、桂花、乌桕、碧桃、栀子、垂柳等各色乔灌木，又将东西两内湖分隔成四个水面空间，如图4-14c、d。

　　内堤长条形树带增加了整个园林空间的层次和景深，产生一种重堤复水的景观，设想如无这两条树带的漏与隔，则三潭印月岛的内、外，都将是一片单调的一览无余的大片水面而已。不仅如此，还可从游人观景的角度来分析其景深，景物高度与植物配置的关系。

　　据测定，如右页表所示：

　　由上表可以看出三潭印月内的景物高度在10至20米之间，视距在80至180米之间，其四周的景高与景深之比在1∶8至1∶15之间，仰视角在3°至7°之间，而据实际观察，仰角以6°至13°、景高与景深之比在1∶10左右的视觉效果较为合适。

图4-14（c）三潭印月岛内南北十字堤北段

图4-14（d）三潭印月岛内南北十字堤中段建筑

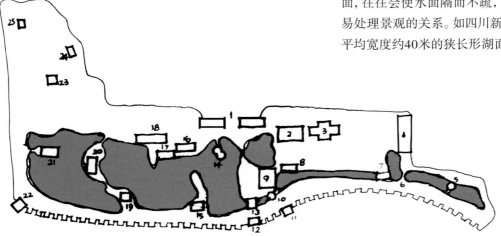

图4-15（a）新都桂湖湖面划分

应该说明的是，目前三潭印月的植物种植变化较大，有的慢长树或已长高，有的快长树或已枯死，有的则已更新、更换了其他的树种，此表仅仅是根据1962年的树木稳定时期的情况而测定的，而树木的景观一般也多以其生长稳定时期（或中、壮年，或以树干的最高可达标准）为依据，此表仅仅说明水面空间的植物划分能起到增强园林景观的作用而已。而且不仅在水面空间，在其他的空间也同样如此，不过，由于水面空间具有平静，可生成倒影的特色，故其景观的作用就更为明显。

堤是水面划分的纽带，堤上的植物景观则是水面空间或分隔、或联系的关键，它对空间大小和景观都起着十分重要的作用。

在园林中常常遇到狭长形的水面，如以岛来分隔水面，往往会使水面隔而不疏，如果用堤来分隔，则比较容易处理景观的关系。如四川新都桂湖是一个全长210米、平均宽度约40米的狭长形湖面，图4-15（a）湖的中段则以

图4-15（b） 新都桂湖"盲肠堤"的植物景观

图4-16（a） 杭州苏堤的春景——桃花

图4-16（b） 广州流花湖的蒲葵堤——夏景

图4-16（c） 武汉东湖的水杉堤——秋景

图4-16（d） 杭州三潭印月堤的冬景——大叶柳

三个"盲肠堤"划分水面，三堤长度不同，南北穿错，产生了左右弯曲的似无尽延伸的感觉，其他的堤岛也克服了狭长形水面的冗长而单调的感觉，但这种空间感觉主要还在于堤上的植物栽植（图4-15b）。由于盲肠堤上栽植了垂柳、桂花、各色花灌木等多层次的乔灌木，显不出狭长的感觉，但又与前后水面相通。

同时，堤上的植物景观要根据该园的总体设计意图或疏或密，或高或低，以及四季季相的变化来丰富水面空间的植物景观。以下一组是表现不同季相的堤岸植物景观的照片（图4-16）。

景物高度、视距测定表

视点位置	景物范围	景物高度（米）	视距（米）	视角（度）
东西横堤	北部建筑群（光贤祠）	5	180	3
	南岸树丛（大叶柳）	12	100	5
碑亭北端曲桥	东岸树顶	10	120	3
	西岸树顶	12	120	4
四方桥	东岸树冠	12	85	5
	西岸树冠	12	120	5
	南岸树冠	10	20	12
	北岸树冠	4	25	7

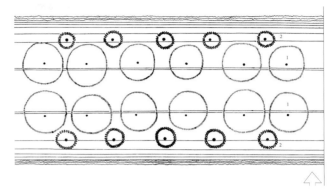

图4-17（a）杭州白堤平面图　1.垂柳；2.碧桃

此外，堤上的植物配置还应特别注意生态环境与习性。如杭州西湖的白堤是一条带有美丽传说故事的"文化堤"，历史上曾有"一株杨柳一株桃"的植物记载。最初是据此将桃柳间栽成一行，但实践证明，由于白堤的地下水位高，而桃花又是喜阳厌湿的树种，上有高大的树荫遮挡阳光，下有高水位的浸泡，生长不好，于是将桃花移植于堤岸边，与柳树成品字形分行栽植，这使桃花极少接受柳荫而能无阻挡地接受阳光，并将桃的根部培土，以降低其地下水位。这样，桃柳都能获得正常的生长，从而恢复了历史上的优美植物景观（图4-17）。

　　双飞燕子几时回，夹岸桃花蘸水开。
　　春雨断桥人不度，小舟撑出柳荫来。

桥头的植物景观主要依据桥的位置、形式（含大小、长短、造型）及色彩、质地以及所表现的建筑风格而配置

图4-17（b）杭州白堤远景

图4-17（c）杭州白堤内景

图4-18（a）北京颐和园西堤的玉带桥

相应的植物。今举例明之。

　　如图4-18（a）是北京颐和园西堤的第一座桥，名玉带桥，造型曲凸、线条柔美，故配以柔条拂水的垂柳，以加强其柔性美。图4-18（b）是公园内一条平淡无奇的小平桥，在桥头栽植较为低矮的羽毛枫，以其"色艳"作为小桥的标志。图4-18（c）桥的本身为鲜红而秀丽的"高架"桥，故周围以各种绿色乔灌木形成一种绿环境，加上淡蓝而透明的水面相映衬，突出了桥本身的形与色。图4-18（d）为一座原木田园式的小平桥，此处游人不多，则以各色植物自由而较杂乱的树丛，形成一种宁静的、乡野的环境，耐人寻味。图4-18（e）为小庭园内一座原木栏杆的二折桥，小巧玲珑，隐蔽于绿荫之中，故在桥头栽植红色的龙船花（*Lxora chinensis*）作为标志。图4-18（f）小庭园中一座简朴而低平的三折石板桥，距水面很近，两旁水中栽植风车草（*Cyperus alternifolius*），可稍息近赏，亦别有情趣。

图4-18（b）杭州花港观鱼公园小桥头的羽毛枫

图4-18（c）新加坡裕花园的日式小桥

图4-18（d）广州流花湖公园小桥

图4-18（e）香港某小庭园的小桥

图4-18（f）香港某小庭园的石板小桥

图4-19（a） 枝干虬曲向上，构成框景

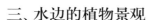
图4-19（b） 大叶柳斜向水面

图4-20（a） 杭州花港观鱼岸边的红枫

三、水边的植物景观

紧靠水边的植物是水面空间景观的重要组成部分，它与其他的山石、建筑、道路组合的艺术构图对水面空间起着举足轻重的作用。但水边植物景观的关键是必须在选择耐水湿的植物种类及符合其植物生态条件的基础上，方可获得理想的效果。本章所列实例，都证明了这一点。

（一）类型

1. 水旁的孤立木

水旁的孤立木，大多是为了遮阴，观景或构图的需要，或者是为突出某一特殊的树种而设。

杭州三潭印月的内堤上有一段大叶柳，原是在水边成行栽植，久而久之，有的缺株淘汰，就变成孤立木了。由于大叶柳有极强的向水性，枝干低矮临水，产生各种不同的

优美"舞姿"，有的横枝远伸水面，枝干下可通小船；有的虬曲向上，为岸边坐石赏景构成画框；有的则枝叶低垂入水，作倒伏状，极具情趣（图4-19）。图4-20（a）为岸边的一株红枫，上有深绿色叶的广玉兰作背景，下有白色的意大利芦苇相承接于水际，以及岸边的海棠和杜鹃（如图4-20b、c）都是突出水边植物色彩对比的实例。而池岸边地栽的紫藤[①]，却以其特殊的姿态，增添了水边生态意韵的春景和夏景（图4-20d）。

2. 水旁的绿色屏障

直立水旁的高大绿色屏障，称为"绿屏"。绿屏可以由一行密植的乔木组成，也可以由不同乔灌木种类多行组成为一定厚度的屏障，它既是直立的绿色分隔屏障，又是水边低矮花木的背景与衬托，也是组成幽静水面空间的主要的植物配置方式。

杭州黄龙洞水池南面的山，山脚距水池仅十余米，

[①] 紫藤是一种夏季开花的优美爬蔓木本植物，常用于花架。但现在已可以竖立成乔木，高可达3～4米（图4-20f为乔木紫藤）。

图4-20（b）杭州—鱼池旁的海棠与垂柳

图4-20（c）岸边杜鹃花与碧绿的池水，相映成趣

图4-20（d）水边地栽的紫藤

图4-20（e）立架紫藤

图4-20（f）乔木紫藤

山坡陡峭，树木郁郁葱葱，形成一个
庞大的垂直绿色屏障（图4-21a），高达
30余米，而水池宽仅18米，再加上池旁
白色的园林建筑衬托，使高低对比更加
明显。林中鸟声唧唧，坐临池畔，如入
深山老林般，使人感到水池空间更为宁
静、古拙。这主要依赖于水旁优越的自
然条件形成。

在人工园林中较大的水面空间同
样可以造成绿屏。五十年代建成的杭州
花港观鱼新鱼池旁，借池北岸广玉兰行
道树及其后面的雪松群形成绿屏，绿屏
前有意大利芦苇及点缀的少许花木，
伫立水边，与外界分隔，亦显宁静。在
北方则多以常绿的松柏与落叶的垂柳
构成绿屏（4-21b）。

杭州近年新建的太子湾公园中水
池旁成排密植着水杉林，衬托着其前
的红枫等花、叶植物，池边低矮的鸢尾
丛丛，也增添了水池空间的宁静与优
雅之韵味（图4-21c）。而杭州植物园一
水池旁的水杉、水松、落羽松高耸直立
的绿屏，一到深秋就变成了秋色萧萧的
"红屏"，衬映着池中的残荷，亦别具
情趣（图4-3c）。

在较小的水面空间，四周又无自
然山林可借的，则可利用墙面营造垂
直绿面，如图4-21（d）在池旁的墙面
上全部爬满了薜荔（*Ficus pumila*）形
成一片绿墙，绿墙前面栽植了一丛木
芙蓉花，有如绿色屏幕前摆设的一束
鲜花，增加了池畔配景的趣味。

总之，水边采用垂直绿屏的植物
配置手法，不仅可作分隔、屏障、背景、
衬托用，尤其适用于栽植过多水生植物
的水面，和堆叠山石繁琐的景点，因为
它可以通过简与繁的对比，起到简化景
物、统一景观的作用，如图4-21（d）杭
州黄龙洞小水池旁的绿屏。

图4-21（a）山林意趣的绿屏

图4-21（b）　常绿与落叶树相配的绿屏

图4-21（c）　水杉绿屏

图4-21（d）　木芙蓉以薜荔墙绿屏为背景

3. 水旁的花草

园林水池的驳岸，无论是土岸或石岸，一般都选择耐水湿的花草植物栽在水旁，可增强水景趣味，丰富水的色彩。尤其是草花，品种繁多，色彩丰富，当水旁的乔灌木到了落叶无花的秋冬季时，最宜于栽植耐湿又耐寒的花卉，以弥补季相偏枯之不足（图4-22）。栽植时，除自

图4-22（a）　上海豫园溪岸的杜鹃花（李日华　摄）

图4-22（b）　水旁的铺装地设木板花槽，栽种大丽花、一品红形成艳丽的花坛

然式地直栽于驳岸外,也可以湖石砌边形成花池,更或配以山石小景;而在水池旁的铺装地面上,也可以砌石边或木板边围成花槽,槽中填土后栽上花草。有的土驳岸不栽花,只栽芦苇类的草或蒲葵,形成一种野趣(图4-23)。如果是大水面旁的大片平地或斜坡地,有时不种花或其他植物,只铺一片平坦的草坪,仅以大树丛作背景,也显得大方、整洁,形成颇有气势的一种风格。

图4-22(c) 与石岸相配的宝巾花溪岸

图4-23(a) 香港园林水边的蒲葵与红桑

图4-22(d) 结合石岸砌花池植三色堇草花

图4-23(b) 园林水边的野趣——意大利芦苇

图4-23（c）园林水边的野趣——鸢尾

（二）构图

水旁的孤立木、绿屏及花草的配置已于上述,而水旁的乔灌木配置则比较复杂,主要是应考虑其艺术构图。现分述如下:

1. 林冠线

栽植树丛不论大小、长短,都有一个高低不等,形态不同的树冠轮廓线,它既是植物空间的分隔线,也能表现出树丛的外貌与风格。我国古代园林的植物景观比较讲究植物的形态与习性,如垂柳是"更须临池种之,柔条拂水,弄绿搓黄,大有逸致"。也有"湖上新春柳,摇摇欲唤人"的诗句,加以人格化,足见池边种柳,已成了我国水边植物景观的传统风格。

比如杭州的柳浪闻莺景点,沿西湖边栽植垂柳,其间距就不宜等同,宜在适当地方留出一段空间不栽树,作为柳枝飘逸的空间,产生那种"柳荫深霭玉壶清,碧浪摇空舞袖轻"的植物动感从而达到"林外莺声听不尽,画船何处又吹笙"的"柳浪闻莺"一景的完善境界。反之,如果只是密密地、整齐地栽植一行柳树,那就难以形成优美的"柳浪",而只听得吱吱呀呀地一群莺鸟乱叫了。

同时,柳树虽适合于水边,但也不能所有的水边只种柳,或者只种垂柳一种,不同的柳,可以表现不同的风韵（图4-24）,否则也会显得过于单调。实践证明,能耐水湿的乔灌木还是不少的。如图4-25（a）水池的一边种垂柳,而另一边则种加拿大杨（*Populus canadensis*）。柳枝是向下垂,而加杨的枝叶则向上长,同植于水池的两边,却并不感到别扭,反而觉得"对比有佳"。

图4-24（a）水边的垂柳:枝条下垂,弄绿搓黄

图4-24（b）水边的立柳:枝干向上,疏朗大方

图4-25（a）水边垂柳与钻天杨的形态对比

图4-25（b）杭州西湖边优美的林冠线

图4-26（a）杭州湖滨公园西湖旁的树木配置

图4-26（b）杭州花港观鱼新鱼池旁的树木配置

又如在杭州的一些园林和风景点中的水边，都栽种了与垂柳形态迥然不同的、高耸向上的水杉、落羽松、水松等树木，也产生了较好的景观效果。究其原因，是由于水杉等树种直立向上，与水平面一竖一横，符合了艺术构图上的对比规律，特别是水杉群植所形成的树冠线与水面对比所产生的效果比较协调。试想，如果将水杉孤植于岸边，那就会觉得很不协调了。故这种与水面形成对比的配置方式，宜群植，不宜作为观赏的单株孤植。同时，还应注意与园林的风格及周围环境相协调。如三潭印月这一古老的风景点，其水边的主要树种仍以树形开展、姿态苍劲的大叶柳为宜，若在这里采用过多的水杉，即使是群植，也会影响其原有风格的。而杭州湖滨的西湖岸边栽植的垂柳与香樟，树种简单，却利用了湖岸的曲折，构成了远近结合的林冠线，效果较好（图4-25b）。

2. 透景线

在有景可借的地方，水边种树时，要留出透景线。但水边的透视景观与园路的对景有所不同，它并不限于一个亭子，一株树木或一座山峰，而往往是一个景面。在配置植物时，应选用高大乔木，加宽株距，用树冠来构成透景面，图4-26（a）是杭州湖滨公园，在两株相距达十余米的悬铃木构成的宽大浓荫下，眺望对岸的西湖景色，树荫与水光形成了明暗对比，观西湖岸景就更为清晰。在杭州花港观鱼公园的新鱼池旁，种有一株广玉兰，冠幅5米，冠下高1.5米，正好形成一个低矮、阴暗而凉爽的观赏点，在树下安置了一个座椅，欣赏对岸阳光照射的水景风光，增强光线明暗的对比，这时的广玉兰树荫，就像照相机的遮光罩一样，将景物观赏得更为清晰，如图4-26（b）所示。

如前所述，园林水旁栽树，一般不受"等距"的束缚，

而是因景设树，处处注意到有景可寻，有景可赏，或平视、或仰视、或俯视，选择适宜的栽树位置和树种（尤其是林下高的控制）做到"嘉则收之，俗则摒之。"

图4-26（c）是由杭州苏堤树下看对岸小南湖边的园林建筑的透视景观，自由斜倚的"舞"枝，浓艳的碧桃花丛覆盖，前景又有草花掩饰树基，湖光树色，淡妆浓抹，构成了一幅十分优雅，亮丽的西湖风景画。步移而景异，走近十数米，在树丛之间又透视到小南湖对岸的蒋庄水亭，如图4-26（d），再向前走数米，则蒋庄水亭清晰可见其细部，而画面的背景也随着位移而变。堤岸树种相同，但株间不等，景物的远近、明细多变，这就是水旁植物配置的引游手法，需要相当细腻地作现场推敲。有的景物是一个面，更宜以"镜头遮光罩"似的乔木作为景点的导引，可以有草花镶边，而不宜栽植灌木，否则就会"扰乱视听"了，有的景物并无特殊的观赏价值，则可以柳条垂丝或全挡或部分挡之。

3. 色彩构图

淡绿透明的水色，是调和各种园林景物的底色，它与各种树木的绿叶都是协调的，但比较单一，而各种园林植

图4-26（c）杭州苏堤观望小南湖景（黄顺梅　摄）

物的干、叶、花、果却有极为丰富的五颜六色，也有各自不同的生态习性，无疑，水边的植物选择的首要条件是耐水湿，其余则要根据游人的习俗、环境的具体条件，尤其是该处景观的立意要求来配置。人们的爱好各不相同，有人喜好纯一色的绿，有人喜好绚丽多彩，有人爱好淡雅的白花或紫花，有人则偏爱"热闹"的花色。下面介绍一组水边植物色彩构图的实例供评赏（如图4-27）。

总之，水面是一个形体与色彩都很简单的平面，为了丰富水体景观，水边植物配置在平面构图上，不宜与水体边缘等距离地绕场一周，而要有远有近，使水面空间与周围环境融合成一体，立面轮廓线要高低错落、富有变化，植物的色彩不妨亮丽一些，但这一切都必须服从整个水面空间立意的要求。

经过本书所介绍的实例说明，在水旁栽植效果较好的乔灌木有大叶柳、垂柳、香樟、水杉、水松、无患子、桂花、红枫、广玉兰等。其他如重阳木、紫薇、冬青、樱花、海棠、杨梅、茶花、夹竹桃、棣棠、南天竹、黄瑞香、蔷薇、黄馨、红叶李、白皮松、罗汉松、重阳木、杜鹃、宝巾花以及竹类、棕榈、芭蕉、木香、紫藤、丰花月季等均可栽植于岸边。

图4-26（d）杭州苏堤观望蒋庄水亭

图4-27 水边植物色彩构图实例
（a）在水池的一边栽植一片艳红，深紫色的郁金香，对面草坪上则配置疏落的白色樱花，两边形成高与低，淡与艳的对比（贝蝶 摄）

图4-27（b）水池边，林木下栽植着五颜六色的郁金香花被，热闹非凡，乍一发现，颇生"惊艳"之感（黄赐振 摄）

图4-27（c）小水池旁被周围各种常绿树（如桂花、广玉兰等）及色叶木（红枫）的复层结构所覆盖，春夏之交，盛开的紫藤花，掩映于红叶与绿叶交错的林冠之中，小小的水面，再也统一不起这繁杂的林层，植物景观虽然颇具姿色，但亦感杂乱

图4-27（d）水池一角有一排直立，整齐的水杉林，衬映着其前面高低不等的红、白、绿三种不同色彩的乔灌木，池边又栽植着低矮的红色花及绿色的水草，还有一些散置石块作为前景，好像片片的红云与白云，漂浮于淡绿的水面，嫩绿的树林与蔚蓝的天际之间，简洁、耐赏、诱人

图4-27（e）水池一角，以沙石及各色低矮草花，构成白、深红、淡绿、粉红、艳红等五色相间的花被，花被上只栽二株棕榈科的椰子树，树旁还栽植高约0.5及2米的两行修剪常绿灌木和尖塔形的松柏科小树，构成一个小巧玲珑的水边植物装饰性景观

图4-27（f）水边有断断续续、自由配置的石块，左侧还有一点小小的叠泉。在整体绿色调的空间中，不仅有深浅绿色的差异，还有鸡爪槭的黄叶。而在池边绿树的前后，却隐现出红色的炮仗花和石旁的数株红铁树，使这一丰富多彩的画面映入水中，极为耐看

四、水面的植物景观

水面是扩大园林空间感觉，增添园林趣味的重要因素，以水面作底色，配置丰富多彩的水生植物，既扩大了绿化面积，增加了俯视水面的植物景观，又与岸上的植物互相衬托，相映成趣。

1. 满栽植物的水景（图 4-28）

大片大片栽种的满池荷花，不仅在视觉上产生一定的气势，也以其"数里荷香"增添游人嗅觉上的喜悦。有的荷塘则并不满栽，而是留出小岔道，小船可穿行其中，一为便于清扫枯叶，也可产生"藕花深处"的情趣。

水面全部为植物布满的，多适于小水池，或水池中较独立的一部分，在一些风景区中还常见有水面铺满绿萍或红萍，好似一块红色的平绒或绿色的地毯。虽不一定是园林的立意所致，但在某一特定环境中，却也丰富了水景，造

成一种野趣。北京颐和园的谐趣园水池，一度也有满铺的绿萍，也栽种了一部分荷花，并设了一个漏斗状的喷泉，或为制造野趣而设，却与整体园林的意境不甚协调。近年水池中部分栽植荷花，留出倒影位置，如图4-29（a）。同一水池，植物配置不同，则产生了另一种意境，虽说荷花已经凋零，却为初冬的谐趣园带来一种别样的意境，如图4-29（b）所示。正是：

> 荷花飘香已过时，留得残枝舞泉池。
> 叶枯仍把雨声听，满池秋色显风姿。

2. 部分栽植的水景

部分栽植优美的水生植物的水池，在园林中比较多见。它的作用首先是为了展示水生植物本身的美，故种类选择都以誉为"仙子"的荷花（*Nelumbo nucifera*），睡莲（*Nymphaea tetragona*）较为普遍，更有栽种名贵的王莲

图4-28 满栽植物的水景 （a）杭州的曲院风荷景点的满池荷花

图4-28（b）某风景区的满池荷花

图4-28（c）北京颐和园一部分满栽荷花的景观

图4-28（d）上海某园林荷池中的小叉道

图4-29（a） 北京颐和园谐趣园水池中，一度曾为绿萍及荷花占满，并设置了一个喷泉

图4-30 部分栽植植物的水景 （a）水池中的王莲

图4-29（b） 北京颐和园谐趣园水池中残荷（初冬）景，但留出了建筑物的倒影位置

图4-30（b） 杭州三潭印月碑亭旁的名贵睡莲

（*Victoria amazonic*），也有栽植较为粗放的凤眼莲（*Eichhornia crassipes*）的。水生植物非常丰富。从水面植物景观来看，设置时，须注意以下几点：

（1）栽植的位置与水面空间大小的关系，要考虑与周围景物的协调，关键在于水景的立意，是以水为主（如观赏倒影，划船，宽广平静的水面空间等等），还是以植物景观为主（如赏荷、水草等，如图4-30、图4-31）。

（2）在许多情况下，都要求留出倒影的位置，特别是在岸边有特殊优美的景观时，更应如此（图4-35）。

（3）名贵的品种要能充分发挥其被观赏的作用。如杭州的三潭印月碑亭处是游人必经之地，将引进的名贵睡莲品种栽植于亭旁，可以近距离细赏。

（4）在较大的水面，为了欣赏远景，还可结合游人近距离的视点，栽植水生鸢尾，芦苇等植株较高的水生植物，以增加景深，便于游人观赏和留影。

在城市的建筑环境中有些小水面，不宜栽植较大面积的水生植物，多采用水缸栽植后放入池中的做法，还有一种在水池中设置种植池，填土栽植竹子的方法，设置的形式与数量随水池的形式与面积而有不同。

水仙往往作为一种室内植物应用，而今在南方的城市公园中，已将它直栽于露天的水池中（图4-32），而有些公园的低洼地，也以水草与置石结合，形成一种湿地的生态景观（图4-33、图4-34）。

图4-31 具有优美林冠线的水面栽植

图4-33 星星点点的水面栽植

图4-32 公园水池中自由栽植的水仙花

图4-34 大公园中的低洼地，自然式栽植水草，形成湿地生态景观

3. 倒影（图4-35）

水面好似一块平洁的明镜，四周景物反映水中，形成倒影，增加了游赏的趣味。有了倒影，岸边景物一变为二，上下交映，景深增加，空间感扩大，一座半圆形的拱桥，变成了圆桥，起到了功半景倍的作用。倒影还能把远近错落的景物组合到"同一张画面"上，如远处的山和近处的建筑，树木组合在一起，就犹如一幅秀丽的山水画。

有时，倒影也不一定使之全部亮相，而是在水面以其他植物（如睡莲）遮挡其根部，只留上部花的部分映影池中，更见其细微处。

水中倒影的画面，一是在于岸边景物本身的造型与色彩，二是景物背景的繁简与色彩，如果景物本身为浅色的建筑物，则以密植的绿色树丛或树林为背景，对比强烈，反映的倒影就是建筑物的加倍扩大效果。如果岸边景物及其背景均为植物，倒影也比较调和，而且会因植物的不同种类与生态习性表现出不同的季相效果。

有些景物的搭配在色彩上看来并不十分调和，但倒映在绿色的水中，就有了共同的基调，碧蓝的天空，丝丝浮云，几只戏翔的小鸟与湖畔配置得当的花草树木，就构成为一幅生动有趣的水景画。

风平浪静时，湖面清澈如镜，阵阵微风送来的涟漪给湖光山色的倒影增添了活力。若遇大风，水面掀起激波，

图4-35（a） 以常绿乔木为背景的亭廊

图4-35（b） 树丛倒影的清晰之美（章丘）

图4-35（c） 树丛倒影的朦胧之美

图4-35（d） 以水杉林为背景的木芙蓉的秋色倒影

倒影顿时消失，雨点又会使倒影支离破碎，则又是另一种画面。故倒影受到天气变化的影响，也能使园林水面景观变化多端。

杭州三潭印月西部堤岸上的柳树，在傍晚时分，自东向西望，堤前与堤后的水面，都反映出强烈的逆光。由于堤岸及树木都处于背光面，被强烈的光线反射至水面，衬托出清楚的轮廓线，呈现出"剪影"的效果。而这些以借助优美的植物（林冠线）就更加增色。

至于倒影的清晰度，与景物的轮廓线、色彩和水的透明度、风力、天气明亮度等等都有关系。在一般情况下，视距近、景物低、结构完整，则倒影的清晰度大。岸边的植物宜配置形态苍劲，偃卧式或轻柔垂枝的树木似乎更宜于水中倒影的风韵，色调也以红、黄、桔等暖色调与水的蓝绿色对比，效果更为突出，但是，只要水体清澈、平静，任何色彩的景物都可产生优美清晰的倒影；如果天色灰灰，则景物倒影就是另一种情调的朦胧之美了。

4. 水草·野趣·其他

■ 水草是一种常年在水中生长的草本植物。在自然泉池中常见，种类非常丰富，但在园林水景设计中常被忽略，也较少见到在公共园林中特意栽植供游人观赏的。但是，在当今园林艺术逐步由广而深，由粗而精的进程中，人们的游息时间也较以往宽裕，关于水草的欣赏也希望能像观赏树木花卉一样引起重视，开辟一个较为普及的水中植物景观欣赏的新领域，将水草植物的欣赏由室内或植物园扩大到公共园林中来。

161

章丘市是一个泉水极为丰富的城市，近年新建一个清照园（李清照故居）中，有一条人造的溪流，自然曲折，其中生长着各种水草，有单子叶的，也有双子叶的（图4-36），它们有的不为溪流折服而坚挺直立，有的则随水势而曲顺，变化多多，仔细赏之，别有一种悠闲，静赏，乐在其中的情趣，从而产生一种如垂钓般的诗情画意。

动态水景中同样可以栽植水草，如风车草是一种极耐水冲的水生植物，它使水景更有生气，创造一种人工园林中的自然生态气氛（图4-36c）。

■野趣：有的大型园林也常常在一些僻静角落的水边栽种水草，不加管理，任其自然生长，久之就形成一种野趣，或者是刻意添置水车、雕塑，以加强水景的田园情趣，也别有一番景致。

■其他（图4-37）：

（1）"锦鲤贺岁"。春节期间，以小船载满各色艳丽的草花，驶入水池中，周围有八只"红色鲤鱼"环绕其旁，表示"贺岁"，这也是以花卉植物来加强节日水面景观之一法。

（2）塑料自然式水池。在一些无法建造水池的场所，如室内外的铺装地上，可采用塑胶布制造水池，在池中同样可栽植水生植物——如水仙等，同样可应付临时的或节假日的植物水景的需要。

（3）假水池。在铺装地上设涂料纸、布或有色玻璃上面以水色玻璃作表（平）面，中间亦可挖植栽孔种花草。同样可产生"倒影摇曳"的水景。

园林水景的欣赏是全面的，除了植物之外还可利用动物或船只等设计十分优美的水景。如火烈岛池的动态美及西湖游船在薄雾中之诗画之美等。

图4-36（b）溪流中随水流而顺曲的水草

图4-36（c）耐性极强的水草——风车草

图4-36（a）溪流中静观不动的双子叶水草

图4-37（a）水边的水车装饰

图4-37（b）水面的田园之趣（耕牛雕塑与水车）

图4-37（c）水上的主题装饰——《锦鲤贺岁》（李晔　摄）

图4-37（d）水面的动物景观——火烈鸟池

图4-37（e）室内临时性的水仙花池

图4-37（f）西湖之晨的动态景观

图4-38（a） 上海万里生态园的水树阵

图4-38（b） 广州海枣树与喷泉交融的水树阵

5. 水树阵

近些年来，在园林理水方面，引进了许多国外的动态水景形式，丰富了我国园林中常用的一池三山的静态水景形式。

而水树阵则是中西结合的，以树木（或其他植物）与水体相互交融、构成的一种良好的园林生态形式，有的还能表现出一定的主题内容。如上海市的万里生态城的主轴绿带设计，就是运用了中国传统的阴阳五行的哲理思想，创造了一个"九九归一"的水树阵（图4-38a），既传统、又有新意。

水树阵的应用范围十分广泛，凡以不同的树群与各种各样的水态相互结合，就可以产生丰富多彩的水树阵。如图4-38（b）就是一个海枣树与喷泉交融的水树阵，而图4-38（c）则是一个静态的竹树阵，总之水树阵的形成，应具备以下几个条件：一是理水和树木的布局，应有一定的阵容，或方，或圆，或呈线状、点状、环状……均要构成"阵"，而不是"一对一"的单体；二是水与树紧密穿插，相互交融成一体；三是树种多为耐水湿的种类；四是水态可以静，也可以动，一般以动态水景更具活力。

图4-38（c） 香港某公共建筑庭院的水树阵——竹

第五章

园林道路的
植物景观

湖山林径　浸出绿荫　清秀怡神

引　言

　　　　　　　　　　　　　　　　　┌ 1.均衡与对比
　　　　　　　　　　　　　　　　　│ 2.主次分明
　　　　　　　　　　　　　　　　　│ 3.韵律节奏
　　　　　　　　　　　　　　　　　│ 4.层次背景
　　　　　　　　　　　　　　　　　│ 　　　　　　　　　　对——对景
一、园林道路景观构图 ┤　　　　　　　　　　　　　　　　┌透景
　　　　　　　　　　　　　　　　　│ 5.造景、导游　 借┤竖向景
　　　　　　　　　　　　　　　　　│ 　　　　　　　　引┌转角景
　　　　　　　　　　　　　　　　　│ 　　　　　　　　　└标志景
　　　　　　　　　　　　　　　　　│ 　　　　　　　　藏——挡景
　　　　　　　　　　　　　　　　　└ 6.季相

　　　　　　　　　　　　　　　　　┌ 1.山(坡)径——沿坡设阶，山中旋径
　　　　　　　　　　　　　　　　　│ 2.林径——佳木繁秀，林中穿路
　　　　　　　　　　　　　　　　　│ 3.竹径——幽篁蔽日，竹中求径
二、园林径路植物景观 ┤ 4.花径——芳菲灿漫，花间取道
　　　　　　　　　　　　　　　　　│ 5.叶径——浓荫馥郁，秋色染径
　　　　　　　　　　　　　　　　　│ 6.草径——平步萋萋，草上辟径
　　　　　　　　　　　　　　　　　└ 7.野径——荒草幽香，野处寻径

　　　　　　　　　　　　　　　　　┌ 1.路缘——草缘、花缘、植篱
三、园路局部的植物景观 ┤ 2.路面——石中嵌草，草中嵌石
　　　　　　　　　　　　　　　　　└ 3.路口——对景、标志、歇憩

四、香港水兰天屋邨入口的植物景观

引言

园林道路一般包括主干道,次干道,小径及广场等,在公园中约占总面积的12%～16%,它除了为众多的游人集散,消防和运输的功能以外,游览观景是其主要的功能,游人是依靠道路流动的,故如何从游园赏景的角度来完成其导游的作用是园林规划设计的重要部分。在崇尚自然的中国园林规划设计的总体思想中,园路设计强调的是与路旁的景物结合,其中尤以其植物景观为胜,它不仅限于路旁的行道树,而是包括由不同植物组成的空间环境。

园路的植物景观是随园路的特点而来,园路变化多端,有时有清晰的路缘,有时则似路非路,而似一块不规则形的广场(图5-1似路非路)但都能引导游人游览各个景区,起到步移景异的作用,而这种作用往往是由植物来完成的。在许多情况下,园路的植物配置方法,不是成行成排,而是因园路的设计意图和导游,遮阴,分隔及分散人流等功能而定的,它要求植物配置与周围的景物(山、水、石、建筑等)综合考虑,突出景观的需要,将周围的景物纳入到道路空间里来。根据不同园路的功能要求利用和改造道路的地形,用不同的艺术手法,配置不同的树种,以创造丰富的道路景观。

配植植物时,一般应打破在路旁栽种整齐行道树的概念,可采用乔木、灌木、花卉、草皮等复层自然式栽植方式,这些植物与路缘的距离可远可近,相互之间可疏可密。做到宜树则树,宜花则花,高低因借,不拘一格。在树种的选择上,可突出某一个或数个具有特色的树种,或者采用某一类的植物,以多取胜,创造"林中穿路"、"花中取道"、"竹中求径"等特殊的园路景观。总之,植物,也只有植物可为园路景观,尤其是园路的生态景观提供更大的创作灵活性与更广阔的发展前景。

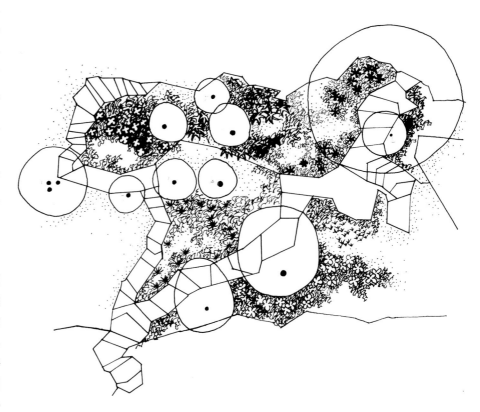

图5-1　似路非路的园路

一、园林道路景观构图

既然园路植物栽植的主要作用在于满足道路空间里植物景观的需要，其树种的选择，当以树木的形美色佳取胜，同时也要防尘遮阴，没有落果、扬花的污染。在同一条路的树木以一或两种为好，最多不超过三种，（不含花卉）以防杂乱。配置时，应符合艺术构图的规律。

1. 均衡与对比

由于园路的植物配置打破了整齐行列的格局，就更需注意两旁植物造型的均衡，以免产生歪扭或孤立的空间感觉。

图5-2（a）、（b）所示，是一条处于山脊斜坡的园路，宽仅2米，一旁为陡坡，坡上栽着一片马尾松林，树高约5~8米，松林之下遍植各色杜鹃。另一旁路缘紧接石坡，路旁坡上栽种观音竹，高约3米。松林疏朗，竹林密实，与园路两旁地形结合，一高一低，一虚一实，取得了均衡的效果。松与竹同为常绿树，形态上与其所表达的内涵上都是协调的。在这种地形的情况下，由于两旁的高差较大，就不宜采取高处种高树，低处种矮树以"加强对比"的手法，否则，行走于路中就容易产生不稳定的感觉。

如果地形、地势都较平坦，园路植物栽植的均衡，则应与周围环境统一考虑（图5-3a、b）。这是某公园的一条干道，从平面图上看，其植物配置并不均衡。路南以碧桃、海桐、柏木形成屏障，树丛下栽植若干草花；路北只种一两个树丛作遮阴及草花点缀，这里的道路空间是与路北的园林草坪空间融为一体的，行走在路上，感觉与这一相邻的园林草坪处于同一空间里，并无别扭或不均衡的感觉。碧桃的株距为3.5米，树下种杜鹃、海棠，路缘经常变换各色草花品种。早春时节，红色和粉色的碧桃花、海棠花、杜鹃花依次开放，与常绿的柏木红绿相映，形成一条美丽爽目的花带。这种配置方式不仅注意到园路本身，而且也考虑到相邻空间，取得了统一的效果。

园路植物景观中运用对比的手法，首先是树种的对比。图5-4所示的公园主干道，路宽3米，一旁为雪松，另一旁为广玉兰，从树形上看，一为尖塔形，一为圆筒形；从叶色看，一为浅绿色，一为暗绿色；从叶形看，一为针叶，一为阔叶，产生了强烈的对比，但因均为高大、常绿体形，其细微处的明显对比，并不失其总的艺术构图的均衡，景观感觉是鲜明的。

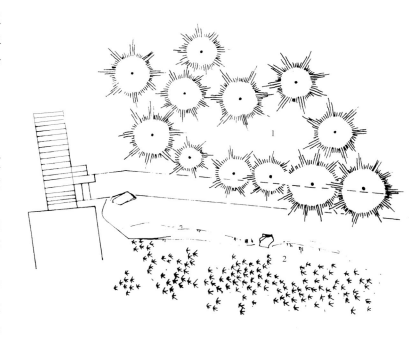

图5-2 山坡的园路 （a）平面 1.马尾松林；2.竹林

图5-2（b）断面

1.碧桃
2.柏木
3.海桐
4.低矮花木
5.女贞及碧桃

图5-3（a）不对称栽植的园路平面

图5-3（b）不对称栽植园路透视

图5-4 树种形态对比明显的主干道

图5-5（a）园路交叉口密植树丛

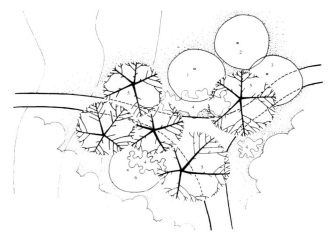

图5-5（b）园路交叉口密植树丛平面
1.桂花；2.栲树；3.朴树；4.白毛杜鹃；5.鸡爪槭；6.杨梅

其次是明暗的对比，这是园路植物景观中常用的一种构图方式。尤其是在路口或拐弯处，需要在光感上有所变化；或者由于园路太长，需要以明暗对比来消除一些"冗长感"时可以如此。图5-5（a）、（b）所示，是在三条园路的交叉口旁，种植了鸡爪槭、红枫、桂花、朴树、杨梅及杜鹃等，槭树高2.5~3米，在其周围散植着丛丛毛白杜鹃，五月初，红色的槭树与开白花的杜鹃相映成趣。构成了"柳暗花明"的转折路景；春秋季，槭树的红叶又与桂花、朴树的绿叶增加了色彩的对比。

图5-6（b）是一条被银杏，国槐覆盖的较长的园路，覆盖率达85%左右，即使在正午时分，此路的本身也仍有明暗的对比，路旁并有艳丽的花盆相衬，就产生了优美宜人的园路景观。

2. 主次分明

要达到主次分明，必须注意路旁树种及数目的多少。采用一个树种的园路，可以突出该树种的风格和体现某一季节的特色。但在自然式园路旁，若仅用一个树种，往往显得单调，不易造成丰富多彩的路景。例如选用同一个开花树种，花开时固然好看，但花落后就会有偏枯的感觉。所以，常常需要选用两个或两个以上的树种，或在很长的园路中，分段采用不同的树种。这时就需要考虑树种的主次，否则就容易显得杂乱，产生不出特定的效果。

所谓主次分明，并不完全指植物株数的多少，而是指

图5-6（a）中午时分明暗对比强烈的园路

图5-6（b）由明入暗的径路

道路的空间感觉。因为不同植物的形态、色彩给游人的空间感受并不完全是以株数来衡量的，有时候，一株独特的高大乔木给游人的感受，要比十株一般的小乔木或众多的灌木更为强烈。同时，这种空间感觉也是随时间推移而变化的。

以图5-7为例，这是一条铺石板嵌草路面的园林次干道，穿过三、五成丛的自然式树群。树群由高大粗犷的枫杨（*Pterocarya stenoptera*）、常绿的香樟和小乔木紫叶李（*Prunus cerasifera*）组成。近期，四株速生的枫杨覆盖着整个园林空间，行走在路上，如入林下。由于树木的更新，到了远期，枫杨衰老，香樟起而代之。园路的另一旁的六株紫叶李，虽然株数比枫杨、香樟为多，但始终处于陪衬的地位，三个树种主次分明，不显杂乱。

总之，路旁树种的多少，主要根据园路的位置、性质、作用及选用的树种而定。在一段不长的路旁，不宜超过三种以上，而且要有一个为主的树种，但不同的路段，可以采用不同的树种为主要树种。

3. 韵律节奏

园路的植物景观还要讲求连续的动态构图，以两个或两个以上的树种作有规律的交替变幻形成韵律。这种配置方法，多运用于规则式园路或堤岸上的园路。如图5-8就是在直线路旁以"一株桧柏间栽一株榆叶梅"的方法，有规则的产生一种路旁的韵律。开花时节，一高一低，一绿一红，构成形态与色彩波浪式构图的韵律，表现出一种残冬过后、春色来临的气氛。而杭州白堤上那"一株杨柳一株桃"也显示出桃红柳绿的春天的视觉旋律（参见图4-17）。

在自然式的园路中，同样可以表现出植物景观的韵律，图5-9是一条两面临水的弯曲路段，除了水旁的大树外，在小路两旁交叉、重复地栽种着夏季开紫红色花的紫薇和秋季开一簇簇小黄花的桂花，形成了季相交替的韵律，忽儿左，忽儿右，似乎也产生出那不慢也不快的节奏，总随着游人的漫步而展开。

运用重复交替韵律的栽植方式，除了可通汽车或自行车的风景区道路外，一般也不宜过长地运用，否则同样会显得单调乏味。

4. 层次背景

路旁的植物层次设计，主要是为了丰富道路的色彩，

1.枫杨
2.香樟
3.紫叶李

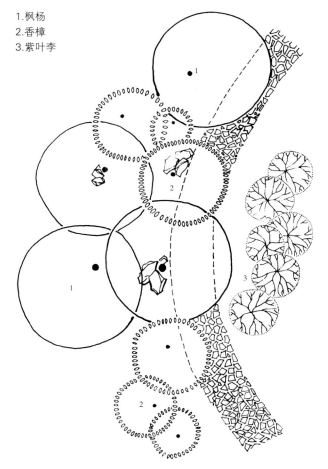

图5-7（a）树种主次分明的园路

图5-7（b）该园路景观

171

图5-8 富有韵律的路旁植物景观

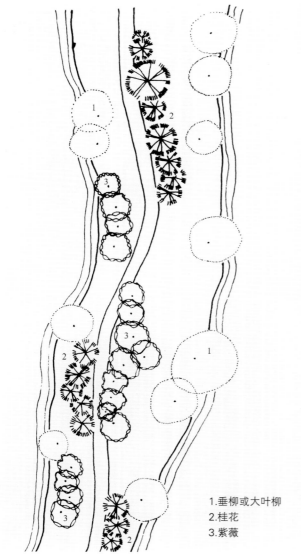

1.垂柳或大叶柳
2.桂花
3.紫薇

图5-9 有韵律的路旁栽植

图5-10 园路旁丰富的色彩层次

图5-11 园路旁树下的过渡性花丛

在游人面前展现优美的构图立面，如图5-10在园路一旁以乔灌木，花卉自由地组成高高低低色彩斑斓的层次，而另一旁仅以花木与大树构成二层的树丛，以简与繁的对比来表达路旁丰富多彩的植物景观。或者是以植物由低到高，逐层向外推移，以扩大空间感（参见图5-3a）。在某些场合，是为了缓和由路缘至草地和树丛的过渡，如图5-11路旁大树下的花丛；有的则作为大树冠下干枝的背景，如图5-12，为了遮挡路旁大树后面的杂乱环境，同时也以不同色彩来衬托树干，在淡绿色的馒头柳（Salix matsudana V.）后面，种了一行连翘（Forsythia suspensa）仅仅两个层次，却起了遮挡背景和色彩对比的景观效果。有的则在路的一侧密植高达2米的珊瑚树（*Viburnum odoratissmum*），其后面又以高3~4米的竹林作背景，形成绿色屏障，简洁的层次，使园路空间显得十分宁静。

5. 造景、导游

园路常常利用植物或其他园林要素来获得步移景异的效果，做到处处有景。园路的导游作用是衡量园林道路规划设计水平的标准，而路旁的植物配置可以加强或削弱这种作用。

（1）对景：这是最基本的一种造景方式。一般的直路常常由较为整齐的行道树形成一点透视，便于设置各种对景，诸如建筑物、雕像、特殊形态的植物、山石等等，图5-13（a）是一条宽4米、长50余米的直路，路旁单行栽植枝叶稀疏的梓树（*Catalpa ovata*），利用

图5-12 大树下以花灌木为背景

图5-13 对景 （a）梓树路对景——保俶塔

图5-13（b）椰树路对景——斜对钟楼

图5-14（a） 由杭州玉皇山观赏八卦田

图5-14（b） 由杭州玉皇山远眺钱塘江

图5-15（a） 园路转弯处的标志树——紫荆

图5-15（b） 园路转弯处的标志树——凤凰木

道路微微向上的坡度，扩大了枝叶的立面，使路的对景——塔，直接展示于一层树叶之间，露而不显。梓树叶片宽大，衬托出塔的俊俏，形成与景物的对比。有的道路对景也不一定成直线相对，在比较疏朗的树冠中，亦可看到对景。

（2）透景：在风景园林的道路旁，常常有一些景物需要留出空隙供人欣赏。在植物配置时就需要有遮阴树，标志树甚至建亭观赏，如图5-14（a）是杭州玉皇山半山上路旁透视宋代皇帝御田——八卦田的景观，但缺乏加强观景效果的措施。同样是在玉皇山山道上，道旁的枫香树冠紧密相接，构成浓荫的"画框"，远眺钱塘江，近赏林木田园，透视效果很强，给人以"画中游"的感觉（图5-14b）。值得注意的是，用于构成"框景"的树种，要求枝干优美，树冠浓密，具有合适的冠下高，并要及时地将前景野生灌木等及时修剪，不挡视线。在江南一带宜于作框景的乔木如无患子、国槐、乌桕、香樟、合欢、榆树和马尾松等。

（3）转角景：在道路拐弯或转角处，常常栽植较特殊的植物以增进植物景观的导游作用，如风景区中的"迎客松"、"送客松"一样的韵味，图5-15在拐弯处栽植了斜向路面的紫荆和艳丽的凤凰木，都有"欢迎光临"的寓意，

图5-16（a）园路口标志——枫香

图5-16（b）园路口"导游"——泡桐

如以红枫树丛植于转角处，既是"挡景"，也有增加景深的作用。

（4）标志树：标志树的基本要求是栽植与周围植物完全不同形态的树木，以起到识别道路及标志的作用。图5-16（a）是二株高大的秋色树枫香，标志着此处已进入"水榭游览区"；如图5-16（b）"鹤立鸡群"的泡桐树，则是识别道路的标志。如在进入山道起点栽植的一株杏花，也起着入口"护卫员"的作用。

（5）竖向景：有的园林干道在节日或花展期间，于路旁设立竖向花盆架，重叠的花盆，可达七八层（高约3～4米）可代替引道树，增加更多的花展面积，营造更为丰富多样的花展气氛，在需要遮挡处则设置纱网，造成一种朦胧的景观效果，亦可以在纱网上布置草本的爬蔓植物如茑萝等，形成"绿壁"或"花壁"。这或是一种"临时性"措施，容易搬动，具有较大的灵活性。

6. 季相

干道的季相在风景园林中十分重要，因为它能给游人以强烈而浓郁的大自然的生态美感。春天鲜花怒放，夏天浓荫蔽日，秋天红叶丹丹，冬季则是虬枝枯干、枝横如舞，随着道路的导游，将游人带入一种："花枝招展色斑斓，绿荫如碧映荷塘，色叶飘香熏人眼，古干新枝舞翩跹"的季相景观之中（图5-17）。

图5-17（a）盛花期的木棉路——香港

至于植物种类的选择,除应选择乡土树种,市树市花之外,宜逐步引进特殊的以形色取胜的观赏树种;在一个城市中,园林与城市的道路应有所不同,而各个公园也要突出各自不同的特色,并服从其景观立意的要求,同时还要满足环保、生态及地方适应性原则。

二、园林径路植物景观

径路是园林中最多,分布最普遍的一种园路,它的宽度和长度一般也没有法定的约束。位于庭院中的小径,长可不足一丈,而位于山林中的小径可达

图5-17(b) 夏日季相的悬铃木路

图5-17(c) 夏日季相的柳荫路

千米,宽度由三四十厘米至二三米,主要随其功能或立意观景而定。园林中的径路,更是一种线状游览的环境,故设计径路应随境而定,循景而设,它既有导游的作用,本身也是赏景的所在。

径路设置要与园林其他要素及景物综合考虑,如明代建的苏州谐赏园中有修竹万竿,清荫蔽日,竹间设置石几石榻,过竹林为小径,径绕垣墙,墙上种薜荔,径尽头为一山神祠,祠前有一条溪流,蜿蜒曲折,窈窕荫黝,使人不知归路,这就是径路设置的综合效果。

径路旁的植物种类不同,配置方法各异,因而产生许多各具特色的植物景观,使径路极其丰富多彩。

1.山(坡)径

有山有水的山水园是中国传统园林的基本形式。大型园林多借助于大自然形成的山,小型园林则创造自然式的山,除完全为观赏用的小山石外,大山、小山多有路通入而形成山径。人工园林中的山径多为路面狭窄而路旁树木高耸的坡道,路愈窄、坡愈陡、树愈高,则山径之趣愈浓,因此,在人工园林中往往采取一些措施来营造自然山径的意趣,也总结出一些规律来加强山径的植物景观。

(1)山径旁的树木要有一定的高度,使之产生高耸入林的感觉,树高与路宽之比为6:1~10:1时,效果比较显著。树种宜选择高大挺拔的大乔木,树下可栽低矮的地被植物,(少用灌木)以加强树高与路狭的对比。

(2)径旁树木宜密植,郁闭度最好在90%以上,浓荫覆盖,光线阴暗,如入森林。

(3)径旁树还要有一定的厚度,游人的视觉景观感觉不是开阔通透,而是浓郁隐透。视线所及尽皆树根、树干(图5-18)。

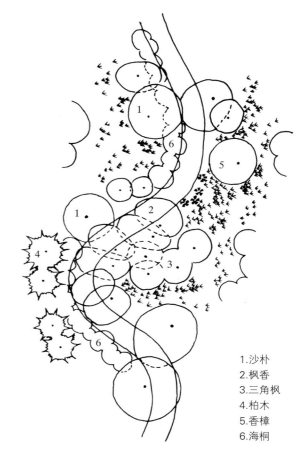

1.沙朴
2.枫香
3.三角枫
4.柏木
5.香樟
6.海桐

图5-19(a)　密林中的山径平面

(4)山径本身要有一定的坡度和起伏,坡陡则山径的感觉强,如坡度不大,则可降低路面,相对地增加了路旁山坡的高度,坡上种高大乔木,加强高差,如漫步山林。

图5-19是一条宽1.5米的弯曲小道,将其路面适当降低,同时加高两边的坡度,使最大高差达2米,稍稍超过人的平视高度;小径曲折,山坡遮挡视线,游人视野尽是高大浓荫的树木,如沙朴、香樟、枫杨、油松、枫香等,这些树木的株距为0.5~4米不等,树干与路缘的距离为0.3~1.5米,路面全部被树冠覆盖,形成一条幽静的密林山径。

(5)山径还需要有一定的长度和曲度,长,显得深远,曲,显得幽邃,十数公尺是很难形成山径之趣的,但也可形成绿色的坡道。

(6)路径的开辟,尽量结合、利用甚至创造一些自然的小景,如溪流、置石、谷地、丛林……,以加强山林的气氛(参见图2-17)。

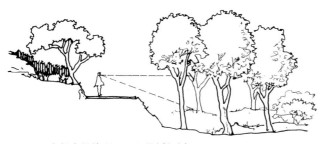

图5-18　山径中视线所及,尽是树根树干

图5-19（b）密林中的山径透视

图5-19（c）浙江天台山的一条樵径，地面铺满了松叶

在我国古代的私家园林中亦有山径的记载，如明代郑元勋的影园中"入门，山径数折，松杉密布，高下垂阴，间以梅杏梨栗"。估计其园林面积不会太小，植物景观比较丰富，因而山径也颇具情趣。

在大自然中与山径相应的还有一种樵径（图5-19c）砍柴有时往往需要进入深林，而且要负重，故在山林中抄近路就形成陡峭的坡级，或迂回曲折的缓坡小径。这种山径是砍柴的人走出来的，他们一边肩负柴薪，一边还能吟唱，怡然自乐，故在古诗中有"樵径雪深多虎迹，竹湮风冷听龙吟"和"林霭通樵径，山云隔寺钟"之句，径路（植物）景观之美，由此可见。

2. 林径

在平原的树林中设径称为林径，与山径不同的是多在平地，径旁的植物是量多面广的树林，它不是在径旁栽树，而是在林中穿路，林有多大，则径有多长，植物的气氛，极为浓郁。在大自然中那种"乔松万树总良材，九里云松一径开"是对林径的最好写照。

南宋诗人袁燮也曾对林径作出如下的描写：

太白峰前三十里，古松夹道奏竽笙。
清辉秀色交相映，未羡山阴道上行。

尤其是一些常绿的松径和秋天的色叶径（如北方的黄栌径，南方的枫香径等等）更是大自然中径路植物景观的精华所在。

在人工园林中，虽不一定有多大的森林面积，但即使是在小树林，小树丛中的径路，仍可具有"林中穿路"的韵味（图5-20）。而且径旁的树木比较多样的话，色彩会比

图5-20（a）公园杂木林中的小径："林中穿路"

图5-20（b）色叶林中的小径

较丰富，有季相的变化，径路的弯曲短而频繁，则"曲径通幽"之意境更浓，还有明暗的交替变换，这些都是源于自然而胜于自然之处。但受用地的限制，总不若大自然的深山老林中的径路景观那么纯粹、够味。

3. 竹径（图5-21）

我国竹子的栽培主要分布于北纬35度以南地区，计有两百多个品种。在自然风景区和人工园林中，竹子的栽培相当普遍。竹子终年常绿，枝叶雅致。一般高的可达30米，如毛竹，矮的仅20厘米左右，如箬竹属，可作地被植物。从竹子生长的形态来看，有散生竹、丛生竹、混生竹等，竹子运用于园林的方式也很多，如竹径、竹林、竹坡、竹溪、竹坞、竹园、竹轩、竹的亭廊桥等等，竹径则是园林中常见而具有特殊风格的一种路径形式。

竹径的特色是四季常青，形美色翠，幽深宁静，表现出一种高雅、潇洒的气质，有古诗云："负廓依山一径深，万竿如束翠沉沉"。宋人韩琦还专有咏竹径诗曰：

北榭屋基下，森森竹径幽。
枝繁低拂盖，根密可通流。

但是，由于园林的立意不同，环境复杂，路旁栽竹常常可以造成不同的情趣与意境。

（1）竹林小径：这是园林中最常见的一种竹径，一般比较短或直，荫浓，幽静，明暗对比强烈，图5-21（a）是一条长仅13米的山径，两旁以竹为主，起点处植梅花一株，以其向路中心倾斜的姿态，标志着上山坡的入口，梅

花树右侧的一丛浙东四季竹，衬托着梅树，强化了入口不同的植物景观，竹径两旁的翠竹枝叶全部覆盖了整个竹径，但在两旁的竹丛中又夹种着桂花，樱花各一株，这样一条终年披绿的小径，又以春天的樱花吐艳，秋天的桂花飘香以及深冬早春的傲霜梅花，平添了这条竹林小径的四季植物季相景观。其他几条小竹径都显示出一种浓荫而宁静的韵味。

古诗云："绿竹入幽径，青萝拂行衣"，郑板桥写竹题画："几枝修竹几枝兰"，兰生于幽谷，可见，竹径如配以兰花或藤萝绕径拂衣，会使竹径更具清幽之趣。

（2）通幽曲径，这种竹径的特点是"曲"和"幽"，可增加园林的含蓄性，又以优美流畅的动感，引发游人探幽访胜的心情，不一定要"长"而"深"，也可产生宁静，幽深的意境。如杭州三潭印月的"曲径通幽"，长仅53.3米，宽约1.5米，径两端均与建筑物相连（图5-21b、c）一端为闲放台，一端为卐字亭（今已毁），径两旁临内、外湖，实际上是一条宽仅10米左右的短堤，堤岸种大叶柳、重阳木（*Bischoffia trifoliata*），竹林为砂竹、淡竹，高2米左右，竹

图5-21（a）植物配置精细的小竹坡径

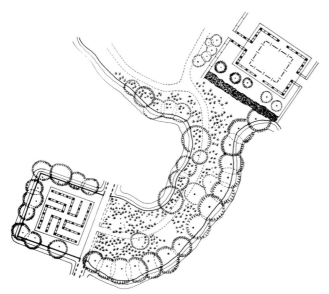

图5-21（b）杭州三潭印月"曲径通幽"平面

图5-21（c）杭州三潭印月"曲径通幽"南段

图5-21（d）成都杜甫草堂竹径

林中夹种色叶木乌桕（*Sapium sebiferum*）。竹林紧密，低矮，行走径内，只见丛丛竹叶，只能从竹竿缝隙中隐约看到径外的水面，感到很幽静、郁闭。这条竹径两端的弧度大，中间的弧度小，站在一端，看不到另一端难以获知此径之长短。而在竹径的尽头又种有一排珊瑚树篱，加强了阴暗的幽深感。通过弯曲的竹径以后，又出现了一片明亮的小草坪，充分体现了"柳暗花明又一村"的意境。在这里，正确处理明暗和曲度的关系是十分重要的"暗"，可加强幽静的气氛；"明"可达到引人入胜的目的，这些都是借曲径的曲度来获得的。竹子应密植成林，有一定的厚度，竹高应超过人的高度，有时搭配一、二株高大阔叶树，加大庇荫、

增加幽暗的感觉，将人的视野全部缩小于竹径的空间范围之内。

有些较宽的竹径，在两旁竹丛下部以围墙遮挡，上部则竹叶交错覆盖着整条曲径，使空间感更显宁静，但觉景色单调，似乎又将加快游览的节奏（图5-21d）。

（3）竹中求径。有的竹径，并无明显的路面，或只是散铺数块步石，游人可以自由地穿行于有意留有的竹林空间内作无定向的漫步。早在我国的古籍中即有"移竹成林，复开小径至数百步"，"种竹不依行"之说，说明这种小径是在竹林中寻求的，而不是在明显的路径旁栽竹的，这与上述有固定明确的路面、定向指引的竹径是具有不同

情趣的。

在大自然的深山老林中，常有一些自然而朴实的竹径，有的是在一般的竹林中辟径；有的是通往寺观的引导林（香道），如第二章中杭州的云栖寺竹径，最为典型。这种深山竹径的特色是竹竿高大（在长江流域一带以毛竹为多）竹林密实、荫闭到"不见天日"；景观单调，极少建筑、小品的点缀，但可以听到唧唧鸟声与淙淙的溪水声，或偶尔传来寺观那超尘的梵音与钟声，再加上竹子本身的生态习性与形态特征所表现的"八德"精神，在这万物生灵的大自然中，更显示出它那纯净而又优美，朴实而又高雅的格调，往往能给人以深刻的思索以致流连忘返的激动情绪，从而达到消除疲劳、净化杂念、陶冶性情的功效。

4. 花径（图5-22、图5-23）

以花的形、色观赏为主的径路称为花径，但本节所述者，均以色取胜，它们都是在一定的道路空间里，完全以花的姿色造成一种色彩的环境，给游人以美的享受。特别是在盛花时期，这种感染力就更为强烈。它可以形成春、夏、秋、冬不同的季相景观，具有一种特殊的情趣。

花中取道，以乔木或小乔木甚或高灌木形成的花径，由于有一定的冠下高（2米左右），径旁的花树又有一定的密度，完全覆盖着整条或一段的径路空间，形成一种"繁花如彩云，人可行其中"极为绚丽多姿，人与花融为一体的花的海洋，此谓之"花中取道"。只要冠下高在1.5米以上的花树，（还可进行人工修剪成此高度），栽植的株距达到树冠相连即可形成这种景观。

花径之设，在我国古代，早已有之，如清代名士高士奇在浙江平湖郊外修建的江村草堂，面积约20公顷，中有金粟径（即桂花径，因桂花型小如黄色小米，故名），长约500多米，穿行于数百株的桂花林中，"绿叶蔽天，赫曦罕至，秋时花开，香气清馥，远迩毕闻。行其下者，如在金粟

图5-22（a）樱花径

图5-22（b）樱花径

图5-22（c）樱花径

图5-22（d）樱花径

图5-23（a） 海棠花径

图5-23（b） 连翘花径

世界中。"

有的路径虽不一定被繁花色叶覆盖，但低矮的成片的一二年生或多年生的草本花卉，构成了繁花似锦的浓郁的景观视野，亦可谓"花中取道"也。

还有一种临时性的菊花径，是在菊展期间，以各种悬崖菊，做成高达2米左右的直立花坛，相对设立，中留人行小径，让游人可就近观赏，也形成"菊径"之趣（图5-23d）。

花径的栽植既不一定有数量、种类的限制，也不一定都形成"花中取道"景观，有时，栽花与周围环境中的其他景物结合，也能取得"花径"的效果。如沿着水池的小道旁，在高低二株红枫树下栽植一小片红色的郁金香花；或在径路的一侧栽植低矮的草花，而另一侧则以自由栽植的菠萝花与路沿石相结合，有大树作背景，也能产生很美的景观（图5-23e）。

图5-23（c） 郁金香花径（黄顺梅 摄）

图5-23（d） 菊花径

图5-23（e） 小径一侧为低矮草花，另一侧只种数株菠萝花与置石相结合

图5-24（a）银杏路——北京

图5-24（b）无患子路——杭州

5. 叶径（图 5-24）

叶径主要也是赏叶色和叶形，叶色一般体现于秋季的黄叶与红叶，叶形通常选择有特殊形状的棕榈科、芭蕉科植物为多。

北方的黄叶径，以银杏最为理想，叶形如扇，平行细脉，树姿高大雄伟，可与南方的木棉（英雄）树媲美（图5-24a）；南方的黄叶径要数无患子，羽状复叶，色鲜黄，树姿开展潇洒、优美（图5-24b）。

红叶径的树种，在我国南北方当以槭树科的树种为好，但更突出的有北方的黄栌，南方的红枫、枫香等（图5-25），其他色叶木树种参见第三章表。

以叶形取胜的径路，南方以芭蕉、椰子及其他棕榈科的为多，叶形独特，多为常绿，北方则以松柏类为主，地区不同，叶形不同，更可产生极带地方特色的径路。低

图5-25（a）花、叶结合水面的小径

图5-25（b）红枫路——杭州

图5-25（d）枫香路——南京

矮的叶径植物很多，常见的如彩叶草、蒲葵、春羽等等，都有较好的观赏效果（图5-26）。

6. 草径（图5-27～图5-30）

草径是指突出地面的低矮草本植物的径路。约有五种不同的观赏栽植方式：

（1）在草坪之上开辟小径，设步石，与"草中嵌石"的路面设计方式，略有不同（图5-27）。

图5-25（c）黄栌路——北京

图5-26（a）国家大剧院南面的绿地中红绿叶搭配的园路

图5-26（b）芭蕉径——香港

图5-26（c）彩叶草径——香港

图5-26（d）蒲葵春羽径——广州

图5-26（e） 以观叶、观色植物构成的温室小径

图5-27（a） 草中辟径之一

图5-27（b） 草中辟径之二

图5-28（a）路旁彩色草带　　　　　　图5-28（b）路旁彩色草块

（2）在路径旁铺设草带或草块（图5-28）。

（3）沿路径边缘栽书带草（图5-29）。

（4）在大草坪中，以低矮小白花作路沿，划出一条草路，这只是在游人不多的园林边缘地区表现的一种"野趣"之径（图5-30a）。

（5）在地形略有起伏的草坪中开径，白色路面的小径，在低处的绿色草坪中，仿若流水一般地缓曲流动，造成一种动态景观（图5-30b）。

7. 野径（图 5-31）

野径是指风景区及园林中径路的植物配置比较粗放、不整齐或具有很大的随意性，树种也多为粗生、耐性、抗性都较强的品种。

图5-29（b）小径旁的草坪草与书带草

图5-29（a）小径旁的书带草

图5-29（c）路旁的多色草块

图5-30（a）小白花镶边的草径

图5-31（a）野趣小路

图5-31（b）路旁的棣棠花

图5-30（b）草坪中流动的小径

图5-31（c）盛开的棣棠花

如在没有路沿石的园路旁，栽植着不对称的，疏疏落落的行道树，树下自由地散置着不同花色，不同大小的草花丛，极具村野的自然之趣，或是在草坪中镶嵌步石，石旁用各色杂花、杂草，散落地、断续地栽植于步石之旁；或者是以抗性强的草本或木本植物，大片地栽植于路径旁，而风景区中四月的油菜花位于路旁，灿烂夺目的鲜黄色，平添了大自然中极为浓郁的田园之趣（图5-31），并参见图8-12。

三、园路局部的植物景观

所谓园路局部是包括园路的边缘，路口与路面，其植物配置要求精致细腻，有时可起画龙点睛的作用。在上述各节中，已有涉及，今再补述一二。

1. 路缘

路缘是园路范围的标志，其植物配置主要是指紧临园路边缘栽植的较为低矮的花、草和植篱，也有较高的绿墙或紧贴路缘的乔灌木，其作用是使园路边缘更醒目，加强装饰和引导的效果，如采用植篱可使游人的视线更为集中，采用乔灌木或高篱，可使园路空间更显封闭、冗长；甚至起着分隔空间的作用；当路缘植物的株距不等，与边缘线距离也不一致地自由散植时，还可创造出一种自然的野趣。

（1）草缘：以书带草配置于路缘，是中国传统园林的一个特色，特别在长江流域一带的私家园林中更为常见。书带草（亦称沿阶草、秀墩草）终年翠绿，无病虫害，生长茂盛，常作为园路边饰，也可用于山坡保持水土（见图5-29a）。某些路缘则铺上大片的红绿草地被，在地被之外，再栽种乔灌木，这样既扩大了道路的空间感，也加强了道路空间的生态气氛（图5-29c）。

（2）花缘：以各色一年生或多年生草花作路缘，大大丰富了园路的色彩，它好像园林中一条条瑰丽的彩带，随路径的曲直而飘逸于园林中（图5-32）。

（3）植篱（指各种植物做成的篱笆）：园路以植篱饰边是最常见的形式。植篱的高度由0.5～3米不等，一般在1.2米左右，其高度与园路的宽度并无固定的比例，全视道路植物景观设计的需要而定。许多花灌木均

图5-32（c）以四季海棠与金叶女贞相配的红绿花带饰边

图5-32（a）以多色盆花装饰路缘

图5-32（b）大片的色块，衬托着竖向花架的路缘

图5-32（d）以宽窄不等的三色堇花带饰边（朱秀珍 摄）

图5-33（a）修长的绿篱——台湾亚哥花园

图5-33（b）整形修剪的绿篱（广州）

图5-33（c）城墙型绿篱

图5-33（d）有起伏的绿篱

可作植篱，园林中常见的植物篱笆种类有：

绿篱：桧柏、侧柏、黄杨、冬青、福建茶、海桐、女贞、珊瑚树、观音竹

花篱：月季、杜鹃、茶花、扶桑、龙船花、麻叶绣球、迎春花、米兰、九里香

色（叶）篱：小檗、红花檵木、火棘（红果）、山楂、扫帚草、变叶木、红桑

蔓篱：炮仗花、藤萝、木香、凌霄、莴萝、蔷薇、金银花、旱金莲

下面是一组植篱景观的照片（图5-33、图5-34）。

此外，路缘的乔木栽植，还有一种以两株（大王椰子）并立，扩大株距，树下以修剪的球状植物（如黄杨球）护基，打破了一般行道树的常规，颇为新颖、独特，展示出一种简洁、开朗的植物空间景观（图5-35）。

图5-33（e） 多层纹样修剪绿篱

图5-34（a） 变叶木篱

图5-34（b） 凋零前的扫帚草篱

图5-34（c） 红桑篱

图5-35 新颖的行道树栽植

图5-36（a）建筑旁的石中嵌草路面

图5-36（b）人行天桥的嵌草路面

2. 路面（图5-36、图5-37）

园林路面的植物景观是指在园林环境中与植物有关的路面处理，一般采用"石中嵌草"或"草中嵌石"，形成各种如人字形、砖砌形、冰裂形、梅花形等等形式，兼可作为区别不同道路的标志。这种路面除有装饰、标志作用外，还可以降低温度。据测定，嵌草的水泥或石块路面，在距地面10厘米高处，比水泥路要低1~2℃。

路面上植物的比重，依道路性质，环境以及造景需要而定，有的只是在石块的隙缝中栽草；有的则在成片的草坪上略铺步石；有的则是在宽阔的步行道上，铺以一块块

图5-36 （c）常见的"石中嵌草"路面

图5-37（a）自然式的步石小径

的色块，绿色景观更浓。

还有一种是在较宽的园路旁栽植了一株梅花，以黑色的小卵石，将这株梅花枝干的投影，砌在其旁路面上，每天，梅花的枝干之影将会与路面的图案重叠一次，构成一种有趣的特色路面，此处就称之为"梅影坪"（图5-37c）。

3. 路口

路口的植物景观一般是指园路的十字交叉口的中心或边缘、三岔路口或道路终点的对景或进入另一空间的标志植物景观，除在第一节中所述的造景之外，现再补述几种纯植物配置的方式。

首先是路口的指示标志，如以常绿、耐修剪的圆柱作门，标志作用十分明显；而以红、黄、绿三色对比的栽植也可作为三岔路口的标志（图5-38）。

尤其要注意对景的植物配置。以高大的雪松为背景，其前配置花灌木及红枫，置石或雕塑再配以草花成景。同一处对景也是需要变化的，给人以常变常新之感（图5-39）。

图5-37（b）步行道上的红、绿色块

图5-37（c）以树木投影铺设的路面——"梅影坪"

图5-37（d）某些住宅区环境中的主路，虽不是车行道，但路面较宽，常设有分隔绿带，也增加了路面的植物景观。

图5-38（a）修剪的"绿柱"园门

图5-38（b）三色（红、黄、绿）植物作路口标志

图5-39（a）由雕塑为主景，配置各色树木花草的园路对景

图5-39（b）与下图同一地点的不同时间的道路对景

图5-39（c）以红枫和鸡爪槭相配组成的对景

图5-40（a）道路转角处的海棠花丛

图5-40（b）道路转角处的碧桃

至于转角处的导游树种配置，除了栽植一株具有特色造型或花、叶奇美的树以外，亦可以配置一个与周围树种不同色彩或造型的树丛作为引导（图5-40）。

四、香港水兰天屋邨入口的植物景观

作为一个屋邨的入口，如果用地宽裕，则可以将它在进入屋邨的入口处设计为一种园林式休憩空间，或入口道路的"接口"广场，或只设一门，两旁对植两株树那么简单。位于香港东涌的水兰天屋邨是一个多层高级住宅，将入口设计成一个近10米长的木板小径的园林休憩缓冲的绿色空间（图5-41a小径式的屋邨入口空间平面示意）。

这条小径位于屋邨大门一侧，总的占地面积（合传达室）约有60m²，其主要功能是辅助性的人行入口通道，故设计成以路径形式的小憩园林，铺以深咖啡色木质地板，径宽2m，长约8m，跨水而过，两旁对称种植海枣六株于方形树基的水中，方形树坛之间，有小泉涌出。路径尽头有一个不锈钢的钥匙形雕塑，雕塑前面连接着路面的加宽，以白色水泥板路斜向引导进入屋村的旁门。到这里则有门卫把守。故小园是对外开放的入口园林。

小园除中心木板路下有圆形照明外，入口两旁也设置了对称的两个方形坐凳式路灯（图5-41a），提供夜间照明。为了加强入口的绿荫，除种植名贵而有南国风味的海枣覆盖路面外，在右侧周围还采用了九里香绿篱，时时散发着芳香，绿篱之外，还栽植了数株高大的榕树遮阴，榕树之外，又是一条便于人行的棕竹小径，使整个入口空间具有极为幽静而芳香、雅致的绿色空间。

① 雕塑
② 花盆（金橘）
③ 灯（矮路灯及地灯）
④ 绿篱（密植的散尾葵）
⑤ 榕树
⑥ 海枣

图5-41（a） 屋邨入口小径的植物配置平面

图5-41（b） 入口小径（木板路，路面有暗路灯）

图5-41（c） 小径的高大海枣树

第六章

园林建筑及小品的
植物景观

上海　龙相饭店　园中别墅

引　言

一、建筑物的基础种植
- (一)园门的植物景观
- (二)墙垣的植物景观
  - 1.墙基
  - 2.墙面
- (三)窗户的植物景观
- (四)屋角与屋顶的植物景观

二、园林建筑及小品
- (一)亭旁的植物景观
- (二)花架的植物景观
- (三)栏杆的植物景观
- (四)座椅的植物景观
- (五)其他建筑小品的植物景观
  - (1)招牌
  - (2)台阶
  - (3)路灯
  - (4)水晶柱

引言

建筑物与植物都是构成园林的要素。以造景为核心的中国传统园林中，建筑物占全园的比重较大，并常以建筑物为主体，但其中不少都是以植物命名的。大到风景名胜区，小到私家园林，乃至建筑小品莫不以植物来装点成景，这已成为中国园林的一个传统特色。

如杭州西湖十景之一的"柳浪闻莺"景点，就是以大量栽植柳树来体现"柳浪"的，但它的主景则是以碑亭和闻莺馆这两座建筑物作为标志，并在建筑物之旁再种柳树，使主题更为突出（图6-1）。

又如苏州网师园有一块门匾曰"竹外一枝轩"，是借苏轼的诗意："江头千树春欲暗，竹外一枝斜更好"，原诗指梅花，此处则以园门外伸向水面的一株黑松寓意，园门之内则种竹一丛，这种立意是颇富诗情画意的（图6-2）。

杭州的岳庙中有一块大型的"精忠报国"照壁，壁下栽种杜鹃花，这是借"杜鹃（一种鸟类）啼血"之意，以杜鹃花浓郁的鲜红色彩，表达对英烈忠魂的景仰与哀思，以植物加强主题的寓意。这些都说明建筑物旁的植物景观，首先要符合建筑物的性质，增强建筑主题思想的表现力，仍然是要求"立意在先"。

图6-1 西湖"柳浪闻莺"碑亭，以大香樟作为框景

图6-2 园门——竹外一枝轩

图6-3 竹影映墙的园门

图6-4 建筑旁的白玉兰以天空为背景

由此推论建筑物旁植物种类的选择与配置，必须与建筑物本身及其环境相协调。当建筑物的体量过大或过小、建筑形式的古怪或有缺憾或建筑色彩不美，位置不当等等，都可借植物来弥补。

建筑物的线条多平直或成几何图形，而植物的线条多弯曲，形态自然，倘建筑物旁的植物配置恰当，就可获得一种动态均衡的景观效果。如图6-3，在白色的园门门洞旁种了一丛竹子，竹枝微微倾向园洞门，而竹影婆娑掩映于白粉墙上，更增添了园洞门的美。

树叶的绿色，往往是调和建筑物各种色彩的中间色。建筑物的墙面，一般多淡色，可以衬托各种花色、叶色和（树）干色的乔灌木。但也有一些淡色的花木，如白色的李花，溲疏等，就不宜种于白粉墙边，特别是一些先花后叶的淡色花，则宜选择高大的植株，超过墙面，不以淡色的墙为背景，而以蔚蓝色的天空为背景，则景观效果更为明显（图6-4）。

植物与建筑物都有各自的风格，配置植物时，一定要注意，如果在具有中国民族传统形式的建筑物旁栽植像南洋杉这样尖塔形的外来树种或种植印度橡皮树就会显得不协调，如种在西式风格的建筑物旁，则是和谐的。

建筑物一经建成，其位置、形体就固定不变，而植物则是随季节、树龄而变的，在建筑环境中栽种植物，可使建筑空间产生春、夏、秋、冬的季相变化，从而产生空间比例上的差异。夏天，树叶茂盛，空间感觉浓郁、紧凑；冬天，树叶凋落，空间显得空旷、爽朗。故植物能使固定不变的建筑物具有生动活泼，变化多样的季候感，这些就是植物赋予建筑环境的特殊效果。

无疑，植物配置还应符合建筑物的功能要求。因任何建筑物都具有其特定的性质以及使用上和艺术上的要求。如宗教建筑旁宜选用树形高大，古拙、长寿的树种；而导游建筑及小品旁宜种花繁叶鲜的树种，起标志作用；需要安静的空间宜用密植的树丛，树篱加以分隔等等。

总之，无生命的建筑物与有生命的植物结合，就能使建筑物美化，优化及"活化"起来，使建筑物更富于表现力。特别是在园林环境中的建筑物，如果没有植物相配，那是难以想象的。当然，如果建筑物本身的艺术水平极高，已构成一个不容其他景物来干扰的完美整体时，则也就无需植物来画蛇添足了。

本节所述的建筑物旁的植物景观主要为基础种植及建筑小品的植物栽植两大类，建筑庭院及庭园也应属本节所论范围，但由于庭园的植物景观已在其他章节中涉及，且篇幅所限，只好从略。

一、建筑物的基础种植

所谓基础种植是指围绕着建筑物外围的一切种植，它包括入口大门，地面墙面，窗台阳台乃至屋顶平台等等的植物栽植。

基础种植可以克服建筑与建筑之间、建筑物与地面接壤处的生硬感觉，使建筑空间活泼多姿，生机盎然；用爬蔓植物，垂吊植物及盆栽植物来美化墙面、窗台、阳台；在屋顶上还可进行各种形式的绿化或设置花园，它占地不多，最接近人的生活，时刻为人们享用，在建筑密集的城市建筑群中，具有十分重要的作用。

（一）园门的植物景观（图6-2～图6-9）

本章所指的园门，不仅是风景区及园林的内外各种园门，也涵盖着一切具有园林植物景观的各种性质与类型的门。

园林的门是入口的标志，具有点题的作用，点题多数是竖立门匾甚或加上门联，如杭州孤山的西泠印社牌坊，两旁有对联曰："印传陈汉今又昔，社结西泠久且长。"上额题"西泠印社"四字，在直线而上的陡峭而狭窄的石级山道两旁，种常绿、长寿的马尾松，突出了"久且长"的寓意。山坡两旁则满是林下的杜鹃花，突出了春天的季相（图6-5）。杭州灵隐古寺，则是以影壁作为入口的标志，壁上书有"咫尺西天"四字，点出了佛教寺庙的所在。其旁栽植有一株古朴参天的香樟树，不仅作为影壁的框景，增加了树荫与影壁的明暗对比，也使整个入口的空间气氛十分肃穆而协调（参见图2-18b）。

图6-5　西泠印社的带匾联园门

图6-6（a）　竹篱园门，乡野之趣

图6-6（b）　商店入口的凌霄花门

在有些风景区或大公园的入口并不一定要栽植过多的花花草草，而是以成片的树林作背景，以一片翠绿色来衬托浅色的大门，显得十分简洁。小园门或住宅门则多数配置特色的花灌木，作为识别的标志，甚或栽植成行，作为入门的甬道，其中尤以种竹丛者最多，也最能表现园门或宅门的清幽、雅致气氛，如加一些简单的竹篱，就更带几分"田园居"的野趣（图6-6）。

立架为门，架上栽植爬蔓植物是早期常用的一种公园大门的栽植方式，这种方式可以取得某一季相（如夏季的紫藤）的壮观景色，但还需要考虑入口的其他服务功能（如售票、小卖部、避雨、等候、停自行车等），要有常绿

图6-6（c） 以弧立木、花灌木、植物小径配置的园门，紫薇一株，斜向园门

图6-7（a） 以丁香花丛引导入宅门

图6-7（b） 黄刺玫花丛配置于传统民居建筑旁

的、四季季相的植物景观相配。有的在浅色入口建筑（门卫室）之旁边，以常绿的绿萝植物墙相衬托，其标志作用很明显，效果也很好。

　　至于较为高级的别墅入口，往往是沿围墙设置花坛，栽植各种常绿的、开花的乔灌木及草花，就是比较细致、并带有房主个人喜好特色的一种植物景观了（图6-7）。

　　总之，园林入口及大门的植物景观，首先是植物种类选择要强调建筑的性质，符合其功能要求。而其配置方式，则无定式，视具体环境、建筑形式而定。可以是一片绿色树林的衬托，或以特殊的孤立树、树丛为标志，或以特殊的植物小径作甬道，也可以爬蔓植物（图6-8）、花坛等突出季相，更可将各种盆栽植物灵活地用作点缀。

（二）墙垣的植物景观（图6-10 ～图6-21）

　　墙垣是建筑物立面最大的组成部分，因此，它的植物

图6-8 别墅入口的对栽龙柏及其他修剪植物景观

图6-9　住宅入口两旁的长条植坛，强化了生态气氛

景观最为明显，往往给人以总体、全貌的印象。而墙垣本身的造型一般也比较简单。色彩也偏于淡净，越是简单的墙垣，越需要以多姿多彩的植物来增添其生物的美与活力。

1. 墙基

墙基绿化不仅使建筑物与地面之间增加色彩过渡，而且也产生一种稳定建筑基础的感觉。最常见的基础栽植是栽植一行书带草（图6-10），很雅致，易管理；有的则栽植其他比较易养护的红桑、鸭跖草、棕榈、红铁等，在背阴面墙下则栽植耐荫的玉簪花。

在更多的情况下是配置多样化的各色花坛，有的沿长墙设长条的花坛或布置花盆；有的在短墙下设基础花坛。还有一种吊斗式的花地，是为了兼顾上层平台栏杆及下面墙垣的美化而设。

在上海豫园的曲折云墙之旁，则以叠石与植物相配的园林小景来装饰白粉墙面与墙基，这是我国古典园林中常见的，极为细腻的一种美化墙基的方式。

2. 墙面

以爬蔓植物附着于建筑物墙壁是最常见的方式，它占地极少，在任何建筑物的隙缝中均可生长，而增加绿化面积的潜力却很大，生长迅速，不择土壤，病虫害少，多数为扦插繁殖，而且具有明显的调节小气候作用。据实例，夏天，爬满了地锦的墙面比没有绿化的墙面表面温度低4℃左右，并可减少20%左右的灰尘；到了秋天，叶色发红，混凝土的灰墙变成了有生命的红墙，更成为一景。用于墙面的植物，或观叶或赏花，除了地锦（*Parthenocissus tricuspidata*）之外，还有常春藤（*Hedara nepalensis* Var. sinen-

sis）、薜荔（*Ficus pumila*）、绿萝（*Scindapsus aureus*）、炮仗花（*Pyrostegia igned*）等。

近些年来，以红绿草（*Alternanthera bettzickiana*）包装园墙，或在墙面设计图案花纹的也多起来，有的甚至将整座建筑物用红绿草"包"起来，使之成为一座洋溢自然情趣的绿色建筑物。

也有以四季海棠（*Begonia semperflorens*）用作花展期间的临时墙面，配以其他绿色屋顶而形成"绿色建筑"的。至于以地锦为主，配以其他花草，使整座建筑处于绿色包围之中的自然生态型建筑物，这在低层建筑及别墅中较常见。

墙面的植物景观也视墙的结构（如厚度、质地）、造型、位置以及建筑物的性质、功能等不同而有各种不同的处理方式，有的凹入墙内设花池；有的突出墙面设花筒；有的则垂吊花盆于墙面、有的则真真假假地在墙面以铁

图6-10　墙基的书带草

图6-11 炮仗花装饰墙面

图6-12 地锦装饰的墙面

图6-13 四季海棠饰墙的建筑

图6-14 红绿草装饰的园墙（朱秀珍 提供）

图6-15 红绿草包装的建筑 （a）全景

图6-15（b）近景

图6-16 凸出墙面的横向花筒

图6-17 单株洋兰作墙面装饰

图6-18（a） 墙面凹入式花槽之一

图6-18（b） 墙面凹入式花槽之二

图6-19 以绿色衬托壁画

图6-20 墙边竹景，与墙面竹画相配，一真一假

图6-21 在围墙顶上的栏杆上，密植炮仗花，高达1.5米左右，延绵为一条长长的花壁，既美观，又加强了防护作用

图6-22 屋顶上的炮仗花，沿墙垂下，装饰着窗户，盛花时，极为艳丽夺目

丝网将花固定墙面作装饰，形形色色，多姿多彩；也有的在墙面设置高高低低的花筒，以菠萝花装入筒中，配以蒲葵；或以山石、蒲葵配以墙面的"太阳"（或车轮形）木制小品而成景，以打破墙面的单调感。

有的墙面已有石刻壁画，则在壁画的上面栽植一片树林，下面作绿篱，形成上下绿色相夹，反衬托壁面，也是一种展示壁画的生态处理方式；而有的则在墙上刻竹画，作"望梅止渴"的构想，其旁也种竹若干，真真假假地来显示出竹的形态供赏玩。

（三）窗户的植物景观（图6-22～图6-26）

随着墙面而有窗户之设，窗户的植栽方式因窗的大小、形式、功能要求等的不同迥异，常见的有以下几种：

（1）沿一排窗户之下设一横向的植篱（花篱或绿篱均可），这是为了不让外人接近窗口，同时又不影响室内采光的最简单的栽植方式，植篱还可起统一多窗，增加稳定感的作用，还可加强色彩的对比。有的则只需在窗前栽植较高的树丛起遮挡作用即可。

（2）以墙面的爬蔓植物遮挡，窗口隐藏于浓郁的绿色之中，自然生态气氛浓厚，但有时会影响光线，需要时，可加以修剪。有的则只在窗旁，栽一枝金银花，作为装饰。

（3）窗旁栽树，注意满足室内采光要求，大乔木与墙基的距离最好在8米左右，也不一定成行成排，可以前后、高低、错落栽植，留出侧光的空隙，景观上也比较自由活泼。

（4）落地窗前的栽植，也随其功能而定、不用开关的落地窗，则沿窗的竖棂爬以攀缘植物，其枝叶可以部分遮

图6-23 以藤蔓植物掩映的落地窗植物：龙柏、变叶木、炮仗花

图6-24（a）从杭州三潭印月透过扇面窗看北山保俶塔景

图6-24（b）窗格框景中的植物配置

图6-25 以特色的植物叶、花、果组成的窗景

图6-26 特色植物网格化的窗景（王友虹 摄）

挡窗户, 加强绿化气氛。

(5) 在我国传统园林中, 窗景是十分重要的园林景观, 不仅以窗口作框景, 而窗的本身的形式, 也是多种多样, 有圆有方, 也有扇形、梅花形、菱形……而窗框的棂格花纹也是丰富多彩的。总之, 一个窗户就是一幅相当完整的画面。而这幅画, 可以借窗外远近的自然之景, 如杭州三潭印月一窗景, 将北山的保俶塔借过来; 或者借园内植物之景; 或者在窗旁栽植特殊的观赏树木造景; 或以窗的棂格将树木画成网格欣赏, 形成剪影式的绿色窗景……如此等等, 不一而足。

(6) 在现代一些建筑物的窗景中, 也继承了中国古典园林中的"窗景"传统, 但比较简洁, 如以花卉植物直接作为窗景的构图, 造型优美色彩明快, 也可以经常换景, 保持新鲜感。还有的以方格的窗棂, 将窗外的特色树, 加以网格化, 则又是一种另类的窗趣。

(四) 屋角与屋顶的植物景观 (图6-27~图6-30)

屋角是墙与墙或墙与地形成的夹角, 其植物配置要根据墙的高度, 色彩及形式和空间环境的性质等来选择植物种类, 决定采用哪一种配置方式。

如需要遮阴的则栽植一株高大的乔木, 白粉墙或浅色的墙面可以衬托花色鲜艳的树木; 或者配置一丛典雅的竹丛或与山石相配的小景; 较大的空间环境, 可以将树形、色彩协调的树木花草, 与山石相配, 构成一组精致的园景; 而在有需要遮挡的或要求一定私密性的墙角, 也可以简单地用一堵绿墙隐蔽起来。

至于屋顶的植物景观, 本节仅指低层或平房, 暂不涉及高层建筑的平台花园。常见的有三种情况:

一是紧靠建筑之旁, 栽植观赏性强的高大乔木覆盖屋顶, 产生树木掩映的植物景观;

二是栽植爬蔓植物, 将整个屋顶覆盖, 变成一种"花之屋", 观赏效果亦佳;

三是设计屋顶的平台花园, 如上海某托幼机构, 在一个仅仅数十平方米的屋顶上营造的一个包含水、植物、桥、栏杆、桌椅等诸多园林要素的小花园, 效果相当不错。

此外, 由于人们对环境绿化日益重视, 对一些建筑物旁小块空地的利用, 已由设置点点滴滴的花盆、花坛转向栽种小片的树林, 这不仅给人们创造了优良、舒适的自然生态环境, 起到遮阴、吸尘等作用。同时也增加了城市的绿化覆盖率, 可营造"城市森林"的自然气氛。

图6-27 (a) 北京颐和园墙角的榆叶梅盛花时, 成为该院极为耀眼的植物景观

图6-27 (b) 植物景观: 高低植物与山石结合

图6-28 古典园林云墙角的一株紫薇, 以墙外的竹丛相衬映, 色彩对比鲜明

图6-29（a）　北京某民宅屋顶上覆盖着一层枝干斜展，黄叶重层的楸树，在逆光的照射下，显出极为鲜明透亮的植物景观

图6-29（b）　一种重瓣的粉花凌霄覆盖着整个厕所的屋顶

图6-29（c）　屋顶装扮在色彩缤纷的秋色景观中

图6-29（d）　一株19年生的炮仗花，将一个二层住宅的屋顶染成了金黄色

图6-30是香港一个大型商场旁的一条宽阔的通道，现在这里整齐地种植了15株大叶紫薇，高约3~4米，冠下高1.5~1.8米，株距较小，上部的树冠已重叠成荫，树下以书带草护基，人们穿行树下，如入森林。这在香港漫长的夏季，使人一入林中，顿觉酷暑全消，凉爽倍至。人们在购物之后，可在此获得一点暂时的自然清新与绿色享受。

以上均属于建筑物的基础种植。其实，在一个精致的园林中，乔木也需要有其他植物护基或装饰，但必须选择耐荫的植物种类。为了装饰，可以一、二年生草花来护基，因为草花种类繁多、花期不同，并且更换方便，可以延长花期。也可以采用书带草、文竹等常绿观叶植物，比较容易养护管理。现将常见的树基植物配置方式列表于下：

图6-30　大商场旁的小树林

207

树基植物配置的方式（图6-31～图6-33）

1.摆设盆花 ┌ 特点：具有很大的随意性，大小、形式，随意而定，可装可拆，又有很大的灵活性。盆花之旁以白色低栏围护。
└ 实例：（1）以盆栽矮牵牛花护基，不同的花色相间（图6-31a）；
（2）大树下的大片矮牵牛花，以原木状树墩自由砌边（图6-32b）。

2.树基挖坑 ┌ 特点：比较简易、省工；
└ 实例：松树下的鸭跖草（图6-31b）。

3.砌边作坛 ┌ 特点：树下栽花，砌边作坛，防护效果好
└ 实例：（1）作石块围成一定范围的池，池中种文竹（图6-32a）；
（2）大树下的大片矮牵牛花，以原木状树墩自由砌边（图6-32b）。

4.直栽地被 ┌ 特点：无需特意护基，直接栽于具有地被植物的绿地中，或在某一特殊树下，种植不同色彩的地被植物，
│ 以突出该株树木或加强其装饰效果。
└ 实例：（1）冬季落叶的鸡蛋花树下，以圣诞花一小片突出此树，并作装饰（图6-33a）；
（2）榕树下的彩叶草、大丽花等（图6-33b）。

图6-31（a） 以矮牵牛花护树基，不同花色相间

图6-31（b） 以鸭跖草护树基

图6-32（a） 以常绿的文竹坛护基

图6-32（b） 树下自由摆设的矮牵牛花被

图6-33（a）鸡蛋花树下的圣诞花

图6-33（b）　榕树下的彩叶草、大丽花等地被

二、园林建筑及小品

园林建筑是指亭、廊、榭、花架、大型雕塑等，有时可以作为园林空间主体的小型建筑，而建筑小品多数是指那些服务于园林游览需要的小品设备，如桌椅、指示牌、垃圾箱、路灯等，门类繁多，体量一般不大，但起着点缀风景，甚至画龙点睛的突出作用。有的本身带有较强的艺术装饰性，无需进行植物配置，但多数还是需要有相应的植物相配，用以构成巧妙而完美的自然人文生态景观。

现仅就作者所见，略举实例述之。

（一）亭旁的植物景观（图6-34～图6-42）

亭是风景园林中应用最为普遍的一种园林建筑，可以说达到了"无园不有"、"无处不在"的程度，如杭州西湖周围（含可游览的山区）的亭子，数以百计，而且门类极多，造型丰富；北京陶然亭公园集中了全国各地的文化名亭；陕西凤翔的东湖也是以亭子为主题的公园，内有宋代诗人苏东坡任职凤翔时所建的具有文化轶事或景观的数十座亭子，这些风景区和公园的共同特点是亭子分布密集，具有特殊文化内涵。

亭子的植物景观首先要考虑符合其建亭的目的与功能，然后选择合适的树种配置成景。

如碑亭一般设置于游人必经之处，附近的植物配置宜简洁。杭州的"柳浪闻莺"碑亭位于大草坪的一角，只种了一两株大树，以满足遮阴及艺术构图的需要，此亭高5米，处于柳树沿岸的环绕中，在距亭约10米处种有碧桃两株。阳春三月，桃红柳绿，分外娇妍。但在离亭约三四十公尺的地方，又有香樟两株稍远望去，香樟正好构成了碑亭的框景（参见图6-1）。而"平湖秋月"碑亭位于园林东端入口，南面以平桥与伸出湖岸的平台相连，亭高6米，其东南仅种秋色叶木无患子一株，树姿优美，秋叶鲜黄，点出了"平湖秋月"一景的主题。苏州天平山的御碑亭，是体形较有气势的八角亭，位于低山坡上，周围则为一片高大挺直的枫香林，与亭相映，成为一片气势雄伟的秋色。而西湖边一座纪念清末革命活动家秋瑾的风雨亭旁，只种了柳树（其他小的树木花草只作点缀），垂柳在风中飘荡，亦包括其名句"秋风秋雨愁煞人"的寓意。但是，从远处，几株灿烂的桃花丛中看亭子，却仿佛又示意为"革命自有后来人"的无限春意（图6-34a）。

宋代著名隐士林逋（967-1028）曾隐居于杭州孤山，种梅以为妻，养鹤以为子，后人临湖修建放鹤亭，立碑记其事，亭旁仅种香樟一株，高达20余公尺，浓荫覆盖了整座亭子。在亭后山坡上则广种梅花，以体现隐士当年高逸而又古拙的情趣。这种植物配置就达到了将人文轶事与自然环境相结合的目的（图6-34b）。

杭州孤山东部坡下水池旁的"西湖天下景"亭，位

图6-34（a） 杭州西湖风雨亭的垂柳与碧桃

图6-34（b） 杭州孤山放鹤亭旁的香樟

图6-35 古樟掩映的"鹅池"碑亭

于四周为山坡的凹地，游人首先是从俯视角度观赏整个空间的全景，亭子与水池已成为空间的主景，利用空间山坡上入口的一株大香樟构成画框，突出主景，而在亭的周围只种植较为低矮的小乔木及灌木，如鸡爪槭、石榴、蜡梅、南天竹等，环境十分清幽。亭在"柳帘"中若隐若现。图6-35则是一株大香樟紧依鹅池亭，似为小亭的"强大后盾"，更显出亭子的古朴，足见亭旁种树的树种，远近、高低各有不同，因而也构成不同的植物景观。

在某些以亭子为主景的园林空间里，有的将亭子安置于空间的中心，有的安置于空间的一侧，都能借植物配置创造生态季相的优美效果。图6-36中，是以两株对称栽植的秋色树冠来衬托一个八角尖顶亭子，亭基以绿篱饰边，其背景树的林冠线呈中心凹陷形，突出亭顶，强调了亭的主景作用。而图6-37则是以亭作为一条直路的对景，背景树为一排常绿的南洋杉，在与之相距约20m的正对面，用

图6-36　对植树框景下的憩亭（王友虹　摄）

图6-37　以心形植物构成的亭景

图6-38　深林水潭姐妹亭

图6-39　颇具村野气息的憩亭

福建茶结扎了一个心形的绿雕，绿雕宽约15~20cm，将其弯凹处对准亭子尖顶，一条淡红色的平砖直路两边有平坦的绿色草坪相衬，使整个空间环境简洁平实又鲜艳夺目。而在亭子的右侧则为一株生长优良的鸡蛋花树，显示出亭子的又一色相。

　　亭子背景树的选择特别要注意季相设计，在用地条件较宽裕的地方，宜以浓郁而完整的常绿树为背景，可保持亭子持久而独特的风韵。如图6-38是台湾阿里山姊妹潭的双亭，处于一片极为浓郁、静谧的森林水潭之中，优美的造型，淡粉色平展的亭顶，静静地立于一座"树根状"的亭基之上，似乎寓意着同根生的一对姊妹在这一片静寂的森林中，是那么平和、那么矜持地在静待着永不分离的依恋。

　　而一组亭架，前景是一片淡绿的低平草坪，背景则是一片浓密、暗绿的高大树林，将这一组白色与淡粉色的亭架建筑衬映得十分鲜明、耀眼，这种建筑与植物的对比、

色彩明暗的对比，就大大地增加了另一种优美而突出的植物景观。图6-39是一个以鼓木桶形构成的凉亭，亭的本身具有独特的"农具风格"，其周围则是一个自由栽植高大乔木与低矮粗生灌木的略带野趣的小群落，这种建筑与植物的配置十分协调，更反映出人工园林中一种淳朴的村野植物景观。而在自然风景区中，还有一种利用不加任何人工斧痕树干作柱而建的茅草亭，则更具山野之真趣。

　　由于"植物造景"意识的逐步增强，即使是亭子很小，也尽量地做到与植物结合，因而出现了形形色色的亭的植物景观。如有的以红绿草或真真假假的低矮花卉"包装"亭子；有的以树木直接"造型"成亭；有的在亭柱上以花卉作装饰；有的创造一种亭顶部分漏空的"亭架结合"的独柱亭，让阳光可以照射亭柱内的花坛，更有的直接建造一种仿生植物的"荷花亭"等等，可谓匠心独运，丰富多彩。

图6-40 苏州天平山御碑亭

图6-41 六株桧柏造型的六角亭

（二）花架的植物景观（图6-43～图6-46）

花架一般都以攀缘植物搭架栽植，植物种类以开花繁茂者为多，故称花架，也有的花架不立在地上的空间，而是紧贴于地面，作为地下室或入地下的台阶之顶部地面，远观之，有如地被植物（图6-44）；还有的花架并不直接栽攀缘植物，而是在一片树林之中搭架，使整个花架面积（范围）之内，全部为树冠覆盖，这样的配置方式避免了攀缘植物那种零乱枝条的杂乱感，在绿荫如盖的架下，感到既阴凉，又整洁、美观（图6-46）。

较长的花架又叫花廊，花廊的植物景观更为状美。一种是用可攀缘，又可直立的开花树种如室中花，沿廊外密植，形成花廊；一种是用盆栽的植物如矮牵牛、茉莉花等等在廊的顶部或两侧密密悬吊形成花廊。

园林中的廊子其实是有屋顶的园路，如廊子过长，就需要栽植花木，与廊子两边的景物配合，采用框景、夹景、漏景、隔景、障景等手法，营造远近景观，达到步移景异之效果，可有效克服冗长单调之感。具有特殊要求的廊子，如碑廊，应注意满足其使用功能。各种碑刻在供细赏时，光线不宜太暗，因此就不宜栽植冠大浓荫的乔木，以免覆盖整个廊子，影响采光；但也不宜种低矮灌木，因其与周围环境没有分隔，难以保持静赏碑刻的环境。在这种特定的情况下，就应选择冠枝紧密、又不影响采光的小乔木或大灌木为宜。如桂花，既有香味，又生长较慢，还可以通过修剪适当控制其高度。而在一些自然环境中的廊子，则宜创造"林中穿廊"的意境。

图6-42 亭顶部为架，阳光可射入，有利栽花

图6-43 架上为重瓣粉花凌霄花的盛花期

图6-44 炮仗花架

图6-45 地面上的镂空花架

图6-46 真正的绿色餐厅

（三）栏杆的植物景观（图6-47～图6-51）

栏杆的种类很多，不同地区、不同性质的建筑物的栏杆有不同的功能。一般除了防护功能以外，栏杆的主要作用在于分隔和装饰。在植物景观营造上，低矮的栏杆常以花来装饰形成花带，较高的栏杆常在棂格上编织蔓性花木，有的以分隔空间为主的高栏杆，则在栏杆的上部及下部设置带状花坛或花饰，棂格上也悬吊一串串的草花，形成十分浓郁的花墙，生态气氛很浓。有的则在栏杆上专设种植池，池中栽植绿色或彩色的植物。在一些商场或餐厅之旁，常安置轻型的，不固定位置的花筒或花池栏杆，并与招牌结合摆放，随时可以搬动，花池中的花也经常变换，运用极为灵活。还有一种以盆栽花卉排成二层高架的栏杆，作为临时需要的植物栏杆，也是一种可取的办法（图6-51）。

图6-49 自然生态气息浓厚的隔离栏杆

图6-47 篱（红花檵木）与树交错种植于斜坡

图6-50 高栏杆上的盆栽之一

图6-48 炮仗花饰栏杆

图6-51 高栏杆上的盆栽之二

图6-52　在一株大香樟树下设座椅，观看"三潭"水景，是十分惬意的

图6-53（a）随意曲折的座凳之一（配以黄蝉）

图6-53（b）随意曲折的座凳之二（配以红桑）

图6-54　可以栽树种花的装配式座凳

（四）座椅的植物景观（图6-52～图6-57）

座椅是园林中数量最多，分布最广的建筑小品，其功能主要是作为游人休息和赏景的停歇处。当然，座椅的本身也应注意其优美、舒适、方便的造型，也应成为园林景观的组成部分。从观景的角度看，其植物的配置既要满足观赏远景与欣赏近物的双重需要，还要做到夏可蔽荫，冬不蔽日。座椅一般多设置于大乔木之下，高大树冠可以作为赏景的"遮光罩"，使透视远景更为清新爽目；使休憩者倍感空间开阔。另外，不同的树种，所产生的不同季相，也增加休息、赏景的情趣。

同时，座椅旁树种的选择对空间意境的影响甚大，如将石桌石凳自然地安置在西湖水边一株高达20余公尺的大樟树下，石桌高不及1米，与大树形成强烈的尺度对比，湖光山色，画图天成，空间视野极为开阔；或者将座椅安置在成等边三角形配置的小乔木旁（其中一株为鸡爪槭，另

一株为女贞），加上湖石相配，自成一个幽静而闲适的小空间，别有一番情调。可以看出，不同的树种，不同的配置方式，虽然同样都获得遮阴，赏景的需要，但其空间意境与情趣则迥然不同。

总起来看，座椅虽小，但其植物配置方式及树种选择则是相当丰富多样，大略归纳有以下几种：

（1）大乔木下设椅，已如前述，并请参见本节图6-52，这是最普遍、景观效果也较好的一种方式。

（2）座凳随路而曲折，镶嵌于路边绿地之中。座凳设计无一定之规，宽宽窄窄随意而定、并与路旁的绿地相嵌合，如图6-53所示。

（3）由1平方米左右的单个花池及80平方厘米左右的单人坐凳，拼接成可长可短的坐凳，并与花池结合配置，形式较为灵活，但小花池难以栽植可遮阴的大树，座凳的利用率不高（图6-54）。

（4）在路边或广场上，围绕栽植的大树，沿半径2米左右的周边，设置齿轮形的座凳，这种方式遮阴效果好（如果种高木荫木的话），但在植物的养护管理上有些不便，另外观景的导向性不强，也影响了座凳的利用率（图6-55）。

（5）座椅的形式，位置与植物配置统一设计，如图6-56所示。半圆形、有靠背的座椅，紧靠树丛，以滴翠的竹林，或浓郁的各色乔灌木树丛为背景，加之树丛中安置的小雕塑，显现出浓郁的植物景观气氛及亲切宜人的情怀。

还有一种是位于廊内外过渡空间的桌椅，与庭院中高约一米的树台相配合（图6-57），棕榈树、散尾葵及绿篱植物，组成一个绿色的背景，桌椅加背景，自成一小景。

图6-57 以多种乔灌木，雕塑组成的树丛为背景设置的半圆形座椅，生态气氛浓郁

图6-55 齿轮状坐凳，以一株蒲葵遮阴

图6-56 以竹林为背景的半圆形座椅

图6-58 上海龙柏饭店的招牌小景

（五）其他建筑小品的植物景观（图 6-58 ~ 图6-61）

以下是几个典型的实例：

（1）上海龙柏饭店入口招牌设计，颇具匠心，也是一个极具植物色彩的标志设计（图6-58）。为了体现饭店的名称——"龙柏"及其特色——"森林花园式"，招牌本身以二条粗大的"仿龙柏原木"柱横放，上贴中英文对照店名，选用色彩比较醒目；而浅绿色的"龙柏"二字，突出于原木一端之上，以暗绿色的圆球形龙柏为背景，色彩调和，且寓意相符。而原木招牌的另一端，则为"三、五成林"的高大乔木（或为银杏），在树形上，东西两端以高耸的落叶树与圆球状的常绿树相对比，既表现出"季相"，又有"森林"的寓意，是建筑小品"绿色创作"的成功实例。

（2）台阶的植物景观，首先应满足边际防护的功能要求，色彩宜鲜明；栽植的宽度随建筑而定。图6-59（a）如一般住宅的小台阶，在两旁栽种单一的红桑，与台阶栏板的白色对比鲜明，加之红桑叶本身的色度深浅不同，使整体效果简洁、明快、生动、活跃。

图6-59（b）则是位于城市道路一旁的住宅台阶，宽约1米左右，台阶花池内，种有较为低矮的羽叶甘蓝及植株高约1米的百合花，高低相依搭配恰当，而百合花的金黄色花又与羽叶甘蓝的绿色对比强烈，使整条台阶更显生动、亮丽。

（3）灯柱树，灯柱是以照明为主，一

图6-59（a）住宅台阶旁的红桑篱

图6-59（b）建筑台阶旁的百合花篱

般只在柱基摆设盆花，或在柱上悬挂花盆，唯有图6-60是一处以灯柱作树干的特例。该灯柱下早年栽植着一株紫藤，后紫藤沿柱攀缘而上，久而久之，下部缠绕灯柱的藤，竟与水泥柱紧紧结合，不可分离，好像是灯柱原有的装饰，而灯头仍露出枝叶提供照明，此时整个灯柱俨然已成为一株颇有姿色的紫藤树了。

（4）水晶饰物的植物景观，如图6-61，常用在一些需要集中装饰或美化的场合，如某些会议或展览期间的会场。水晶柱或其他小品作装饰时，以各色艳丽时花组成形式多样的花坛护基，极为夺目，可平添会议展览的"热闹气氛"，柱内的流动水泡，在静态的植物水景中，更增加了细腻可赏的动感。

图6-60 灯柱树——紫藤

图6-61（a）水晶柱下的时花景观

图6-61（b）曲线水晶饰物旁的植物景观

第七章

绿色造型艺术

红花满枝　落英铺地

引　言

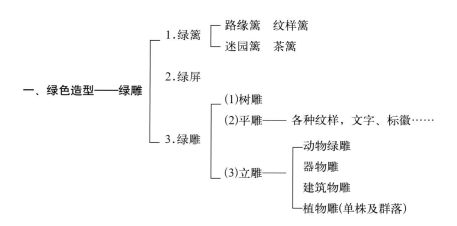

一、绿色造型——绿雕

1.绿篱　　路缘篱　纹样篱
　　　　　　迷园篱　茶篱
2.绿屏
3.绿雕　(1)树雕
　　　　(2)平雕——各种纹样，文字、标徽……
　　　　(3)立雕——动物绿雕
　　　　　　　　　器物雕
　　　　　　　　　建筑物雕
　　　　　　　　　植物雕(单株及群落)

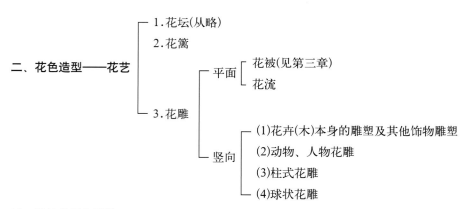

二、花色造型——花艺

1.花坛(从略)
2.花篱
3.花雕　平面——花被(见第三章)
　　　　　　　花流
　　　　竖向——(1)花卉(木)本身的雕塑及其他饰物雕塑
　　　　　　　　(2)动物、人物花雕
　　　　　　　　(3)柱式花雕
　　　　　　　　(4)球状花雕

三、斜坡的绿色雕饰

引言

在园林中除上述第三、四、五、六章是构成园林要素主体的植物景观以外，有相当一部分是一种体量较小，但需要精雕细刻的"绿雕"与"花雕"，也是构成整体园林植物景观的重要组成部分。因为，它们是随着园路而"流动"于全园，或是随着主景而成为其中的造型艺术精品。而园林里的斜坡地形的植物景观，往往要借助这种精品的植物造型而大大增色，故将它们统称为"绿色造型艺术景观"。

创造这种"精品"造型艺术的前提和基础，仍然是植物的生态习性和生物技术处理手法，否则根本谈不到花木的造型艺术及其观赏和实用的功能。但另一方面则是它的思想性与艺术性，为什么要造型，造什么样的型，和其他的艺术创作一样，也是有文野、雅俗之分，国家、地区之分等等。不同的地区与不同的人（包括创作者与欣赏者），会有各不相同的欣赏角度和水平。历年来，我国园林中的绿色造型艺术，从无到有，由少到多，在这个发展过程中，总体上还是由简单到复杂，由俗到雅，由单纯的"形"观赏到具有一定含义的主题观赏等的上升发展过程。特别是改革开放以来，受外来的影响很大。因为这种造型艺术与中国传统园林中的造型艺术有很大不同，它们在这种不同艺术风格的冲撞中，也促进了中国植物造型艺术的全面迅速发展，例如花坛艺术就在近五十年内有了飞跃的发展与变化。

关于植物造型艺术的生态基础及生物技术手段不是本书所述范围，而有关内容早已有专著问世；也有一些内容，已在本书的前几章中零星提到，故本章不再赘述。有关的风格、"真假"等等问题，也将在其他章节中谈及。本章主要以实例图片说明，来补充全书体系的完整性。

一、绿色造型——绿雕

以某些叶片萌发力强的植物，进行人工特定的栽培与管理，如摘心、牵引、缠绕、压附、编织等整枝技术，或直接将这些植物修剪成各种形象的艺术创作活动，称为绿色的造型艺术或"绿雕"。

1. 绿篱

以具耐修剪特性的绿色植物，密植成行，修剪其枝叶而成的篱笆，称为绿篱。过去的绿篱形式比较简单，随着现代城市化进程的推进，绿色造型艺术越来越受到关注，绿篱的形式也越来越多。由一般的形式发展到有起伏的波浪式、锯齿式、城墙式、纹样式等；绿篱的宽度也会根据环境的需要，因地制宜地设计多层次的边缘绿带；有的采用纹样和自由布置的草本花卉相结合构成一片五彩缤纷的花坡，有的在公园行道树下，以低矮植物环绕树基，树间置路灯，并有浓密的高绿篱（1.5米左右）分隔空间，使道路景观多样化；有的为了突出纪念建筑的气势，在绿篱之外的路旁，以尖塔形桧柏与球状桧柏相间栽植，加强了道路景观的严肃气氛，有的与地被植物结合，成为绿色的纹样花坛，而以草本花卉或低矮绿篱作边，在草坪上作纹样的绿坛或花坛，这都是引自国外的一种绿色造型。

比较集中的是将绿篱层层叠叠成行成排地布置成一片带状的"茶园"或"迷园"。

除了绿篱以外，还有色叶篱，如北方的河流或郊区马路两旁，常用火炬树篱，高可达2米，具有良好的防护、功能。适应性强的扫帚草，在初秋也可成为美丽的秋色篱。而在南方，红叶丹丹、色度丰富的红桑篱，设于片片绿草坪之旁，更显一种红绿对比强烈的园路景观。

2. 绿屏

以修剪的绿色植物作为分隔空间的高"墙"，称为绿屏，它可以遮挡视线，保持住宅的私密性，也可作各种防护用，或作为某些景物的衬托背景。最理想的树种是珊瑚树（法国冬青 Viburnum awabuki K.Koch），它的耐性和萌发力都很强，也有一些是由绿色造型植物组成多样性的"隔离墙"。

3. 绿雕

主要分为树雕、平雕及立雕三大类。树雕即指树木的造型修剪，有单株的树形修剪，也有带状的或群落的修剪。由于绿雕的分类繁多，现以图片加文字详细说明。

（1）树雕。树雕是指将单株树木修剪成各种造型（多数为几何图形）的一种树艺，也可以根据不同的需要，将这种修剪的单株树木，组合成整齐的行道树或其他自然式的植物群落，体现一种人为的风格。

（2）平雕。一般是指在园林地面上进行低矮的植物造型，如草坪上的纹样装饰，以及具有实用功能的招牌文字、标语、标徽和其他的图案等。

（3）立雕。立雕是指园林中一切竖向的植物造型，这是常见的较为典型的绿雕形式。最多的是各种动物的造型，也有建筑物局部的造型如绿门，绿墙；还有其他器物的造型如球状、筒状乃至生活中的糖葫芦串等，单体的造型比较简单、直观。但是，如果加以组合就可创作出具有一定主题的立雕了，如"狮子抢绣球"以及人物的主题绿雕——"唐僧取经"等。

早在20世纪的70年代，河南淮阳有一位老园艺师王先生在当地的一个公园内利用原有的一片柏树林，建成了一个绿色雕塑园，其中有"动物"，"建筑物"及其他器物，甚至"飞机、坦克"等，有数十上百件的绿雕，只可惜由于是"就树而塑"，雕塑布局的密度太大，显得拥挤、零乱，未能理想地表现出绿雕的美。而新加坡的一个小小的动物绿雕园，虽然也很挤迫，但由于是经过设计组合，精细的养护管理，并有一定范围的环境相衬托，就能使游人感受到一种真正"动物园"的乐趣。

此外还有建筑物及其他器物小品等，门类繁多，皆可用作绿雕艺术的题材。

总之，绿色造型艺术的题材广泛，既有体现人工美的内容；也有反映自然美的题材，由单一的造型，进而发展到综合性的主题；植物材料也较丰富，为城市环境增添一种绿色艺术景观；其造价也甚低廉，以"绿墙"计，比砖墙造价便宜25%~30%，但其他的造型绿雕就比较费工，平常的养护管理也较频繁，更主要的是这种造型艺术，并不与我国传统园林的固有审美情趣吻合，故这种植物景观，除绿篱以外，发展比较缓慢。而在私人园林中，有的屋主对此有特殊爱好的则颇为重视。

在创造绿色造型艺术品时，应特别注意以下几点：

（1）必须选择耐修剪、易萌发，抗病虫害及抗污能力强，又较耐荫的树种。宜于我国南北方的树种已在第五章中述及。

（2）勤于养护管理。因为绿雕是精雕细刻的艺术品，故必须勤加修剪、养护，否则，达不到审美的要求，"画虎不成，反类狗犬"，也就没有景观的意义了，甚至变成一个不三不四，不伦不类的绿色"杂货铺"，反而有碍观瞻。

（3）要注意色彩的搭配，特别是背景的色彩，一般以非绿色的建筑物或天空为背景的效果较好；如果仍以绿色植物为背景的话，则一定要注意绿色度的对比，（详见第三章），否则也就显示不出绿雕的美。或者以色彩丰富的花盆与之配合成景，以增加色彩的相互补托。

（4）一定要注意与环境的关系，绿雕不宜于设置在那些与之不协调的气氛与情调中；而在已设置的绿雕周围，应保持一定的观赏空间，考虑到角度与视距的合适程度。

二、花色造型——花艺

花卉（含草本和木本的花卉）在园林植物景观艺术中，占有非常重要的比重，因为花色、花形、花姿千变万化，绚丽多姿，几乎要成为园林植物景观艺术中不可缺少的主角。它的观赏范围，小到建筑物室内外的一个小小的点景（如一个花瓶），大到宏观的面积达上千平方米的大片色块（如昆明世博会的色块），而在大自然的环境中，更有十分壮观的"百里杜鹃"，如果没有花，则完美的园林植物景观艺术是难以想象的。

"花艺"是以草本，木本或藤本的花卉制作各种造型的观赏或实用功能的艺术手法，通过一定的生物技术栽植方法，构成一种艺术形式来表现其观赏或实用的主题。

园林中的花艺，大体上可概括为三大类别。

1. 花坛

这是历史最悠久的一种运用于庭院、庭园及公园中的花艺形式。现在广义的花坛概念包括各种形式的花堆、花盆组合、花带、花缘、花境等等，这些丰富的内容，都已有专门的著作论述（可参见《花坛艺术》一书）。

2. 花篱

花篱是一种观赏与实用（如分隔空间）兼备的花艺形式。古代陶渊明的"采菊东篱下，悠然见南山"的菊篱，早已是在大自然中设花篱的一种典型意境，今日的花篱在住宅庭院已相当普及，近些年来更注重在城市街道的两旁及中心设置隔离、分车作用的花篱，如北京白颐路的中心分车花篱，采用了一种多色、多花的爬蔓月季，花期相当长，可从4月至12月达八个月，这可使城市生态景观的观赏效果很显著。园林中的花篱也多设于路旁，径路旁的花篱就构成了丰富多彩的各色花径（见第五章）。

3. 花雕

平面的花雕主要是指以多种低矮的草本植物如红绿草或一、二年生的草花组成纹样覆盖地面的"花被"。一般的覆盖面积较大，可以形成十分开阔、壮美的花卉平面景观，亦有简称为"色块"的，常在需要体现广阔气派的意境时采用，可以是几何图案，各种纹样的图形，也可结合地形设计富有变化的弯曲如"河流"的仿自然形态，或者就是单纯的一种花色。

还有一种平面或斜面的花雕是以各色低矮花卉呈长条曲线形或凤尾形栽植于地面，略设必要的饰物，如将倾倒的瓦缸放在一端，以示"倒水而流淌"如河、如溪则可称"花流"或花溪。最好是利用略有倾斜度的微地形，而在有些缺少地形变化的情况下，在花流之上，架设一座旱桥，以表示桥下是"花"之水，这是近年来一种以静示动的花艺形式。

花雕的竖向景物，一如绿雕，其形式更加多样化，兹分述如下：

（1）花卉（木）本身的雕塑及其他饰物雕塑。在以往的菊花展览中，常见有绑扎的各种形状，在上面敷泥栽植菊花而形成"菊塔"、"菊船"、"菊桥"等等的花卉造型，

也有一个仅有支柱的真正的水仙花塔，总高约7尺左右，是由890个蟹爪水仙头从下而上叠成21层的花塔，上面生长出约4000朵的水仙花，中心支柱内设有水泵，将水由顶部逐渐渗透到每一朵水仙花，慢慢地浇浸着，需时一个多小时，花开时，香气四溢，观赏者无不赞叹叫绝。此外，还有单株立雕和群雕。更有船型、车型及多种其他器物形（如中国的鼎、钟……）的造型艺术，也给我们以启示。

（2）动物、人物花雕。这是一种常见的花雕形式。比如龙是中国的象征，龙的形象出现于雕塑，建筑装饰之处甚多，园林环境中则以龙的绿雕、花雕形式最普遍。在每年的花展中，常有以该年的生肖动物造型作为标志，这是一种民俗的造型艺术，也是一种俗文化的表征，更是一种传统的文化潮流。尽管其中在色彩、造型上难免有粗俗、低劣之处，但它还是能引起"多数人"的美的享受，在生活中也能以"龙马精神"相砥砺，而以牛的勤奋、坚强，虎的旷达奔放，羊的善良温顺……为象征，季羡林大师曾谓："所谓雅与俗都只是手段，而不是目的。"所以，雅和俗是在时代前进的车轮中，永远相伴而行的两条不同的轨道。也正如季先生所引用的："阳春白雪"（雅）是"国中属而和者不过数十人"；而"下里巴人"（俗）则是"国中属而和者数千人"，"究竟是谁高谁低呢？评价用什么来做标准呢？"这个问题值得深思，本章所列图片或许也是为读者提供思索与评论的参考而已。

（3）柱式花雕。在直立的柱上栽花，或以蔓性植物沿柱缠绕向上而开花的柱子称为花柱，这种花艺景观自1999年昆明园艺世博会以来，各地相互效尤，甚至发展到"花柱成林"的壮观景致。但是，由于这种花柱，尤其是高大的花柱，在植材选择，栽培养护上都很费功夫，因而就出现了"一劳永逸"的假大花柱，其花形花色，可随意设计，灵活方便。

与此相类似的是立架为门廊、以小盆栽花卉置于架上成为一扇接一扇，扇扇花色不同的门廊，也颇具情趣。

此外，还有在立柱上悬吊悬崖菊、草花；或立竹篱缠绕蔓性植物而成的"花屏"等等，形式多样，不一而足。

还有一种立花成环形的花艺造型，多数选用菊花，可表现一种"抛物线"的动感或远望象征天上的彩虹。

（4）球状花雕。物状花雕，门类繁多，日新月异，极富创意，今以所见，略呈一二，足以反映我国园林工作者的才思与智慧。

最耀眼、也最精细的是球状造型花雕，因为在球体

上可以设置地图以示地球，也是一种结合科普教育的园林"教具"，寓教育于游乐之中的一种好形式。有的球雕立于水中，倍增景观；有的可以缓缓地转动，可以从不同的角度细细欣赏，有的则有示意经纬线的架，而有的则在花被、地被、水面上立球柱或球柱群，以形与色两方面增加花卉景物的对比，而这多数用的是假花；但也有在球面挖栽植孔栽真花的，但远观效果不及真花"精神"。

三、斜坡的绿色雕饰

斜坡是风景园林中比较多的一种地形，防止斜坡的水土流失及其美化装饰有许多方式，而栽植各种植物形成的植被、花被、草被，既美观、又护坡，可防止冲刷，固土保墒，是最常见的一种方式。而其中尤以设计各种造型植物的艺术效果最为突出，也是值得借鉴和推广的一种植物景观措施。

总起来看，园林中斜坡的绿色造型艺术，大体上可归纳为以下几种方式：

（1）结合建筑小品处理边缘；

（2）大面积地栽植花木；

（3）重点地区的花钟装饰；

（4）不同形式的花雕与绿雕；

（5）绿色雕塑园；

（6）系列动物绿雕。

现将上述各种植物造型图片择其要者分类展示如下。

▎绿色造型

（一）绿篱

图7-1（a）宅旁彩色带状绿篱——红花檵木与金叶女贞相间

图7-1（b）锯齿形绿篱

图7-1（c）林下斜坡绿篱群——红花檵木

纹样篱

图7-2（a）欧式彩色花纹篱

图7-2（b）回纹状绿篱

图7-2（c）欧式块状纹样篱

茶园篱

图7-3 茶叶利用缓坡密植成茶园篱

迷园

图7-4（a）纹样迷园——福建茶

图7-4（b）纹样迷园细部

图7-4（c）桧柏迷园

（二）绿屏

图7-5（a）由绿雕（海狗）以旅人蕉植群为背景小公园入口标志绿屏

图7-5（b）遮挡窗户的绿屏——珊瑚树，常绿、密实，冬季叶红，高2m左右

图7-5（c）珊瑚树细部，冬季叶变红色

图7-5（d）由球状绿雕群组成的邻舍绿屏

（三）绿雕

树雕

图7-6（a）以构骨冬青修剪成蘑菇形树

图7-6（b）公园中高低错落的冬青球群

图7-6（c）以桧柏树雕剪成一串"糖葫芦"

图7-6（d）以桧柏树雕剪成"空塔树"

平雕

图7-7（a）原香港区城市政局的标徽　　　　　　图7-7（b）某中学座园中的"钥匙"绿雕（寓意于"打开科学之门"）

立雕

图7-8（a）大象雕——"万象更新"　　　　　　图7-8（b）"狮子滚绣球"

图7-9（a）行道树下护树绿筒——薜荔　　　　　　图7-9（b）绿钟标徽

图7-9（c）绿雕与花盆结合成景　　　　　　　　　　图7-9（d）路旁的绿柱绿环雕

图7-9（e）小绿雕动物园

Ⅱ花色造型

（一）花篱

图7-10 爬满月季花的分车带

（二）花艺
花被（见第三章）
花流

图7-11 呈凤尾形设置的花被，以饰物—横倒的水缸置于"源流"之端，有如花流

花雕

图7-12（a）水仙花塔

图7-12（b）人工"圣诞树"

图7-13（a）"龙腾"

图7-13（b）"鱼跃"

图7-14（a）"孔雀开屏"（朱秀珍 提供）

图7-14（b）蝴蝶花雕

图7-14（c）花雕军舰

图7-14（d）菊花雕转盘

图7-15（a）代表五大洲的巨型花柱

图7-15（b）多层次花柱造型的花廊

图7-16（a）水中的绿色"地球"

图7-16（b）花球群

图7-16（c）花色地球架——经纬线架

（三）斜坡的绿色雕饰

图7-17（a）指示牌

图7-17（b）标语斜坡

图7-17（c）斜坡面的纹样花饰

图7-17（d）自然山坡的模纹花饰

图7-18（a）斜面模纹

图7-18（b）斜面装饰——"十二生肖"

图7-18（c）斜面装饰——细部（蛇、马）

图7-19 鸡蛋花丛——以等高的树丛利用斜坡形成起伏的
"丛冠线"

图7-20（a）比较素静的方形花钟，以红绿草制成，周围环以绿屏，宜设于公园一角

图7-20（b）色彩丰富的大花钟，以绿色草坪衬托，并摆设盆花镶边，宜作入口或主景饰物

图7-20（c）在大型建筑物与水池之间的斜坡上设置的花钟，增强了这一斜坡景观的视野

第八章

大自然的植物景观

西湖孤山　古樟红亭

引　言

一、**大自然的植物景观**
　　——古树名木及其他

  1.珍稀树

  2.奇形树

  3.怪象树

  4.古树

  5.名木

  6.神木

  7.群落

  8.红树林

  9.草原

  10.田园野趣

二、**文学中的大自然植物景观**
　　——《徐霞客游记》读书笔记

  1.单株及密林

  2.山、岩、洞、峡的植物景观

  3.水旁的植物景观

  4.路径旁的植物景观

  5.建筑旁的植物景观

三、**仿自然之形的植物景观**
　　——仿生的树木花草

引言

爱好大自然是人类的天性，大自然也是中国园林艺术创作的源泉，而中国大自然的植物景观极其丰富，类型多样，其中尤以古树名木为最，蕴含着我文明古国的悠久历史风貌与深厚的文化底蕴；而反映于文学艺术中的植物景观则更是异彩纷呈，精湛微妙，这些都是我国园林中自然与人文资源的宝贵财富，也是中国异于其他国家的一个特色。近些年来，人造的植物景观，风靡一时，已由室内摆设的塑料插花发展到城市环境和风景园林中的大型仿生植物造型，甚至有在大自然中创作极为宏伟的"人造大自然"艺术者，这些都是值得引起注意和思考的问题，故本章拟从以下三方面述之。

一、大自然的植物景观——古树名木及其他

大自然中的古树名木在高等生物界的两大分支中是寿命最长的。爬虫类的乌龟虽然是动物中最长寿的，仅有三百余年，而千年以上的古树名木在我国则并不罕见。

这些古树名木既是社会历史的见证，也是自然科学的研究对象，它涉及政治、文化、宗教、民俗民风等种种社会因素，更直接关系到植物的生长规律，土壤气候、自然环境变迁等自然因素。这些经过长时间生长发展考验的树木本身还具有很高的美学特征与观赏价值。它往往是构成大自然景观的重要角色，也是一种难以再造的极为珍贵的自然美的表现者，它已成为我国不可多得的宝贵财富。

在古树名木中，它们或以其数量极少而弥足珍贵；或以其形状奇特；或因树木本身的形态生态而产生一些"怪

现象"；或以其年代久远；或因该树的传说故事、与名人（含帝王）的活动有关等等，而分为珍稀树、奇形树、怪象树、古老树、神木、名木及特殊群落等等。

此外，如红树林，草原以及田园野趣的景观，在植物景观艺术中，也是具有环境保护及园林生态意识的内容，故一并简述于此。

1. 珍稀树

我国是世界上木本植物种类最多的国家之一，是树木的宝库。1980年我国提出的第一批珍稀和濒危植物有350余种，其中具有较高观赏价值的仅有银杉、水杉、珙桐、金钱松、水松、台湾松、黄杉、穗花杉，三尖杉、柳杉、连香树、水青树、木莲、鹅掌楸等数十种，而在这数十种类中留下来的数百上千年的古树则更是宝中之宝了。

被誉为"植物中的大熊猫"的银杉（*Cathaya argyrophylla*）不但树姿优美如虬龙，其狭长的叶片背面两条白色的气孔带，在阳光照射下会闪闪发光，产生"满树银花"的美景，观赏价值极高。这种树生长缓慢，一、二百年也只能长到10米高，繁殖也很难，故极为珍贵。我国植物学家钟济新教授于1956年在广西桂林附近的越城岭上曾发现有银杉，这消息还被列为二十世纪的国际珍闻，轰动了植物界。

后来我国陆续有发现，其中以川黔交界的金佛山顶飞来石附近的一块高100米左右的绝壁中间，在一处坡度较缓的山脊上，发现有数百株的银杉群落，后被命名为"银杉岗"，是世界上第一个以银杉命名的山岗。在这个群落中最大的一株银杉高17米，相信至少有300年以上的树龄。

随着科学技术的发展进步，相信银杉的繁殖与培育，将会获得进展，从而使我国的园林植物景观更丰富，也更具有民族特色。

浙江天目山的柳杉（*Cryptomeria japonica*）比较集中而

古老，大的高达30米，胸围2米多，约在1000年左右，干直挺拔，树冠整齐圆锥形，很适于作风景林和隔离林，诗人白居易也赞它：

……

才高四、五尺，势若干青霄。

移栽东窗前，爱尔寒不凋。

宋代理学家朱熹却把它栽在房前屋后，起隐藏隔离的作用，体现一种深藏不露之逸趣：

门前杉径深，屋后杉色奇。

空山岁年晚，郁郁凌寒姿。

安徽歙县的清凉峰自然保护区面积近两万亩，比较集中地保留了鹅掌楸、连香树、金钱松等一批珍稀树种约有400多种，这是我国目前十分珍贵的珍稀树木宝库。

2. 奇形树

古树在漫长的生长过程中，经受着大自然中的风暴、雷击、病虫以及旱涝等灾害和种种人为的破坏，或受自然地理环境的影响，使树木生长成奇形怪状，而成为一种十分特殊的自然植物景观。

最著名的是苏州光福邓尉山的司徒庙内幸存的四株极为奇特的千余年古柏树，被命名为"清、奇、古、怪"（图8-1）。清者，碧郁苍翠，挺拔清秀；奇者，主干折裂，一腹中空，仍能生长；古者，树干纹理行绕，古朴苍劲；怪者，卧地三曲，状如蛟龙。这一组少有的奇树，早已成为苏州风景的"一绝"。

北京戒台寺的五株油松，也是象形而又有寓意的奇树与名木（图8-2），并有命名及诗赞：

一曰"卧龙松"（图8-2a）。主干斜卧，枝叶伸出，树皮鳞片斑驳，形如卧龙，为辽代所植，距今已千余年，清代曾有诗赞曰：

鲜剥横偃身，风动之而举，

何年卧此中，鳞甲含秋雨。

二曰"自在松"（图8-2b）。位于石栏杆的北侧，主

图8-1（a）苏州光福司徒庙的古柏——清

图8-1（b）苏州光福司徒庙的古柏——奇

图8-2（a） 北京戒台寺的五松（油松）——卧龙松

图8-1（c） 苏州光福司徒庙的古柏——古

图8-2（b） 北京戒台寺的五松（油松）——自在松

图8-1（d） 苏州光福司徒庙的古柏——怪

干又分为两枝，略偏南向空间，枝叶舒展，姿态大方，观形而会意，颇具潇洒自在的韵味，故名，在《西山名胜记》中，也有诗赞曰：

松名自在任欹斜，随意生来最足夸。
世态炎凉浑不管，逍遥自在乐天涯。

这是松树拟人化的又一例，不是赞它"坚贞耐寒"的志气，而是夸它"潇洒自在"的神情和以隐为乐的飘逸之风。所以后人就从这一角度又作诗夸这株松是"不说坚贞不说凋，只观形色甚逍遥。世间冷暖全不管，自足自在比潜陶。"

图8-2（c）北京戒台寺的五松（油松）——活动松

图8-2（d）北京戒台寺的五松（油松）——活动松诗碑

三曰"活动松"。树冠呈伞形，枝桠交错盘扎，动一枝而"全身"动，颇有"牵一发而动万枝"的味道，清代乾隆皇帝数次来此看到这种现象颇有兴趣，诗兴大作，前后十余年间（1764～1779年）曾作诗三首，后人刻碑立于其旁（图8-2c,d）其中一首是：

老干棱棱挺百尺，缘何枝摇本身随。
咄哉谁为挈其领，牵动万丝因一丝。

现在时移树易，此树抑或非原物，但仍保留了这一轶事，供游人赏玩而已。

四曰"九龙松"。前三株松均为油松，九龙松则为白皮松（图8-2e），树形不同于油松，树皮色白、有块状斑纹、分枝点低，树冠的大枝干有九条，盘曲向上生长，状如九龙飞舞，故名，此树也近千岁，是五松中最高的一株，约30米，主干直径约2米，覆盖面积达5000平方米，明代也有诗人赞曰：

宝树倚晴峰，婆娑月影重，
叶深藏观鹤，枝老作虬龙。
拂殿青荫合，凌霜翠色浓，
山僧时向客，聊尔说秦封。

五曰"抱塔松"。其躯干长约5米，它跨过矮墙，将石阶下的辽代墓塔"抱住"，故名，这种景观是树木的自然生长受环境的影响而形成的"一绝"，颇为奇特。

图8-2（e）北京戒台寺的五松（油松）——九龙松

图8-3（a）澳门观音堂的连理树——榕树

图8-3（b）北京故宫的连理树——柏树

以上所述苏州与北京的二处奇树，均为常绿的长寿树种，一松一柏，才能保存到今日形成奇树，实属难能可贵，应作为重点保护。

有的树具有奇特的生态景观，如湖北的鹤峰有一株约五百年树龄的树，是由桑、盐肤木、柏三树一体的奇形树，主干是桑树，高31米，主干上孪生着盐肤木和柏树。青岛崂山的蟠桃峰也有一株近2000年的桧柏，高15米，直径1.3米，在其树干中部的树洞内，生长着一株高达丈余的盐肤

木，而在柏树上，又缠绕着蔓性的凌霄花，也成为"三树一体"的《汉柏蟠龙》景观。

还有的则是在同一株树上结出五种不同的果实。福建梅花山自然保护区，就有一株果树结出了茄果、菜豆果、豇豆果、橄榄果及沙帽果等。至于鸳鸯树、连理枝的自然景观在许多风景名胜区也是时有所见的（图8-3）。

以上所述，虽然或有人为因素介入，但仍可看出大自然造物的神奇之美。

3. 怪象树

由于我国植物资源丰富，根据不同植物的生理习性及所生长的自然地理生态环境，某些树木花草会产生一些奇特的现象，如"造雨树"、"发光树"、"气象预报树"、"产盐树"、"产糖树"……，从这些怪象树，可以看出大自然鬼斧神工的"功力"，也是风景园林中一种奇特的植物景观。

如旅人蕉（参见图3-29）是一种可供旅行者解渴的树，树形如芭蕉扇，原本生于沙漠，后来已移植入平野，如用刀在其茎上划一口子，就会流出水来，可作饮料，现在热带地区均可生长，广州，香港一带也已引入园林。

怪象树的种类极多，市场已有专著（如"走进奇妙的大自然丛书"）可参考。

4. 古树

我国现在留下来的古树，最早要数陕西黄帝陵轩辕庙内柏树，高14米，胸围9米，称为"黄帝手植柏"，亦称"挂甲柏"，（如果不是经过补种的话）距今已四千余年，堪称我国古树之冠了。

三千年左右的古树，目前所知有商代所植的九华山顶的四株银杏树，曲阜孔庙的桧柏，山东莒县的"天下银杏第一树"，湖南洞口县的白果树王，太原晋祠的"周柏"等等。而野生古树年龄最长的，大概要数西藏林芝巴结自然保护区内的柏树，已有2500余年，据云：树高约50米，胸围亦有17米。

有的古树则因传说故事，赋以人文的命名，如泰山的"五大夫松"；嵩山书院内的三株柏树，传说是汉武帝来此游览时，见树干高大挺拔，恰又遇雨，在树下躲避，就封它们为"大将军""二将军"和"三将军"，今"三将军"已被毁，经过二千余年的风霜雨雪，"大、二将军"也已老态龙

图8-4（a）河南登封市嵩阳书院的"大将军"（柏树）

图8-5（a）杭州城隍山的宋樟

图8-4（b）河南登封市嵩阳书院的"二将军"（柏树）

图8-5（b）桂林阳朔大榕树，冠幅一亩余，树龄近千年

钟，但其"将军风韵"犹存（图8-4）。

　　而千年左右的唐槐、唐松（如成都杜甫草堂的罗汉松）、宋樟（如杭州城隍山的宋樟图8-5a）、宋柳（如扬州平山堂欧阳修种的垂柳）、辽柏、明藤（苏州拙政园门旁文徵明手植紫藤）（图8-5c）、北京故宫内明清时代的古柏、古松，或全国各地散留的各种古树就更多了，特别是风景名胜区有"迎客松"、"送客松"等等都在数百年至千年以上。

　　所有这些古木常常会随之流传着一些故事传说，而且它们自身的自然景观及所反映的人文景观都表现出中华文明古国的历史风貌，其中一些具有特殊意义的就成了"名木"。

5. 名木

　　所谓"名木"，其名之缘由亦甚繁多。

　　一种是以年代久远，饱经风霜之后，居然还能巍然挺

图8-5（c）苏州拙政园的明藤（明代文徵明手植）

图8-5（d）承德避暑山庄的清代古柳（约300年左右）

立，生枝长叶，形状奇特，风度翩翩，产生极具美学价值的树木，如苏州的清、奇、古、怪四株柏树，最为典型。

有的则是在自然森林中，经过长时间的生态变化而留下三、五株，具有独特风姿，给人们一种人文的联想而给以命名的，如台湾阿里山的"三兄弟"、"四姊妹"树（皆为红桧，*Chamaecyparis formosensis*）（图8-6a）。

一种是由于古代帝王的分封而成名木。如北京潭柘寺的帝王树以及"白袍将军"树，"遮阴侯"、"探梅侯"树等，嵩山的将军树，泰山的"五大夫松"等。

另一种是因名人所植而名，如曲阜的孔庙"先师手植桧"；宋代朱熹在福建龙溪所种的榕树、樟树；以及上述明代文人文徵明手植紫藤等，如今在深圳也沿袭这个传说，专门设置有《名人植物园》，专为各国元首，世界名人

图8-6（a）台湾阿里山的"四姊妹"树——红桧

图8-6（b）台湾阿里山的"三兄弟"树——红桧

图8-6（c）山西洪洞县古大槐树处

来参观时，种树立碑留作纪念。

又一种是与名人的活动、业绩、轶事有关而成名木的。如在河南封丘陈桥驿东岳庙内一株槐树，相传为宋太祖赵匡胤在此树上系过马，故称"系马槐"，远近闻名。还有一种是作为历史事实见证的名木。如在山西洪洞县原有一株汉代古槐树，庇荫数亩，苍劲挺拔。到了明代，明太祖朱元璋曾下令从洪洞县移民到中原、北京去振兴农业。

据《山西洪洞古大槐树志》记载：

"明洪武、永乐间（公元1368～1424年），直、鲁、豫、奉等省受元末兵荒灾歉，居民丧亡殆尽，徙太原、平阳、洪洞、蒲绛等处人民，动数十万户，前往填殖，并非专迁洪洞人也。亦可分道分批往也。而远省耆老世世相传，众口一词，合称自洪洞大槐树迁来。仅知有洪洞，不知生大槐树之村庄，以一县为发祥地，以一树作遗爱品，人人心之深，千奇不移矣。推厥原因，盖因迁徙之时，驱各属之民，聚洪洞大槐树下，由此点齐，由此分遣，临别纪念，永久弗忘。"

（注：摘抄自《百科知识》1958年一期）

移民时，在此槐树下集合出发，临走时，村民都依依不舍离开自己的家园，频频回首仰望这株槐树，故这株槐树也就成了他们背井离乡、记意最深的思乡标志。

据云：辛亥革命军起义后，卢协统督师南下，其部下士卒履洪境，道经古大槐树处，皆下马罗拜。新中国成立后，洪洞古大槐树处又多次修建。

1959年，县政府立《古大槐树遗址碑》，并确定了东至贾村，西至汾河以北500米，以南1000米之地为保护范围，建成一个公园，明文规定，该范围内为文物古迹，为全民财产，应妥善保护，不得损坏。足见这一名木，已成为我国历史上移民文化的一个纪念象征。图8-6b所示虽已是后来补种的，但人们早在1914年就在原槐树旁立碑纪念，并建亭护之。

总之，名木之所以成为名木，或以其古老奇特的形态、生态特征命名，并具有科研及观赏的意义，或与名人的活动、轶事及历史事迹有关而名，具有纪念性质，而表现出大自然中的人文景观。

6. 神木

所谓"神木"，大体有几种情况：一种是古树中空，人们在树洞内设"庙"供拜祭。如四川泸定县西乡路旁，有一株苍劲挺拔的神树，高达28米，胸围8.7米，估计树龄1200余年，在树干内镶嵌了一座小型的莲花座，上有佛像，就形成了"树庙神木"。

另一种是被宗教信徒们定为神木的，如在寺观环境中最常见的菩提树，被尊为神木，是因为佛祖释迦牟尼就是在这种树下悟道的缘故；在广西的良风江国家森林公园的一株菩提树，每逢初一、十五，就有成千的信徒涌到树下烧香叩拜，抱佛求神，以寄托自己的祈求。

陕西潼关有一株古槐，相传曹操曾在树下避雨，时间巧遇，故曹操封之为神树。

比较典型的神木，要数台湾阿里山一株三千年树龄的古柏了，此树生长挺直，威风凛凛，很有气度，受人崇拜，可惜在1956年就已"驾崩"，但其粗壮的树干，风采依然，高约60米，胸径6.5米，历史悠久，仍被视为神木。

而最具特色并比较集中成片栽植的神木，则是台湾栖兰山的中国历代神木园。园内古木参天，浓荫匝地，主要树种为红桧（*Chamaecyparis formosensis*）和扁柏（*Chamaecyparis spaeh*），它们各依地形的不同而尽得日月之精华，绝大多数为一、二千年左右树龄。1989年台湾的森林开发处将其中50余株较有特色的古木，进行监测，估算其生长年代，结合栖兰森林游乐区的开发而设计了这个"神木之旅"的自然园林，以自然的古木，赋予人文历史的内容，将人们的游乐展示出历史文化的深层面（图8-7）。

将51株较有特色的古木，分别以历史人物命名，如孔

图8-7（a）台湾阿里山的神木说明牌

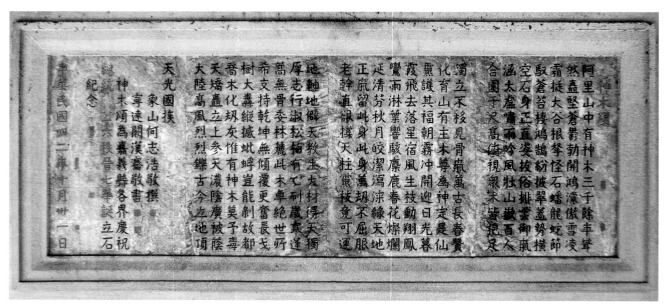

图8-7（b）台湾阿里山的"神木颂"

图8-7（c）台湾阿里山的神木之———"司马迁"

图8-7（d）台湾阿里山的神木之———"班昭"

子神木、司马迁神木、诸葛亮神木、朱熹神木等等，在树旁立碑，写上神木的人名、树种、树龄及其生长情况，并对该名人作一简要介绍。如图8-7，司马迁神木的说明牌上写着："司马迁，宇子长，陕西韩城人，生于史学世家，撰写我国第一部纪传体通史《史记》，叙述自轩辕黄帝至汉武帝止2400年间之历史故事和名人事迹，流传千古而不朽，素有'中国历史学之父'的称誉"。

这51株神木的名人包括从春秋战国时代周朝孔子至明代的郑成功，其中有圣贤名哲、有帝王将相，也有文学巨匠和民族英雄（表8-1），故这种神木园的建设，一方面是借着对古圣贤的崇敬而保护了树木，并使游人徜徉于大自然森林的清新环境中，欣赏到古木苍劲，昂然挺拔的植物景观；另一方面也是借古树来纪念历代人物，向游人普及历史文化知识，领悟他们留下来的人文精华，从中获得一种历史的启示，砥砺着创造美好的未来，是寓教育于游乐，又能保护大自然，欣赏大自然的一种良好措施。

台湾神木园命名一览表

序号	性质类别	以红桧古木命名的人民名总计51名（其中涉及政治、军事的占56%，其余为文学、科学、教育等的占44%）
1	史学家	司马迁（汉）、班昭（汉）、法显（晋、旅行家）、司马光（宋）
2	教育家	孔丘（周）、王阳明（明）
3	帝王	秦始皇（秦）、光武帝（汉）、曹操（三国）、李后主（后唐）、唐太宗、武则天（唐）、宋太祖（宋）、宋文帝（宋）、元世祖、成吉思汗（元）、明太祖（明）
4	政治家	诸葛亮（三国）、苏武（汉）、冯道（五代）、王安石、包拯（宋）、郑和（明）、柴荣（注②）
5	军事家	班超（汉）、关羽（三国）、李靖（唐）、岳飞（宋）、文天祥（宋）、韩世忠（宋）、袁崇焕（明）、于谦（明）、郑成功（明）、郭子仪（唐）
6	科学家	华佗（汉）、张衡（汉）
7	书法家	王羲之（晋）、颜真卿（唐）
8	文学家、思想家	柳宗元（唐）、白居易（唐）、韩愈（唐）、李商隐（唐）、陶渊明（晋）、欧阳修（宋）、苏轼（宋）、朱熹（宋）、李清照（宋）、王阳明（明）、施耐庵（明）
9	女士	王昭君（公主）、杨贵妃（名妃）

注：①以上表格系根据台湾最高行政部门森林开发处出版的《神木之旅》一书编制。

②以上诸人名均为《辞源》中所有，仅柴荣一人未有列入。

7. 群落

在自然界或人工环境中，还有一种观赏价值很高的植物群落，它们是大自然的赐予，或者也有部分为历代人为的造化，都是值得保护、欣赏和研究的。

河南嵩山中岳庙前有一个汉代的古柏群落，由于历年来各株柏树的自然生长趋势不同，其中有八株竟十分奇异地形成各种象形的"动植物"而命名曰"藏龙柏"、"狮子柏"、"猴柏"、"羊柏"、"鹿柏"、"孔雀柏"、"乌柏"、"凌霄柏"，简直成了一个多姿多彩的动、植物公园，这八株柏树，就被称为"奇柏八景"。

湖北宜昌的樟林坪，海拔1600~1700米，是一个人迹罕至的高山，有一片集中地生长着我国稀有的树种群落，有水青冈、白辛、鹅掌楸、紫茎、木兰、椴树、檫木、银鹊、稠术等，它们的体形高大，胸径多在40~50厘米，好似"群雄聚会"，在探讨着大自然的奥秘呢!

浙江金华的北郊风景区内，有一片占地约4000米的针阔叶混交林，应属天然次生林，共有23个树种，奇怪的是在这片树林中，竟生长着268对连理枝，它们的形态或并立、或相依、或联手、或交枝，其中一株最大的樟树，其单株的胸围达2米，至少也有二百岁了，这种自然造化的神奇，堪称我国的"中华一绝"。

更令人叹为观止的是在贵州西北部的黔西、大方两县交界处的一条罕见的百里杜鹃花带。这条林带宽约1000~3000米，长约5公里，总面积10平方公里，在这个范围内几乎全部生长着各色杜鹃，花色花形丰富多样，有的红艳如长缨，有的鹅黄如团扇，有的银白似粉球，有的淡紫如玉盘。而且花态奇特，生长并不整齐划一，大者高达5~6米，小者高不盈尺，有的一个花序上有几十朵花，而大株的则成千上万。每年三月中到四月中盛花时，满地鲜花怒放，登山远望，犹如万里云霞，壮丽非凡。在这样绚丽的花带中，其品种自然也是相当丰富的，计有马缨杜鹃、水仙杜鹃、树型杜鹃、团花杜鹃等约廿余品种，据云，全球杜鹃花五个亚属中，此处就有其中的四个（图8-8贵州"百里杜鹃"名种）。

整个花带划分为七个景区，卅余个景点，其中最负盛名的有对唔谷景区、花底岩景区、全坡花景区以及黄坪十里杜鹃区等。

当然，在如此广阔的花带里，渗透着十分多姿多彩的地形地貌以及风土人情、民居小屋，而不是城市园林里的那种小小的花带概念了。此处属贵州省的岩溶地貌，有溶

图8-8（a）贵州"百里杜鹃"之一——马缨杜鹃

图8-8（b）贵州"百里杜鹃"之一——露珠杜鹃

洞、洼地、瀑布等优美的自然景观，居住在花带内的有苗、彝、布衣、仫佬等少数民族，民族风情浓郁，每年在这里都举办杜鹃花节、桃花坡节、插花节、火把节等等，人们吹着芦笙，绕着花树，围着篝火，载歌载舞，热烈欢腾的场面，更是吸引了慕名而来的中外游客。

据云，类似的杜鹃林，在贵州的草海周围20平方公里范围内，亦有见到；四川的黑竹沟也发现有万亩杜鹃林，在海拔2600~4000米的高山。

杜鹃是一种灌木，品种繁多，全世界约有900多种，亚洲有800多种，我国有650余品种。《本草纲目》中介绍过："处处山谷有之，枝少而花繁，一枝数萼"。以花红艳者著称。据云，此花的命名来源于一个传统故事：古蜀国国王杜宇，曾流亡国外，他死后，化为子规鸟（即杜鹃鸟）常彻夜悲鸣，啼声凄恻，能啼出血来，滴落此种花上，故此花后来就称为杜鹃花。

李白曾有诗说明了子规鸟与杜鹃花的关系：

蜀国曾闻子规鸟，宣城还见杜鹃花。
一叫一回肠一断，三春三月忆三巴。

宋代诗人杨万里又道出了杜鹃花的山路景观：

何须名花看春风，一路山花不负侬。
日日锦江呈锦样，清溪倒照映山红。

清代女革命家秋瑾则以杜鹃花诗表达了"花发乌啼"，留春不住、对民族命运的忧虑情怀：

杜鹃花发杜鹃啼，似血如珠一抹齐。
应是留春留不住，夜深风露也含凄。

此外，如九寨沟的冷杉及溪柳的群落也是十分令人神往的自然植物景观（图8-9）；在湖南长沙郊区还发现一片

图8-9（a）四川九寨沟的冷杉群落（王友虹 摄）

图8-9（b）四川九寨沟的溪柳群落
（王友虹 摄）

图8-9（c）四川九寨沟的冷杉、溪柳水景（陈少亭 摄）

图8-10（a）山东曲阜孔陵前的古柏甬道

图8-10（b）北京中山公园的古柏林

巨大的古树化石群落，其树干、树皮和枝节皆清晰可见，其中最大的树干化石直径达80厘米，这是一种十分难得的自然植物景观。

而人工栽植的古代植物群落有宋代朱熹在他的祖籍今江西婺源县亲手栽植的一种八卦形图样的墓林，亦颇有特色。

而保存最完整、延续时间最长的人工植物群落要数曲阜的孔林了，占地三千余亩，主要有柏、桧、楷、槲等树种2万余株，还有长1200米的古柏甬道，其次是北京中山公园和劳动人民文化宫内辽代以来种的古柏林等，这些都是目前难得的、具有较高观赏价值的人工植物群落（图8-10）。

8. 红树林

红树林是一种生长于海岸,介乎海水与淡水之间的"两栖树林",既可扎根于海底,也可生长于沉积淤泥的松软土壤中,由于它的干茎去皮后是红色的,在嫩枝头也显出红色,故称为红树林,其实,远望仍是翠绿葱茏的一片绿树林(图8-11)。

红树林主要分布在热带和亚热带的海岸,在我国的海南、广东、香港、台湾、广西、福建的海岸,均有分布。所谓红树林,也不是指一种红树,同类形态(红色枝干)及生态习性的红树,全世界有60多种,我国约有二三十种,主要的有秋茄、桐树花、老鼠筋、木榄、海漆等,而常见的半红树种(即也可受红潮海水浸润的)有海杧果、黄槿等主要都是灌木或小乔木,而半红树则有大乔木。

红树林的功能很多,可以药用、食用或作建筑材料用(家具、乐器),但最主要的可以固堤护岸、挡风抗浪、净化污水,甚至可聚集淤泥,逐年向大海伸展,开拓新陆地,为鸟类、鱼蟹类、微生物等提供一个良好的生态环境,因此,目前有关方面都在大力呼吁保护红树林。

红树林无需特意栽培而自行繁衍,是大自然的一种赐予,它对人类没有苛求,但赋予人类的则很多,也很重要,这种内在的美已给人们一种不言而喻的美感。就其外表特征来看,则仿若"大森林"、"大平野"的缩影景观。当你远望时,绿茫茫的一片,并不起眼,近看时,则是一幅幅十分细致,丰富而优美的生态画图。如果你能乘一叶扁舟荡漾其间,更可以近赏到那繁茂苍翠、光亮碧绿的"大森林",可以听到啁啾鸟语,闻到袅袅花香,如入"世外桃源"之境,越看越发现更多的大自然的美与奥秘。故红树林目前已成为一处极具魅力的生态旅游景观,也是很有特色的一种大自然的植物景观。

图8-11(a) 红树林——落潮时的"水中森林"

图8-11(b) 红树林——涨潮时的景观

图8-11(c) 红树林——海杧果树冠

图8-11(d) 品种丰富的红树林

图8-12（a）内蒙古的大草原（王燧 摄）

图8-12（b）河北省的坝上草原

9. 草原

草原是大自然的一种平凡而又特殊的植物景观，无人特意栽培种植，它是大自然慷慨的赐予，故似乎显得平淡无奇。但是，它水草丰茂，视野广阔，既可放牧，又可游赏，是一种兼具经济与审美价值的生物资源，所以又很特殊。应该说，自然中的草原还是园林草坪之源（图8-12）。

早在汉代的上林苑中就有"布结缕，攒庑莎"的记载，武帝上林苑中已栽有结缕草；在魏晋时期的帝苑中也有"帝为芳乐苑，划取细草，求植阶庭"的记载；至于元代的忽必烈，则在其宫廷内种大块

图8-12（c）河北省的坝上草原湿地的马群放牧

图8-13（a）今日万树园的石碑

图8-13（b）近代的万树园已呈现出古树枝桠的老态了

图8-13（c）今日万树园里一片生机勃勃的文冠果林

图8-13（d）万树园的边缘树群（低矮的为栾树）

的草坪；到了清代，皇家园林避暑山庄的万树园就是一块30公顷的疏林草地（图8-13），它的位置是在一个北倚青山、南临澄湖的山峦与湖泊之间的一片开阔的平原上，占地面积约千亩，原是水源丰富、土地肥沃、草木茂盛、古木参天的蒙古人的牧场。清代乾隆时，在它的东南开辟了一个瓜圃，增加了牧场中"农"的含量，也为开展万树园的各种活动提供了方便，皇帝也在此更衣，亲自参与采摘瓜果，故此处虽名曰万树园，但也构成了一处"甫田丛樾"的草坪景观。

据历史记载，万树园的景观：

一是"芳草萋萋、如茵如毯"，故有"绿毯八韵"碑之设（图8-13e）；

二是"灌木丛簇，成帷成幄"，实际上这里已早有蒙古包的帷幄设在此处；

三是"古木参天，若幕若帐"，这里的主要树种有松、柏、槐、榆、桑、杨、杉、枫……成为绿色屏障，故以"万树"名园。现在留下的古树已不多，但后来补种的则以榆、槐、桑、栾树生长较好（图8-13f）。

《绿毯八韵碑文》是万树园草原景观的集中体现，这块是清乾隆四十六年（1781年）建立的，碑体高2.54米，长

图8-13（e）绿毯八韵碑

图8-13（f）万树园的古桑树　　图8-13（g）万树园的试马埭碑

1.98米，厚0.4米。碑趺的正反面额首雕有"八仙"、蝙蝠、麋鹿等，碑的正面则镌刻乾隆的《绿毯八韵》诗，曰：

> 绿毯试云何处最，最惟避暑此山庄。
> 却非西旅织裘物，本是北人牧马场。
> 雨足翠茵铺满地，夏中碧罽被连冈。
> 鹤行无碍柔丛印，鹿齝哪容密剗长。
> 度不尺盈刚及寸，闻殊香爇乃饶芳。
> 奢哉温室甂毹汉，刺矣白家丝线唐。
> 奥必郑元书作带，偶同李贺句归囊。
> 莎罗小坐因成什，示俭因之缅训良。

这首诗主要是赞美这块自然草坪的美，并说明了它的来历；又联系列汉武帝时用毛织物作地毯、唐明皇用丝线铺地面的豪奢来标榜自己的廉俭作风。

而在碑的背面乾隆又写了一首五言长诗《平旦》：

> 孟子言平旦，惟戒人捔亡。
> 岂知曲阿明，所被遍圆方。
> 粤宛鼓太和，清明含百昌。
> 夜气于旦见，匪谓阴胜阳。
> 我每因宵衣，逢斯于山庄。
> 金乌扶桑枝，沦沦复凉凉。
> 露光湛浅芜，其芒袭人香。
> 林禽与原兽，各自适其常。
> 何从容好恶，人物胥同良。
> 出王及游行，亦怀亦戒章。

这首诗也是借孟子所讲的平旦之风，说明乾隆在位时的"公平明察"之政。即使着夜服，夜游于山庄之内，也能深感自然界的优美与和谐，亦思百姓皆能各适其适，借山庄晨昏之景，写照当时的清明盛世。

除了利用空旷草坪作为"试马埭"之外（图8-13g），从《绿毯八韵碑》看出：一块草坪的景观，能引发皇帝如此广阔而深刻的联想，并体现于现实生活中，乾隆除了利用这块空旷的草坪作为"试马埭"之外，还在万树园中，主持过接见王公贵族、宗教领袖、驻外使节的朝拜，官员的封爵、颁赏、赐宴、观火戏、赏灯彩、观立马技、献百戏等活动。随之也必须修建一些提供活动的建筑场，大多是可以拆卸的蒙古包。这些活动的建筑物在冬天就装卸存放在园北的永佑寺内，这时，草坪空间就更显开阔。故万树园是最能体现草坪文化，也最具民族特色的一个典型实例。

远古时代的"天苍苍，野茫茫，风吹草低见牛羊"的自然情景，在经过数千年文人园林、公共园林、富豪尊贵者园林的发展与改造，也已产生了今日的丰富多彩的开阔而丰富的草坪文化的赛马场、高尔夫球场、名人植物园、集散游憩大草坪等的草坪文化。

10. 田园野趣

田园是现代人向往的一种生活环境，园林是城市中的"自然"，但这个"自然"中却缺少田园野趣。联系到今日倡导的城市生态，似应将我们的视角转向风景园林范畴之外，来拍摄几个田园中的植物景观镜头。

"御田"是一种田野的植物景观，其实，园林中的御田，古已有之，如明代北京西苑的丰泽园附近和南台一带就设有御田，皇帝在此演"耤田之礼"培育良种，春打稻谷，"以示劝农之意"。但这种景观今已不见，而目前保留较好的，则有杭州玉皇山下的八卦田。现已作为游览玉皇山时比较特殊的一种田园植物景观（参见图5-14）。

茶园（田）则是比较常见的田园景观（图8-14a），尤其是在盛产名茶的杭州、福建一带，清明前后，采茶姑娘们劳动中欢歌笑语的欢快场面常常给游人留下难以忘怀的田园之乐，这可谓欢乐的植物景观。自然中的茶田景观也可引入大型园林，以营造伴随植物静赏的动态景观。

江南的田野，在四月里会出现一望无际的金黄色油菜花田之景，村路两旁也镶上金黄色的花带，十分壮观（图8-14b）。田野的生产性植物比之园林的观赏性植物，有其特别的独到之处。如果在面积很大的风景区中设置一些壮观的生产性田园植物景观，对久居都市的人们将有一种独特的吸引力。

二、文学中的大自然植物景观——《徐霞客游记》读书笔记

在古今文学艺术典籍中，涉及大自然植物景物的如游记、小说、散文、园记、诗词乃至绘画、音乐、戏剧等作品，浩瀚如海洋，其中尤以诗词及游记为最，诗词部分已陆续在前文中述及，而游记中，又以《徐霞客游记》为最，它不仅是一部地理巨著，也是一部自然风景名胜的巨著，我曾

再三细读此书，深深感到这是一本风景园林工作者的必读书。书中对大自然植物景观的描述是真实的记录，但在他的笔下又渗透着他的艺术审美观，因而提升了自然景观，可以从中得到规律性的启示，如我在写作这本《园林植物景观艺术》时，在第五章中提出的"林中穿路"、"花中取道"、"竹中求径"……的思想就来自于徐霞客对自然径路植物的描述。我认为《徐霞客游记》是走向大自然的桥梁，它可以唤起人们亲近大自然的本能要求，从而欣赏大自然，享受大自然，爱护大自然。我始终为徐霞客以毕生精力考察自然的坚毅、艰辛、探求真知的精神所感动，也为他观察自然的审美意识所折服，因而特将游记中有关植物景观部分的笔记，分类摘述，以飨读者，或许会使我们对我国大自然的植物景观有更深的认识，为我们园林植物景观的创作带来极有益的启示。

1. 单株及密林

• 单株景观如"接引松"："一崖忽中断，架木连之，上有松一株，可攀引而渡，所谓接引崖也"。又如"坞半一峰突起，上有一松，裂石而出，巨干高不及二尺，而斜拖曲结，蟠翠三丈余，其根穿石上下，几与峰等，所谓'扰龙松'是也"。

• 奇树（十里香）："奇树在村后田间，……其树高临深岸，而南干半空，直然挺立，……其花黄白色，大如莲，开时香闻远甚，土人谓之'十里香'"。

又："盖古木一株，自根横卧丈余，始直耸而起，横卧

图8-14（a）杭州的茶田

图8-14（b）江南田野的花径

处不圆不扁，若侧石偃路旁，高三尺，而厚不及尺。余初疑以为石也，至视循规其端，乃信以为树，盖石借草为色，木借石为形，皆非故质也"。说明了古奇树的形态以及石与树相互因借的艺术效果。

●百里密林，在湖北襄阳境内的太和山有一处四面环山"百里内密树森罗，蔽日参天"的树林，在靠近山的数十里之内则有异杉、老柏的三人合抱的大树，这里属于国家的自然保护区。

●小桃源的意境，在游武夷山时，发现有一地区，在崩崖堆错之外，有一石门，由门伛偻而入，见"四山环绕，中有平畴曲涧，围以苍松翠竹，鸡声人语，俱在翠微中"谓之"小桃源"。而在游云南时，也发现了一处"桃花万株，被陇连壑，想其蒸霞焕彩时，令人笑武陵，天台为爝火矣。西一里，过桃林，则西坞大开，始见田畴交胜，溪流霍霍……"

2. 山、岩、洞、峡的植物景观（游记中所述甚多，只能择其较为典型的略呈一二）

●山顶：在游浙江天台山上至太白"循路登绝顶，荒草靡靡，山高风冽，草上结霜高寸许，而四山回映，琪花玉树，玲珑弥望。岭角山花盛开，顶上反不吐色，盖为高寒所勒耳。"而在广东西部登一山顶时则"丛密中无由四望，登树践枝，终不畅目。已而望竹浪中出一大石如台，乃梯跻其上，则群山历历。"可见这里的竹子已生长在相当高的山顶了。

●岩石之旁则什么树都可生长，如天台山的一处"……峭壁巉岩，草木盘垂其上，内多海棠、紫荆，映荫溪色，香风来处，玉兰芳草，处处不绝。"而黄山上的"……绝巘危崖，尽皆怪松悬结，高者不盈丈，低仅数寸，平顶短鬣，盘根虬干，愈短愈老，愈小愈奇，不意奇山中，又有此奇品也。"真可谓"松石交映"。

尤其是在游恒山的箭杆岭时，看到石岩间的树木与石的交错布置后，将这种树石相配的艺术效果，更是写得惟妙惟肖："东西峰连壁隤，翠蕳丹流。其盘空环映者，皆石也，而石又皆树，石之色一也，而神理又各分妍；树之色不一也，而错综又成合锦。石得树而嵯峨倾嵌者，模以藻绘而愈奇，树得石而平铺倒蟠者，缘以突兀而尤古"。

●洞是与岩相连的，洞外与岩石的植物景观无异，但洞口则多用藤蔓植物。如在游雁荡山时写道："崖间修藤垂蔓，各采而携之，当石削不受树，树尽不受履处，辄垂藤下。"

除了藤蔓之外，还有种芭蕉与竹林的：如"一洞高悬岩足，斜石倚门，门分为二，轩豁透爽，飞泉中洒，内多芭蕉，颇似闽之美人蕉，外则新箨高下，渐已成林"。而在天台山的某处左右两岩相去一线，右岩上，"青松紫蕊，蓊丛于上，恰与左岩相对，可称奇绝"。可见松树亦可载于岩壁间。

●峡的植物景观特色是"密林"、"密丛"，大概水分充足之故，无论在何处，均见有如下之句："峡为丛木所翳，行之无蹊，望之不见。""半里入峡，两岩壁立，丛木密覆"；"岩前悬峡，皆棕竹密翳"；"石峰复出，或回合，或逼仄，高树密枝，蒙翳深倩。时午，日渐霁，如行绿幄中，已溯峡西入，唯闻水声潺潺，而密翳不辨其从出，……"

3. 水旁的植物景观（图8-14c、d）

大自然的水态是十分丰富多彩的，徐霞客在游历时，对水旁的植物景观也是观察入微的，兹举数例：

●涧：游广东西部的农村，见"山回谷转，夹坞成坵，溪木连云，堤篁夹翠……"；"涧壁阴森，藤竹交荫，洞石磊落，菖蒲茸之，嵌水践绿"。

●泉：游云南蝴蝶泉所见："……抵山麓，有树大合抱，倚崖而耸立，下有泉，东向漱根窍而出，清冽可鉴。稍东，其下又有一小树，仍有一小泉，亦漱根而出。二泉汇为方丈之沼，即所溯之上流也。泉上大树，当四月初，即发花如夹蝶，鬓翅栩然，与生蝶无异；又有真蝶千万，连鬃钩足，自

图8-14（c）桂林漓江旁的茨竹

图8-14（d）浙江富春江的乌桕秋色（陈少亭 摄）

树巅倒悬而下，及于泉面，缤纷络绎，五色焕然"。此外，他在泉水之旁，深深体会到藤萝密蔓之景，形容得非常微妙："余披蔓涉壑求之，抵下峡则隔于上，凌上峡则隔于下，盖丛枝悬空，密蔓叠幪，咫尺不能窥，唯沸声震耳而已。"

• 瀑布：瀑布是一种动感极强的水态，一般的乔灌木难以临瀑布而植，多以藤蔓耐水湿者为主，但亦有自然生长的小灌木或竹类能增添其植物景观："峡口下流悬级为三瀑布，皆在深箐回岩间，虽相距咫尺，但闻其声，而树石拥蔽，不能见其形，况可至其处耶？坐玛瑙岩洞间，有覆若堂皇，有深若曲房，其上皆垂虬枝倒交横络，但有氤氲之气，已无斧凿之痕……"。

4. 路径旁的植物景观

大自然中的路径很多，有山径、微径、石径、幽径、樵径……其中有许多都是与植物有关，或是在成林、成丛的植物群落中开辟的，如各种林径、花径、竹径、草径等等，在《徐霞客游记》中，几乎随处可见。

• 山径：山径多数就是林中穿路的各种林径，这种径路多数都是很长，或曲折，如游记中就有"长松合道，夹径蔽天十里"；"大道两旁，俱分植乔松……松之夹道者七十里"；"路东石峰挺秀，亦南向排列，而乔松荫之，取道于中，三里一亭，可卧可憩，不知行役之苦也"。至于径路的美景也是描述得非常贴切的："夹径藤树密荫，深绿空蒙，径东涧声唧唧，如寒蛩私语，径西飞岩千尺，轰影流空，隔绝天地"。

• 花径：如游湖广时有"自此连逾山岭，桃李缤纷，山花夹道，幽艳异常"，还有"山壑幽阻，溪环石隘，树木深

密，一路梅花，幽香时度"之句等等。

• 竹径：庐山的金竹坪可谓"无径不竹，无荫不松"，在江南的竹径的确几乎达到无处无之的程度，因为竹子在南方生长快，栽培易，用途多，优雅美观，故《游记》中述及竹径之句很多，略举数则如下：

• "……从观音竹中行，一路采笋盈握，则置路隅，以识来径。"

• "既饭，遂西入竹峡。崇峰回合，纡夹高下，深篁密箐，蒙密不容旁人。只中通一路，石径逶迤，如披重云而穿密幄也。其竹大可为管，弥漫山谷，杳不可窥，从来所入竹径，无此深密者"。

• "种竹峡中，岚翠掩映，……"

总之，路径的植物景观是大自然中分布最广也最具情趣的一种景观，值得注意。

5. 建筑旁的植物景观

• 以植物命名是中国人的传统，无论人名，物名皆如此，在风景园林中尤胜，故从游记中粗略统计以植物命名的建筑物如松谷庵、桐柏宫、昙花亭以及山岭、潭溪、岩洞等自然地物约近百处，足见植物景观在大自然中景观所处的地位。

• 《游记》中写寺庙的植物种类很丰富，包括乔灌木，藤蔓植物及草本花卉和竹蕉等达数十种。特别指出了自然山林中寺观的生产性，这是寺庙植物景观的特色。如在游贵州的一个白云庵写道："庵前艺地种蔬，有蓬蒿菜、黄花满畦；罂粟花殷红千叶，簇朵甚巨而密，丰艳不减丹药也，四望乔木环翳，如在深壑，不知为众山之顶。"

而在没有空地搞生产的寺庙，也能利用后倚的山崖爬以藤蔓，在殿前庭院栽植柏树，"夹立参天"，而"庭中有西番莲（指大丽花——作者）两株，其花大如盘，簇瓣无心，赤光灿烂，黄菊为之夺艳……前楼亦幽迥，庭前有桂花一树，幽香飘泛，远袭山谷。……以为天香遥坠，……"足见寺庙也很重视庭院绿化的观赏性。

• 大自然中的其他建筑物就是民居村落，大多三两家散布，但是也能"庐舍甚整，桃花流水，环错其间"。倚山者"桃李灿然"，或"桃花夹村，嫣然若笑"；临川者也是"竹树扶疏，缀以夭桃素李，光景甚异。"而在云南的一个叫芹菜塘的村庄，那里"村庐不多，而皆有杜鹃灿烂，血艳夺目，若以为家植者，岂深山野人，有此异趣？若以为山土所宜，何他岗别离，杳然无遗也？"徐霞客对村居的杜鹃花既

欣赏，又疑惑是否各家自种？他们有此雅兴吗？我想，这或许是此处一种独特的民俗民风？！

三、仿自然之形的植物景观
　　——仿生的树木花草

在绪论中曾提到中国园林风格的体系是属于大自然的，而其中"借自然之物"是首要的，借不到时，就仿自然之形。如园林中的假山石既是自然之物——石，也是仿自然之形，有主峰次峰，山洞沟壑等等。而园林中的植物则比假山石复杂多了，因为活的植物不仅有其自身的生态习性，而且也反映出十分明显的地域性。但是，随着时代的发展，仿自然之形的假植物纷纷出笼，尤其是近些年来，各种各样的仿生植物早已从室内装饰性的塑料花，发展到"栽植"于各种城市环境和园林景点的"树木花草"，相

当普及，而制作这种人工花木的技艺也发展到了"乱真"的水平，几乎将成为园林植物景观的一种发展趋势或一时的潮流。

现在对几种假植物的形态创作与运用做一展示：

1.假草坪（图8-15）
2.假花（图8-16）
a.街道上的盆（栽)花
b.花柱
c.花廊
d.仙人掌类花
e.地上的水仙花

3.假篱、假屏、假绿廊
　（修剪）（图8-17）
a.廊柱假树

b.建筑旁的绿篱
c.建筑旁的绿屏

4.假树（图8-18～图8-19）
a.入口大门
b.独木林
c.雕塑树

5.假竹（图8-20）

图8-15（a）　住宅区内的塑料草坪

图8-15（b）　街头的假花盆

图8-15（c）　假花柱

257

仅以上述数例就可看出假植物的制作与运用已是形形色色、琳琅满目，势不可挡，这反映出一种"时代的审美观"。北京王府井及东长安街一带的花盆、大型花柱出台之后，有人说，这是违反了自然地理的生态规律，而且我们要求的是建设生态城市，应以植物来改善小气候条件、享受真正的自然美。但是，条件所限时，用假花也有种种优越性，如持久、易管理、价廉、能"凑热闹"、"博新奇"……

其实，假花之设，古人也早有此意，如在《红楼梦》一书中，记载着元妃省亲时，乘船游览大观园看到："……上面柳杏诸树，虽无花叶，却用各色绸绫纸绢及通草为花，粘于枝上，每一株悬灯万盏；更兼池中荷荇凫鹭诸灯，亦皆系螺蚌羽毛做就的，上下争辉，水天世界，真是玻璃世界，珠宝乾坤。"这一段描写只是文学家的一种想象，因为元妃省亲是在农历正月十五日，如果大观园是在北京的话，河池尚未解冻，柳杏更不可能展叶开花，如果大观园是在江南，则可能河池可引船，而柳杏亦不能展叶开花，故假花之设，实有可能，所以以假花之营造气氛的作用，古人也早已知晓运用，不足为奇。

植物的功能是多方面的，主要有两大方面，一是生态和保护环境的功能，所谓"八大效应"（即制造氧气、吸收有害气体，防尘、杀菌、防风、固沙、保持水土、监测作用），二是观赏和美化环境的功能，包括各种能引发视觉、听觉和嗅觉的美感甚至人文精神的感受等等。假花

图8-16（a）花城荟萃展览中的假花廊

图8-16（b）"栽"在地上的水仙花

图8-16（c）仿真的仙人掌

图8-17 假榕树廊柱

图8-18（a）北京中华民族园入口榕树门

图8-18（b）北京中华民族园入口榕树门的内部结构

假树则只有后一种功能，而且如果假到违反了其"仿真"的一面，则可能后一种功能也要打折扣了。比如北京冬天的露地，出现繁花似锦的花草，这明明是违背了自然的生态，人们怎么能引发出真花的赞叹与感受而产生诗情画意？反而可能是适得其反的对"假冒伪诈"的一种轻蔑与否定；但也可能当人们看到那高达10米的五彩缤纷的大花柱，耸立如林般地立于宽阔的长安大街之旁，衬映着高大的东方广场建筑而发出一种进步、新潮和气势雄伟的感叹！所以，假花不是不能用，而是要用得合理、得体。

在哪些情况下可以使用假花呢？

一是在需要营造气氛时，在时间紧迫，来不及备好真花的情况下，或者经济条件不允许时，只好借假花暂时充当"营造气氛"的角色，如某些节日或纪念活动日等；

259

图8-18（c）独木林（因原来的真树形状不美，故添加假木成林）

图8-18（d）小树林——"榕树林"

图8-19 不锈钢的雕塑树

图8-20 餐厅楼梯旁的竹林

二是在没有足够阳光的角落，而又长期需要摆花装饰或室内的某些不太显眼的地方；

三是在大面积花卉展览时，由于花卉用量太大，一时供应不上，可以真真假假地渗染着或远处设假花，近处设真花，来"混淆视觉"。

但是，要求假花一定要"真做"，即是说，不能违反真花的生态环境要求，如莲花只能生长于水中，如果在山上大种莲花就违背了"自然之理"；而且在有条件使用真花时，则尽量不要用假花。要不，就只能把它当作一种"植物生态型雕塑"来看待了。

附录一 苏联园林植物配置综述

本文系根据苏联关于论及园林植物配置的七部著作（书名附后）编译而成。

一、各种乔灌木配置的含义与方法

（一）单株植物配置（即"孤植"）

单株植物的配置，首先运用于某些需要特别强调的地点；其次，可用以缓和树林的过渡，尤其是当两片树林为两种不同树种时（如云杉与白桦），更需要运用单株的乔灌木以缓和二者之间的差异；同时，还可用来美化公园的林中草地，如一些具有大树冠的单株乔木，布置于草地的边沿，不仅可强调草地的开阔气氛，而且也装饰了草坪。

单株植物（孤植树）宜选用其干、叶、花果都具有较高观赏价值、并有明确轮廓线的树种，如金字塔形、球形的树种。当公园或小游园采用图案式的规则构图时，应将单株的乔灌木修剪成某种几何图形，如立方体、平行六面体、圆锥体或某些形状的组合体。同时，这种修剪的单株植物应对称布置，一般地说，单株植物的配置也不宜过分分散。

（二）行列栽植（即"列植"）

按直线或曲线方向栽植乔灌木，称为列植。行列树株距确定的因素为：

1. 根据树龄及该绿地的用途与性质；
2. 保证乔灌木必需的营养面积，互不妨碍；
3. 城市干道的行列树，要根据干道的宽度、建筑物的高度，以及附近房屋在建筑艺术方面如何划分段落等等；
4. 树冠形状与所选用行列树的构图，但这也取决于街道的用途与性质。

具有高层建筑的城市干道，如用15～25年生的大树时，其株距为7.5～9米；街道和小游园如用7～8年生树苗时，其株距一般采用4.5～6米。当需要构成浓密的林荫道，而不需要透视远景时，其株距可以缩小一些；当需要开敞，使从路上的任何一处都可看到美丽的风景时，则其株距应稍增大一些。

在公园、林荫道和小游园中布置行列树时，常常配置1～2行由灌木组成的绿篱，这种绿篱应选用耐阴品种，并修建成定型姿态。

（三）树丛栽植（即"丛植"）

按一定的构图方式，并植在一起，而独立于树群之外，且为数不多的乔灌木，称为树丛。树丛构图的特点是与周围绿地不相联属。典型的树丛是由3～9株奇数的乔木密植在一起，周围栽以灌木所组成的综合体。

树丛的大小差别很大，通常最少为三株，布置在约略为等边三角形的三个顶点上。但成树丛的株数，一般为三、五、七、九等奇数，而在实践中，也有由两株组成的树丛。但这是根据树冠的大小、形状和色彩、在树叶的表面以及种类，经过特殊选配而形成对比的两株树木，如云杉与桦树、冷杉和银白柳、槭树和丁香、蔷薇和鸢尾等。

树丛可分为同一树种或不同树种两类。如果公园的布局是以大片的树丛为基础，则树丛应为同一树种，以避免色调杂乱；如果在公园的重点地方需要布置为数不多而具有特殊观赏价值的树丛时，则可布置不同的树种，但一个树丛的种类不宜超过2～3种乔木。

灌木可以装饰树丛的下部和树干，使树丛变得紧密和整齐，并能很好地和草皮联系在一起。这样，可以将灌木成环状地围绕在树丛的周围，或把朝向游人的一面围以半环。最常采用的一种方式是以灌木围成一个树环，并在三、四处断开，在环中栽植几株高大的针叶树，针叶树周围栽植一些阔叶树，使它们在形状和色彩上，可与针叶树形成对比。如果树丛中的针叶树比重大，则效果更美。

（四）树群栽植（即"群植"）

树群是大量的乔灌木生长在一起的综合体，或是由若干植物不按几何图形，而为不规则形自由栽植的组合体。

树群是园林中占地最大的组成部分，它的作用在于划分空间，将公园分为若干部分，有主要地区与次要地区。同时，还能起防护带的作用，将公园与城市隔离开来。

树群的栽植有两种方式：一种为防护带形式，成行成排地按棋盘式交错地栽植树木，其株行距依树种不同为3.5~5米；另一种为不规则形式，使树群的边缘稍密，中央

由六个树种组成的园路旁的树群

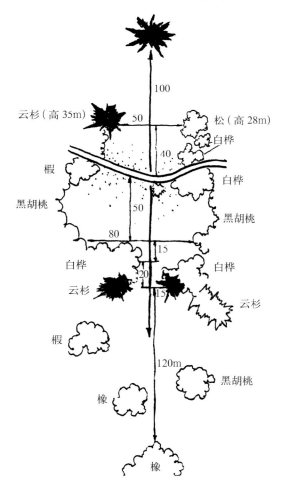

部分稍稀，并开辟小草地，有时还必须加些灌木布置于边缘或树群内乔木间距较大的地方。同时，乔木可栽植成各种不等边的三角形，在三角形的顶点，各栽一株乔木，其边长的株距，密植时为2~4米，稀植时为6~7米。

树群的大小不定，小的3~7株树，中等的7~15株，大的15~30株。大树群可以由若干小树群组成，主要树群之间的距离为30~80米，不应小于其高度的一倍。树群内乔木间距为3~4米，小树则为1.5~2米。

树群的边缘应自由曲折，中心部分种高树，边缘部分种矮树，但种于边缘的树木应选择观赏价值较高的树种。树群内部应留一些小的草坪。

树群的树木种类，一般为一至数种，但应以一种为主。

（五）大片的乔灌木（即"片植"）

在足够大的面积上，根据乔灌木的高度，较密地进行自由的栽植，称为"片植"。

大片的乔灌木可以由许多树种组成，但应以一种或数种为主，栽植于主要地位，其他树种，则栽植于边缘。片植和群植不同的是观赏树种较少。

大片栽植的树种应该是多种多样的，但相互之间也不宜过于杂乱，与树群之间也要有呼应，并宜选用乡土树种。

栽植时，应注意边缘的轮廓线，林内应有空地，边缘可用灌木装饰，中心部分高而稀，边缘部分矮而密，片植的密度可以有不同。如果林内有道路穿过时，应使灌水移植于道路旁边，以保持大片栽植的完整性。

二、园林植物配置的艺术构图

所谓"园林艺术"是指能够满足功能上和艺术上要求的一切园林要素的选择、配置及其组合的艺术，并使各种绿地变成特殊的风景艺术群体。

所谓构图，包括以下几个问题：

1.有主有次，比例恰当；

2.个体与总体按合适比例配置；

3.与周围环境及自然条件结合；

4.色彩调和。

比例问题是构图中最重要的问题之一。如果将直径2~3米的花坛，放到大城市的广场中心，就会显得比例不恰当。用高大乔木或灌木构成的绿篱围护于小公园的四周，

也是不合比例的。又如在一个仅2米×2米的花坛上，其花坛的边宽如果超过40厘米，那会显得多么不协调。种种自然因素，特别是地形、河湖水面与原有树木，对绿化构图的影响，都是极为重要的。

绿化构图一般主要体现于以下三方面：

（一）绿地的平面构图

绿地内各部分的划分及其比例，以及形成封闭与开阔空间的不同景色，都取决于其平面构图。绿地的平面构图，又可分为三种形式：

1.规则式：其特征是将用地划分为几何形与对称形，道路平直，广场、花坛、水池均为规则几何形，树木对称栽植，多作各种定型的修剪。苏联的许多公园都是采用这种形式的。

2.自然式：其特征是道路多弯曲，广场、花坛、水池则呈不规则形，乔灌木及花卉多自由地栽植，如19世纪初古尔佐夫城的普希金公园就是自然式布局。

3.混合式：以规则式为主，部分为自然式；或以规则式构成骨架，其余部分为自然式。

平面构图形式的选择，取决于自然条件与绿地的使用功能。但任何形式都必须有构图中心。除构图中心外，还应有构图轴线，主要的轴线应引向构图中心。

（二）绿地的形态构图

从远处看，绿地具有一定轮廓的大片栽植。这些大片栽植，就构成了绿地总的外形，它们有时是平直的，有时则是起伏不平的，这取决于选用的树种及其栽植方式。绿地的立体轮廓线可以由高矮植物的对比形成，也可由高的植物逐渐降到低的植物形成。

形态构图中，起决定作用的是植物的形状和大小。植物的自然形状多种多样，它们有不同外形和密度的树冠，有不同高度的树干，不同大小与形态的叶和花，同时，还可加以修剪，配置得十分丰富多彩。

（三）绿地的色彩处理

绿地中常运用如下几种色彩处理方式：

1.单色处理；

2.多色处理。运用多种多样的颜色。如以暗绿色的针叶树衬托白色的亭子，杂色花坛以草坪为背景等。

3.对比色度的处理，即运用不同色度的颜色相配，如

银白色的杨树放在杨树群里，暗绿色的崖柏配置在淡绿色的草坪上等等。

4.从一种颜色到另一种颜色渐变的处理。

三、乔灌木的观赏特性

（一）乔灌木高度

乔木高度分四级：

1级：20米以上的大树；

2级：10~20米的中等树；

3级：5~10米的低树；

4级：5米以下的矮树。

灌木高度分两级：

1级：2米以上的；

2级：1~2米的。

花卉高度分三级：

1级：1米以上的高大花卉；

2级：0.25~0.70至0.80米的中高花卉；

3级：0.05~0.25米的低矮花卉。

高度配合的作用在于：

1.保证乔木—灌木—花卉—草皮的过渡不致太突然；

2.各种植物组成丰富的轮廓线；

3.可显示出多种树丛组合的形状与大小；

4.增加层次。如近者赏花，远者观树；

5.解决一系列构图问题。

但是，植物还可根据一定的要求，修剪成所需的高度和形状，设计时必须考虑植物高度与人的比例关系，因为，植物的冠顶部分在人的视线水平之上或之下，所获得的印象是完全不同的。如人从树冠下欣赏植物，以天空或树群为背景，则树冠的轮廓、内部结构及其枝条、树干等都很重要。如从树冠上部来欣赏，以草皮为背景，则树冠形状，疏密及树叶的颜色就极为重要。

此外，树干的弯直，树皮的形状、颜色，也是重要的观赏特性。如一片白色的桦树林以暗绿色的针叶树为背景，就可以产生极为优美的效果。

（二）树冠形状，疏密度与风格

树冠的形状，共分为十六种，归纳之为十种：椭圆形、卵形、球形、立方形、平行六面形、锥形、伞形、宝塔形、葡萄形和垂枝形。

树冠的外形,决定于树干的分枝,而分枝有三个部分:树干、由树干分出的主枝系统、长叶的小枝系统,它们构成了两种基本的树形——垂直分枝和水平分枝。

1.垂直分枝取决于:

a.主枝系统在树干上的分布;

b.主枝与树干的角度及其生长部位。

2.水平分枝除上述二者外,还取决于:

a.小枝向外发展的密度;

b.由树干至小枝尖端的长度及其在树冠上部或下部的变化。

树冠分枝方式,构成树冠的整体性与疏密性,紧密者呈整体性,如榆树、丁香、桧柏、云杉、赤杨、椴树等,多由几个独立的枝叶团组成。疏松树冠的有白蜡、忍冬、松树、胡枝子等。但这也和树形,树龄,叶的构造与颜色等关系很大,无法确分。

叶子的大小,形状与结构形式构成树冠的风格。大叶子的树有梓树、板栗、花楸等,小叶及特小叶子的树有小叶杨、椴树、白蜡、白桦、柳树、小檗及针叶树等。总之,叶小而紧密,构成细密风格,如锦鸡儿、珍珠梅。叶大而疏松,则构成疏松的风格,如榆树,四照花、梓树等。

（三）关于叶色

树冠的颜色是由枝叶颜色混合而成。树叶的颜色可以加强或减弱疏密的感觉,但色调也起很大的作用。如青绿色与红绿色可以加强树冠的紧密感觉,而黄绿、灰绿色则不然,而当树叶为复叶及分裂叶时,则对树冠不起任何加密的作用。

树叶的绿色有各种色度,可分为三种:

1.夏季为青绿色(相当于深绿),秋季转为浅黄。如针叶树、丁香、绣球花、板栗、尖叶枫等。

2.夏季为黄绿色(相当于浅绿),秋季转为淡黄。如落叶松、尖叶枫、白桦、梓树、锦鸡儿、青杨等。

3.夏季为灰绿色(相当于灰白),秋季转为柠檬黄、朱砂色。如银白柳、胡颓子、灰胡桃等。

此外,有红色及棕色的乔灌木。如北美盐肤木、四照花、小檗、欧洲云杉、橡树、接骨木、蔷薇和椴树等。

树叶的颜色,随湿度、温度和风力等而有所变化。

（四）关于花期与花形分类

苏联中部灌木开花期在五月下半月至六月;一年生草花则由六月下半月起盛开,多年生草花为四月下半月到五月,七月末及秋季开花的也不少。但一年生花卉在其开花之前或以后,就没有什么观赏价值了。因此,实际上,所谓一年也就是一季而已。故必须按顺序编出各种树木及花卉的开花日期表。

花木与花卉可根据其花形、花序作如下分类:

1.花序或花为圆盘形,中间不分裂、外缘分裂,为放射状植物。如向日葵。

2.花序或花为盏状或聚集成星状。如福禄考。

3.花序或花为叠瓣半球状或球状。如蔷薇、芍药。

4.花序或花似漏斗形,或圆锥形、钟形。如风铃草。

5.花序或花呈大小不同和比例各异的穗状(向上或向下生长者)如羽扇豆。

6.花序或花复杂而美丽的。如鸢尾。

四、乔灌木配置的比例

（一）乔灌木比例

灌木在园林中具有很大的装饰作用。在不大的公园里,乔灌木比为1:10~15。1947年莫斯科的花园、街心花园、林荫道和其他公共绿地中,乔木为56.5万株,灌木为304.4万株,乔灌木比为1:6。在街心花园中,则灌木更多,如莫斯科大戏院附近的街心花园,乔灌木比为1:25,而库兹涅克街心花园为1:28。

（二）针阔叶的树比例

如在彼得格勒,市区和郊区森林中供休息用的公园,或郊区大公园内,针叶树比重大,城市公园的针叶树比重小。

（三）混交林与纯林的比例

仍以彼得格勒为例,城郊公园针阔叶混交林占的比重不大,因彼得格勒的郊区公园大部分都在天然森林的基础上发展起来,经过扩充和丰富而形成。纯林在一定情况下,适合美学的要求,大面积的森林,具有极强的表现力,因此,许多林学家、造园家,都不主张森林的树种太复杂,以免杂乱。但是在公园里,还是应该注意树种丰富多彩的形态,如果单纯以造纯林为目标,那也是错误的。而且纯林易受虫害, 应特别注意。而混交林则要注意树种的生态习性, 使互相不妨碍生长。如落叶松、橡树、白蜡三种树混交, 在许多情况下, 可促进橡树的生长。

(四) 树种比例

莫斯科花园、街心花园、林荫道、街道树及街坊内房屋附近树种比例如下表:

序号	树种	公共绿地	街道绿地	街坊庭院	全部绿地
1	枫树	28.0	18.0	13.0	16.5
2	白蜡	21.5	21.0	16.0	17.6
3	椴树	20.0	17.6	12.7	14.5
4	白杨	16.5	30.0	24.6	23.7
5	白桦	1.1	2.2	5.1	4.0
6	榆树	2.0	1.8	2.7	2.5
7	橡树	0.8	0.9	1.3	1.1
8	针叶	3.6	2.2	2.4	2.6
9	其他	6.5	6.3	22.2	17.5

由上述看出, 城市绿地中针叶树所占的比重很小。

资料来源:

1. Озеленение Городов 1951年版
2. ЗеленоеСтроитель ство 1952年版
3. Озеленение совотских Городов 1954年版
4. Озеленение Городлв 1954年版(论文集)
5. ПоркиДонбасса 1955年版
6. СацоВо-Парковоийландшафт 1956年版
7. Озеленение Городов 1960年版

(建筑师手册 第三节)
(原载《北京园林》1990年2期)

附录二　园艺景观的构图方法
——苏联关于园林树木的栽植密度问题

园林事业的基本特征之一是花园和公园的建设与经营之间，具有连续创作的过程。

我国的和世界的公园建设经验，令人信服地说明，公园绿化建设和其创作过程之间，具有不可分割的联系。园林建设的历史也告诉我们，俄罗斯最华丽的公园如巴甫洛夫市的巴甫洛夫公园、普希金市的伊卡捷里尼斯克公园、亚历山大洛夫公园、彼得宫的园林等，都是用十年的时间建成的，而且是由许多卓越的造园（建筑）师努力完成的。

公园里最优美的风景，都是公园建设者们多年辛苦的、创造性的劳动结果。例如，18世纪初期建成的彼得宫的尼什宁公园的各项设施和丰满的装饰品，在整个18~19世纪的一百年间都被继承下来。普希金市的伊卡捷里尼斯洛克公园，也是在18世纪初期建成的，伊卡捷里二世曾邀请建筑师卡眉罗（1779—1792）来设计公园，在较晚的时期，还有斯大索夫和其他人来公园工作过。在普希金市的亚历山大洛夫斯克公园，原来是大片森林，周围有围墙环绕，在森林里还有野兽，这一块有围墙的地方，就称为动物园。在这个公园里的各种改建和新建的建筑物都一直保留到20世纪。如其中的俄罗斯风格的菲得洛夫斯克大教堂、菲得洛夫斯克小城镇和罗特那雅宫殿等等。

1777年当建设巴甫洛夫公园时，公园里几乎什么也没有，直到1780~1815年才在个别地方有所改建与增补。

常常有这样的情况，就是在公园的建造时期内，似乎就完全形成了公园的艺术面貌。其实，公园规划中的每一个局部及其绿化栽植必须经过长时期的、有时甚至要好多年的考验才能完成。必要时，还得重新改造。例如，巴甫洛夫公园中的"巴拉特"（Па раг）地区，在1803~1814年之间，竟修改过五次规划。但必须指出，这里所说的修改是基本上根据原来的规划设计，而没有作根本性的改动。公园的根本性的改造是迫不得已而为之。因为，在某些情况下，往往是以一种改造代替了另一种改造，甚至毁掉了已经实现了的绿地，或又导致了新的错误。

巴甫洛夫公园就是分批地、逐步地建设，并经过深思熟虑之后实现的，因此，虽然他在很早的时候只建造了一部分，而且是以各种不同的建筑处理手法建造的，但这并没有破坏整个公园的完整性和各个优美局部的协调性。

著名的特罗斯恰湟茨公园于1834年开始建造，六十年代末，其周围已建造了森林防护带（如白桦、松、白杨等），总面积近155公顷，从1861~1881年又建造了优美的小丘陵，面积约30公顷，公园主要树木的栽植已有40年，个别的达60~80年，甚至一百年以上。

这种长期性建设的公园实例，比较多见。在一般情况下，当建设这种公园时，总是事先栽好乔灌木，然后再增添公园的其他设施。

许多有名的公园都是在现有森林的基础上建造的，这样的公园有彼得宫的英国庭园、普希金的巴波洛夫斯克公园和亚历山大洛夫公园、巴甫洛夫公园等等。

改建大片森林为公园时，应先做出用地规划（总图），创造风景艺术构图。森林大部分为针叶树组成，并以阔叶树种来丰富它。公园里应建造装饰性的建筑物，开辟道路网，逐步建设新的或改建现有水池等等。

毫无疑问，类似的公园建设形式，在我们的时代，是可以得到广泛运用的。大型公园的建设，在很多情况下，应适当地、有成效地建造成以乔灌木栽植为主的公园，但这样的公园，开始建设时，往往比较粗放，还必须有房屋、构筑物和公园的其他设施等来丰富它，而公园各种设施的全部实现，则是公园建设第二阶段的工作。大型公园绿化栽植的特点应该是接近于森林公园的形式。公园创建的最初阶段，绿化栽植应该密一些，因为大型公园中，必须首先具有一个基本的绿化面貌，以后，可在一些空隙处增加一些树种，而在过密的地方则疏伐一些侧枝，这对于绿化面貌的形成，具有特别重要的意义。十年生的橡树，如果缺乏侧枝，高度只有0.5~1米，如果具有很好的侧枝，则高度可达2~4米或更多。

种植设计时，必须同时考虑将来拟补种的树种，如果采用快长树（如白杨，柳树等）则考虑将来可以疏伐或砍掉，而珍贵的慢长树种如菩提树、橡树等，可考虑重新移植。一些效果好的园艺建设说明，应在最短的时间内，获得最大的效果。各种树木，在将来，应尽量保留，但在开始作种植设计时，无妨密一些，以后在适当时期可进行疏伐或在个别地方进行移栽。

在这一点上，公园建设的实践大多借鉴于森林中植物的生长发育规律。原始森林中，植物的自然疏伐过程是十分有趣的，森林形成以后，往往仅保留最初栽植树木的5%~10%（表1）。

列宁格勒主要森林的生长   表1

树龄	一公顷土壤中树干的数目		
	好土（一级）	中等土壤（二级）	劣土（三级）
20	4631	6057	7686
30	4631	6047	5856
40	3431	3350	5855
50	2550	3330	4419
60	1775	2379	3239
70	1188	1789	2543
80	879	1363	1976
90	686	1038	1602
100	654	869	—
110	530	759	—
120	476	686	—
130	446	641	—
140	420	594	—

由上表可以看出，在140年之后，在良好或中等（Ⅰ、Ⅱ级）土壤中所保留的树木数都在1/10以上。

在沙壤土中生长的松林，其数字显著减少，可从下述巴米拉尼的材料表明，每一公顷用地上的不同年龄的树木株数（表2）。

沙壤土中松树的生长   表2

树龄	株数	树龄	株数	树龄	株数
10	11750	20	11750	30	10770

续表

树龄	株数	树龄	株数	树龄	株数
40	3525	80	587	120	383
50	1566	90	509	130	352
60	940	100	461	140	325
70	728	110	423	150	293

从表2可以看出，在150年之内，一公顷森林的树木数，减少到只剩1/40多一点。B.H.苏卡切夫院士指出：森林的植物群落愈老，则保留树木的数目也愈少。

树木减少的数字，在生长的幼年（1~30岁）和壮年（30~60岁）时期，特别明显。生长的条件愈好，愈要及早地进行细致的疏伐工作，在优良的土壤中，栽植密些，在不良的土壤中，则可稀些，表1及其他的材料都说明了这一点。据M.E.特卡切恩柯教授的材料，大体上，在Ⅰ级土壤的森林中生长的树木，一公顷有270株，而在同一地区的Ⅱ级土壤的森林中可生长1780株。B.H.苏卡切夫院士证明，植物生长的环境愈好，则每一株植物发育得愈茂盛，树木的树冠及分枝成荫愈早，当环境条件较好时，每一个个体能独立地生长发育，占去了很大的空间，但它的数目却减少了。从调查说明，这是一切植物品种都适应的一条规律。

园林建设中，完全能创造良好的土壤条件，因为其绿化栽植比在自然条件下更为细致，这也是为了保留植物生长的规律的要求，在森林环境中，密植树林的调整在于自然疏伐，只有少数要进行人工砍伐，而在公园中则必须进行系统的间伐，因此，当确定密植时，必须考虑到植物的年龄和品种。

例如，据格·菲·莫罗佐夫娃教授的材料，云杉随着其年龄的增加，要求有相应大小的空间（按m^2计）。

20年的云杉，占地面积为0.4m^2。

40年的云杉，占地面积为3.2m^2。

60年的云杉，占地面积为6.6m^2。

80年的云杉，占地面积为10.3m^2。

100年的云杉，占地面积为14.1m^2。

不同的树种，要求有不同的足够的空间。据格·菲莫罗佐夫娃教授观察，40~50年生的乔木，其占地面积如下：

松树属　　　7.3　　m^2/株

云杉属　　　6.4　　m^2/株

山毛榉属　　5.8　　m^2/株

冷杉属　　　4.6　　m^2/株

此外，还应考虑具体的生长条件。大家知道，在典型的森林环境中，有良好的生长条件，1~5年生幼树的数量在一公顷用地上有成千株。这种自然选择的较好的幼树，在标准的森林环境中，都均衡地分布于全部用地上。

良好的绿地的形成，先要有一片好的幼林，研究者们认为，种内生存竞争愈激烈，则根据其要求与习性，他们相距愈近。

特·德·李森科院士调查表明，不同的残酷的种内生存竞争，只是新老马尔萨斯主义者们所捏造的反应，"自然界本身不可能有这种现象，因此，他们是不对的"。

树木密度影响到树木的生长。据特·雅·衷伊契格拉教授的材料，五年的松树，不管其密植程度如何，都具有同样中等的高度，10年生的松树在稀植时高1.25米，在中等密度和很密的情况栽植时高1.4~1.5米，但是，18年生的幼林的高度差别取决于栽植密度还是十分显著的。在这种年龄的松树，密植时其高度可达5.5米，稀植时达4.7米。在过密的条件下生长的松树，经过了18年，由于过于稠密，比中等密度栽植的松树，其高度略有减少，这就说明，林木愈密，树木高度的增长愈少，反之，林木愈稀，树木生长就特别粗。

根据这种情况，必须为今后的绿化规定出具体的栽植密度，以便使树木的生长势及其特点，调整到一定的程度，以保证园林树木发展的需要。

威·哈·苏哈切夫院士曾说明过如下的情况，即在稀疏与浓密林木中生长的植物，其表面形式的差别为："宽广的、树梢水平开展的或低垂到伸手不可及的树木，如在密林地生长，这种植物群落中的树形显得不大、瘦窄，只有一些无树枝的树干支撑着的树梢，"又说："在稀疏地中生长的树木，其树干多多少少要比其上部宽大，植物群落中的树木也是如此，在第一种情况下，树姿近乎圆锥形，而在第二种情况下，树姿则近乎圆柱形"。

在密林中，树梢很快向上生长，但树干则缺乏分枝，因此，利用这种情况，可以从中获得没有分枝的修直的树干，但当树干需要达到理想的干高时，就必须创造树梢垂直的或水平方向的发展条件。

树林中，互相庇荫的树木，被迫往上长，或如林学家们所说："被赶着生长"。其实，在园林里是希望树木的主干发展得很好，并使枝叶繁茂，可以庇荫。而在森林里，则是另一种情况，树木很密地直立着，间距很近，或只要求留下自然的枝叶。树冠发达的树木，通常生长旺盛，有抗风性，它具有主干及更多的枝干。

在园林建设的历史中，我们知道有许多连续间伐与部分砍伐相结合的范例，很显然，只有利用局部绿地的间伐与砍伐，才能大大增加优美的风景效果。

莫斯科希姆金斯克公园和柏林的约克菲洛得公园，就是在大片绿地中采用了连续间伐的方法，可以作为范例，这些公园中的种植工作，已经创造出一套绿化建设的方法，对于公园风景的形成起了很大的作用。

我们知道，植物在不断地生长，绿地的面积也在不断地变化，因此，公园的建设不可能在一开始时就设计得很完美，公园绿地的建造，必须建立在多年不断的创造性的建设与原设计构图的基础上，只有这样，才能获得预期的、高度的公园风景与建筑艺术水平。

但是，对于公园规划设计的意义估计不足也是不对的。设计时，应考虑到植物在整个发展时期内，内部及外部形态的变化，还应该注意一年中四季的变化。

在经营绿地中，已具有这种情况，即不仅不破坏原设计构图，而且要使之完全实现原设计构图。所以，在设计绿地风景构图时，必须根据植物的发育阶段采用必要的方法。植物有两个主要时期：壮年（20~25年）时期及这以后的时期，在壮年期应考虑绿地有最美丽、最完整的构图。

绿地在不同的发育阶段，应有多种多样的装饰和绿化的效果。

一株阔叶小树苗的树冠投影面积大约为1~2平方米，因此，种100~200株幼苗于一公顷土地上，其覆盖面积为全部用地的2%~4%，如同样条件下，换成成年树，则完全出现另一种情况。一株50~60年的成年树，其树冠投影面积为30~50平方米，是由树木品种不同来决定的，由此可见，成年树可以增大树冠投影面积20~30倍，就是说，一公顷用地上，栽植100~200株成年树，其树冠投影面积为2~6万平方米，占全部用地的20%~60%，因此，为了在新建的绿地上，获得较好的绿化与装饰的效果，树木栽植必须采用足够的密度。

乔灌木栽植的现有标准，应该根据其增长情况，重新加以修改，俄罗斯人民市政经济委员会在1936年的绿化建设中，已制定出技术定额，规定街心花园、花园和公园乔灌木栽植的标准：即每公顷用地上，乔木为220~360株，灌木为2~3万株。

经验证明，可以适当地增加定额为每公顷栽植乔木600~800株，灌木可以保持原来的标准。在这种情况下，乔木可用4~6年生的苗子，有的时候，还可以更密一些，在一公顷用地上，可以栽1000~2000株幼苗。例如，在特罗斯恰湟茨克公园，大厅的公园用地及树群中，树木行距为2~4米，每公顷可栽600~2500株幼苗。

据威·克·巴罗佐娃报道，在比留列夫斯克树木园里，通常一公顷用地上种一万株小树，在莫斯科的苏柯耳尼克公园重建时，2~3年生的小苗，每公顷种38,000株，树苗大些，则栽得少些。

栽植越密，树冠紧密的程度和对森林植物群落的形成所创造的条件就愈有利，为要使树木更快地发育，必须首先改良土壤，如腐殖质的蓄积、栽培土壤的改良以及水分和空气的状况等等。

上述这个栽植密度已达到了相当的高度。勒·阿·伊万诺娃考证后指出："最有利于成材的合适的栽植密度是20年的树苗，每公顷栽1500株。橡树、松树均可如此。"

这个合适的栽植密度的标准，对于不同的树种，也有所不同。对于更幼小的树木，其栽植的密度，应为它更好地成长创造条件，因此，最大限度地增加园林幼树的风景价值，就成为园林景观最重要的任务之一。

勒·阿·伊万诺娃的材料还指出：松树和橡树的栽植密度的合理与否，也是相对的。但是，毫无疑义，从过去园林建设的实践及专门的文献中来看，这个栽植密度，对于大多数树种来说，都是很合适的。

如果栽植更密时，则要求系统地、巧妙地进行间伐，根据这一情况，对大片绿地来说，应考虑就其栽植标准，提出更具体的建议。

威·克·巴罗佐娃的材料中还提到，根据比留列夫斯克树木园的经验，如一公顷用地上栽植一万株幼苗，则每隔4~5年要间伐50%。如在斜坡地或大片土地上栽植时，则间伐数可减少一些。采用这种方法，不仅有可能获得良好的、稳定的和装饰性最强的绿地，而且，在公园的形成过程中，还可收获不同年龄的大批幼材，如果事先就准备好适宜的环境，也可以将这些从窄沟中分出来的幼树，再培植于含有腐殖土的绿地中，以便将来再移植使用。

在公园的大片用地上，或一个局部的植坛中栽植小树苗时，也和大片栽植一样，要从半成年或成年的乔灌木的形态考虑，才有可能造成最美的构图。

在具体设计时，栽植密度必须首先考虑树木栽植的方式。对于大公园中的大片树林、小丛林、树群等，上述原则完全适用，而在建造小公园的树群、植坛、林荫道和单株栽植时，其栽植密度将有所不同，可以稍稍超过这个密度，而在少数情况下，如单株时，这个密度一般是不适用的。

这个原则已反映在俄罗斯人民市政经济委员会通过的公园、花园的栽植标准中，这个标准规定：公园、花园的平均栽植密度为每公顷220~360株乔木幼苗，2100~3000株灌木；森林公园为每公顷4000株乔木幼苗，4000灌木；防护林带为5000株乔木幼苗，5000株灌木。

一株树木营养面积的确定，主要决定于树木的栽植密度和其年龄的大小。苏联科学院主要植物园的设计，就是采用了波·伊·拉宁勒所制定的如下标准：（表3）

树木营养面积决定于栽植密度　　　表3

树木大小	一株树的营养面积（m²）		
	单株树	稀疏树丛	密植树群
第一种尺寸的树木	700.0	80.0	19.0
第二种尺寸的树木	450.0	50.0	12.0
第三种尺寸的树木	250.0	36.0	10.0
2米以上的灌木	50.0	12.5	3.0
131~200厘米以上的灌木	28.0	7.0	3.0
41~130厘米以上的灌木	12.5	3.0	1.5
40厘米以下的以上的灌木	3.0	0.8	0.3
半灌木	—	0.8	0.3
藤本和低矮灌木	12.5	3.0	0.8

当确定幼龄树的栽植密度时，必须考虑公园里的开阔空地、凉台、花坛、草地，林中草地等等是有所不同的，如果采用同样的密度进行栽植，就不可避免地使公园的景观显得单调，千篇一律，局部的装饰也将受到限制，还可能使乔灌木生长发育不良。

因此，及时间伐、有目的地移栽，具有很重要的作用。如不能达到这个要求，就会使公园的面貌急剧地恶化，如莫斯科河旁的希姆基斯克公园就是一例。在那里，由于个别地方乔木栽植过密，已开始出现典型的森林面貌。另一方面，如公园的空间过分开阔，一览无余，则感觉比实际的比例要小，所以，在开始时，群栽，植坛，树林，林荫道等看起来显得密些，这是不可避免的。为了创造多种形式和提高公园风景艺术水平，树群、小丛林也要有不同的形式。可以创造大片的草地、有林荫道穿过，中间还可开辟广场，四周密植树木围绕起来。

朱钧珍译自《Озеленение Городов》
（本文原载《园林科技情报》1983年6月总8期）

附录三 《子虚赋》原文、译文

　　《子虚赋·云梦》一节是我国最早涉及园林植物配置的文献之一,它和《上林赋》都属"天子游猎赋"的性质。据《中国文学欣赏全集·赋篇》云:《上林赋》与《子虚赋》在《史记》、《汉书》中皆作一篇,至南朝的《昭明文选》中,始分为两篇。《上林赋》在已出版的中国园林史论著作中,多有引用,而《子虚赋》中的园林植物景观则少见涉及,故特请朱辅智先译注,附录于此。

子虚赋·云梦

司马相如

　　云梦者,方九百里,其中有山焉。其山则盘纡弗郁[1],隆崇崒崒[2],岑崟参差[3],日月蔽亏[4],交错纠纷,上干青云[5]罢池陂陀[6],下属江河[7]。其土则丹青赭垩[8],雌黄白坿[9],锡碧金银[10],众色炫耀,照烂龙鳞[11]。其石则赤玉玫瑰[12],琳瑉昆吾[13],瑊玏玄厉[14],碝石碔砆[15]。其东则有蕙圃[16];衡兰芷若[17],芎䓖菖蒲[18],江蓠蘼芜[19];诸柘巴苴[20]。其南则有平原广泽,登降陁靡[21],案衍坛曼[22],缘以大江,限以巫山[23];其高燥则生葴菥苞荔[24],

薛莎青薠[25];其埤湿则生藏茛蒹葭[26],东蔷雕胡[27],莲藕菰卢[28],菴闾轩于[29];众物居之,不可胜图[30]。其西则有涌泉清池:激水推移,外发芙蓉菱华[31],内隐钜石白沙;其中则有神龟蛟鼍[32],瑇瑁鳖鼋[33]。其北则有阴林:其树楩枏豫章[34],桂椒木兰[35],檗离朱杨[36],樝梨梬栗[37],橘柚芬芳。其上则有赤猿蠷蝚[38],鹓雏孔鸾[39],腾远射干[40];其下则有白虎玄豹[41],蟃蜒貙犴[42],兕象野犀[43],穷奇獌狿[44]。

子虚赋·云梦　译文

朱辅智译

　　云梦泽,方圆有九百里,那里有延绵而奇险的山岳。山脉盘旋层叠,峰峦峻峭突兀,相互错杂,高插云霄,遮蔽了太阳和月亮的光照,往下逶迤倾伏,直连江河。

　　它的土壤中蕴藏着朱砂、石青、赭土、石灰岩、雌黄、石英、锡石、金银碧玉,五光十色、灿烂夺目,恍如龙鳞闪耀。其中的岩石有红有紫,好似玉石一般;其暗黑色的,则坚密可以磨刀,还有的质地柔韧而纹彩斑斓。

　　它的东面是香草繁茂的园圃,那里有杜衡、兰蕙、白芷、杜鹃花、川芎、菖蒲、茳篱、蘼芜等,芬芳扑鼻,也有甘蔗、芭蕉,香甜可口。

　　它的南面是广袤的平原、沼泽和起伏的丘陵,沿着长江延伸直达巫山。在较高而干旱的地区,生长着马兰、燕麦、苞茅、荔草和蒿草、青薠。在那低洼潮湿的地区,则长

满了狗尾草、芦苇、蓬草、菰米、茭白、莲藕和葫芦等许许多多的草本植物。其中有一些可以作食物;有些可以用来编织草蓆;还有的可以作盖房屋的材料,种类繁多,共生在一起,简直难以描述。

　　它的西面则有喷涌的泉水和许多清澈的池塘,湖水激荡洄流,湖面上开放着美丽的莲花、菱花,湖底潜藏着巨石和白沙,水里游着龟、鳖、鳄、蜥、玳瑁等动物。

　　它的北面则是茂密的森林,其中长满了楩、楠、樟等名木,还有桂椒、木兰、黄檗、山梨、赤茎柳、山楂、黑枣、橘子和柚子等,香气四溢。在树上栖息着凤凰和孔雀、猿猴狐狸之类的鸟兽,树林里则有白虎、黑豹、豺狼、犴狗、大象、犀牛等猛兽在奔突号叫。

注释

[1] 盘纡：迂回曲折。岪郁：山势层叠。

[2] 隆崇：山势高峻。崒崒：音lù zú。山岩高危状。

[3] 岑崟：音cén yín，山势高峻。参差：高低不齐。

[4] 蔽亏：蔽，全隐；亏，半缺。山岑崟而参差，则日月或蔽或亏。

[5] 干：干犯。冲入。

[6] 罷池：音pí tuo，倾斜的样子；陂陀：音义与罷池同，叠言之。

[7] 属：连接。

[8] 丹：朱砂。青：石青，可制颜料。赭：赤土，粉状赤铁矿。垩，石灰。

[9] 雌黄：含砷矿物，可作颜料。白坿：即白石英。

[10] 碧：青白的玉石。

[11] 照烂龙鳞：光辉灿烂，像龙鳞闪耀。

[12] 玫瑰：一种紫色的宝石。

[13] 琳：美玉。瑉：一种次于玉的石。昆吾，本山名，出美石，用以代美石名。

[14] 瑊玏：音jiān lè，似玉的美石。玄厉：一种黑色的岩石，可以磨刀。

[15] 碝石：yuǎn，一种次于玉的石，其色白中带赤。碔砆：音wǔ fū一种次于玉的石，赤地白文。

[16] 蕙圃：一种香草之园圃。

[17] 衡：杜衡，状如葵。芷：白芷。若：杜若，均香草。

[18] 芎藭：香草，可入药。菖蒲：多年生草，根可入药。

[19] 江蓠：香草。蘪芜：水草名。

[20] 诸柘：甘蔗。巴苴：芭蕉。

[21] 登降：指地势高低。陁（yǐ）靡，斜坡。

[22] 案衍：地势低下。坛曼：平坦。

[23] 巫山：指云梦泽中之巫山，亦名阳台山。

[24] 葴（zhēn）：马兰。菥（xī）：麦的一种；似燕麦。苞：草名，与茅相似。荔，草名，似蒲而小。

[25] 薛：蒿之一种。莎：也是蒿的一种。青薠（fán）：似莎而大的一种草。

[26] 藏莨（zāng láng）：狗尾草。蒹葭：芦苇一类的草。

[27] 东蘠（qiáng）草名，似蓬草，子如葵实，可食。雕胡：菰米。

[28] 瓠（gū）卢：即葫芦。

[29] 菴闾：青蒿。轩于：莸草，一种臭草。

[30] 不可胜图：难以描绘尽也。

[31] 芙蓉：荷花。菱华：菱花，即芰，果实即菱角。

[32] 蛟：龙一类的动物，可能就是巨蜥。鼍：音tuó，即今扬子鳄。

[33] 瑇瑁：即玳瑁，龟一类的动物，甲上有花纹。鳖：甲鱼。鼋：大鳖。

[34] 楩：黄楩木。柟：楠木。豫章：樟木。

[35] 椒：花椒。木兰：紫玉兰。

[36] 檗：音bò，通称黄檗，高数丈，叶似茱萸，经冬不凋。离：樆之假借字，即山梨。朱杨：赤茎柳。

[37] 樝：音zhā：山楂。楟：音yǐng，楟栗：一名楟枣，今称黑枣，似柿而小。

[38] 蠷蝚：音qǔ náo，即猕猴。

[39] 鹓雏：传说中凤凰一类的鸟。孔：孔雀。鸾：鸾鸟。

[40] 腾远：一种猿猴，善跳跃超腾。射（yè）干：一种狐，能缘木。

[41] 玄豹：黑豹。

[42] 蟃蜒：音mán yán，兽名，似狸而长。貙：音qū，似狸而大的兽。犴：音hān，一种似狐而小的野犬。

[43] 兕：音sì，雌犀牛。

[44] 穷奇：恶兽名。按山海经："邽山，其上有兽焉，其状如牛而蝟毛，其音如嗥狗，食人者。名曰穷奇。"

主要参考书目

全芳备祖	宋、陈咏 辑	北京园林史话	赵兴华
群芳谱	明、王象晋	圆明园长春园的建筑与植物资料	赵光华
帝京景物略	明、刘侗 等著	御花园的树和花	许埜屏
广群芳谱	清、汪灏 编	苏州历代园林录	魏嘉瓒 编著
花镜	清、陈淏子 辑	古典园林植物景观配置	徐德嘉 著
中国森林史料	陈嵘 著	岁寒之友——松	唐海林 著
中国历代名园记选注	陈植 等注	岁寒之友——竹	林美珠 著
中国古代园林史纲要	汪菊渊 著	岁寒之友——梅	吴安 著
中国古典园林史	周维权 著	论中国庭园花木	程兆熊 著
中国造园史	张家骥 著	论中国之花卉	程兆熊 著
中国园林史研究论文集		中国花卉文化	周武忠 著
绛守居园池考	陈尔鹤	中国寺庙文化	段玉明 著
长安周秦汉唐园林述略	段品三	佛教与森林文化	蒯通林 著
孤山园林浅谈	王振俊	佛经中常谈的树木	宏通
园林树木学	陈有民 主编	寺观园林花卉探源	刘善修 等
植物地理学（高校教材）	合编	森林文化	《现代育林》1993.3
北宋东京的园林绿化	周宝珠	太子湾公园景观构思与设计	刘延捷
南宋京城杭州	周峰 主编	绿色象征——文化的植物志	街宝顺
避暑山庄万树园及其历史作用	杨天在等	跨世纪中华花卉业的奋斗目标	陈俊愉
避暑山庄盛期的植物风景构图	张羽新	中国文学欣赏全集	
避暑山庄的园林生态景观	王立平		

补 记

　　本书的再版获得了深圳大学刘尔明教授的关怀与赞助。本书的墨线透视图多为本校美术学院郑曙旸教授的早期画作。特此表达诚挚的感谢!

作者于2013年11月

后 记

　　我的这块"砖头"终于抛出来了。

　　首先要感谢四十多年前我过去工作机构的领导,把我引入了"植物配置"这一极富情趣而具深厚文化的研究领域。更要感谢与我共同在杭州经历过寒暑,艰苦调研的同事,这些同事的努力,已在《杭州园林植物配置》及《Chinese Landscape Gardening》两书中一一提到,本书不再重复。

　　本书的编写得到了文化、文物方面的大师王世襄、朱家溍两位老先生的关注,为本书题写书名;又得到我的老师吴良镛、张守仪、朱自煊诸位教授的关怀与教导;陈俊愉教授对本书的总纲进行了细致的指导;陈有民教授是我的植物学课程的老师,他和周维权教授都对书中的有关章节作了审核;杭州市的朱丹(隔页插图作者)、陈少亭、王胜林三位先生和贝蝶小姐以及旅居加拿大的李日华先生、黄顺梅小姐诸好友一直对本书关怀支持,并提供意见、照片、画幅等等;在本书正式"赶工"的最后阶段,又承深圳大学刘尔明教授为本书作画,鼎力支持本书的出版;而在即将完稿之际,又承原贵州科学院向应海院长提供了我久找不到的"百里杜鹃"照片,令我十分惊喜;最后,还有家姊朱秀珍、舍堂弟朱辅智二位高级工程师的一贯支持并提供图片、译文。在中国建筑工业出版社的编辑、出版过程中,更得到多位同志认真负责、耐心细致的审阅、编排等等,总之,这本书得到了相当多师友的关怀与帮助,很难全部一一列出,在此,谨向一切关注本书、帮助本书、爱读本书的朋友们,致以衷心的、万分的感谢!

2002年6月18日
于北京清华园